LOUIS P. KOHL

WEISS- UND SÄMISCHGERBUNG

DIE LEDERFABRIKATION

Praktische Handbücher für die gesamte Leder-Industrie

von

JOSEPH BORGMAN
weiland Fabrikdirektor und Lehrer an der Deutschen Gerberschule zu Freiberg i. S.

OSKAR KRAHNER
Direktor und Redakteur der Deutschen Gerberzeitung, Berlin

DR. HANS FRIEDENTHAL
außerordentlicher Professor für Physiologie an der Universität Berlin

FERDINAND KOHL
Mannheim-Feudenheim

LOUIS P. KOHL
Gerber und Geschäftsführer der Colonia G. m. b. H. Lederfabrik Burscheid

BERLIN W.

M. KRAYN, TECHNISCHER VERLAG G. M. B. H.

WEISS- UND SÄMISCHGERBUNG

Ein Handbuch über die Herstellung primitiver und edler Leder

bearbeitet von

LOUIS P. KOHL

BURSCHEID

MIT 69 ABBILDUNGEN

M·KRAYN BERLIN·W

1 9 2 9

Druck der Deutschen Verlags-Anstalt, Stuttgart

Inhaltsübersicht

Vorwort.

Der behandelte Stoff ist seit längerer Zeit, wenigstens zusammenfassend, nicht in einem Buche behandelt worden. Es war daher verständlich, daß der Verlag in seine Sammlung ein Werk einreihen wollte, welches unter Ausscheidung des für uns heute nicht mehr Geltenden und Erhaltung des Bewährten die modernen Erfahrungen auf diesem Gebiete allgemein nutzbar macht. Die Übernahme dieser Aufgabe legte es nahe, ein Werk im Sinne Borgmans zu schaffen. Das vorliegende Buch wendet sich denn auch in erster Linie an den praktischen Gerber oder solche, die es werden wollen. Ihnen will es Stoff und Rüstzeug liefern, um die Arbeit immer sinnvoller zu gestalten und dadurch zu ermöglichen, den Wettbewerb erfolgreich zu bestehen. Dabei wird natürlich ein gewisses Maß theoretischen Verständnisses vorausgesetzt, wie es der heutige Stand der Lederindustrie erfordert und es auch dank vielartiger Bildungsstätten allgemein ist. Dem Theoretiker hingegen dürfte die Arbeit vielleicht mancherlei Anregung geben, indem er sieht, wo bei allem Fortschritt doch noch Lücken in unserem Wissen sind, die es zu beseitigen gilt.

In diesem Sinne sollen die gegebenen Anleitungen keine allgemeingültige Vorschrift darstellen. Das Rohmaterial und die verschiedenartigen Bedingungen, unter denen Leder hergestellt wird, verlangen auf alle Fälle Anpassungsvermögen. Die einfachen Arbeitsweisen anderer Völker, wie auch die vervollkommneten der neueren Zeit — besonders diejenigen der Patentliteratur — zeigen auch zu deutlich, daß es viele Wege zum guten und schönen Leder gibt.

In Beschränkung auf die im Titel genannten Gebiete — die Zeit wird bald eine noch weitergehende Spezialisierung erfordern — enthält das Buch keine Anleitung zu vegetabilischer, Chrom- oder Eisengerbung, nichts über die Anwendung synthetischer Gerbstoffe und der Sulfitzellulose-Ablauge. Das gleiche gilt von der Behandlung von Pelzfellen.

Es ist der ernste Wunsch des Verfassers, zu einem bescheidenen Teile dazu beizutragen, daß die Kenntnis der beschriebenen Gerbereigebiete allgemeiner wird und diese infolgedessen besser bearbeitet werden.

Der Verfasser.

I.

Geschichtliches.

Mit der frühesten Menschheitsgeschichte beginnt auch die Geschichte des Leders. Sehr früh fand der Mensch heraus, welchen Schutz ihm ein Fell gewähren konnte, und so ergab es sich von selbst, dieses vor Fäulnis und Hartwerden zu bewahren. Noch sind die Quellen für die Geschichte der ersten Lederbereitung sehr spärlich, man kann aber annehmen, daß Haut zunächst durch überwiegend mechanische Behandlung in etwas Lederartiges übergeführt wurde, ähnlich wie es heute noch bei den Eskimos geschieht. Gleichwie bei diesen wird auch die Frau der Steinzeit in der Sorge um das Kind die erste Lederbereiterin gewesen sein. Wie sie dabei vorging, wissen wir nicht, wahrscheinlich wurde das Fell aber mit scharfen Steinen vom Fleisch befreit und mit den Knien und Füßen bearbeitet, vielleicht auch gekaut. Beim Aufhängen von solchen Fellen in der Nähe des Feuers wird dann das denselben anhaftende Naturfett ins Innere der Haut eingedrungen sein, was dem Menschen zeigte, daß dadurch das Leder weicher und beständiger wird. So kam man zur Verwendung des Fetts in der Gerberei, und als die am Meer lebenden Völker zufällig Trane zum Fetten verwendeten, zur Sämischgerberei. Wann diese Entwicklung erreicht wurde, weiß man heute noch nicht, aber daß das Fett früher als andere Gerbehilfsmittel zum Weichmachen und Haltbarmachen von Haut diente, steht wohl außer Frage. Später (im spätpaläolithischen Zeitalter) trat zur Gerbung bereits die Färbung von Haut, die zunächst durch Bemalen und vielleicht sogar Bedrucken erzielt wurde. Man hat nämlich neben den Knochennadeln, die zum Zusammenheften von Häuten dienten, auch gravierte, zylinderförmige Knochen gefunden, die wahrscheinlich zum Bedrucken von Haut dienten. In der späteren Steinzeit ging mit dem Aufkommen der Gewebe die Bedeutung des Fells für die Bekleidung vielleicht etwas zurück. Dafür wurde Haut nun auch zu anderen Zwecken, wie z. B. zu Trommeln verwandt. Noch später dienten aufgespannte und aufgeblassene Felle als Boote. Diese Ausbreitung der Verwendung von Leder, und zwar nunmehr meist ohne Haar, geht mit Beginn der Zivilisation noch weiter. In den ägyptischen

Königsgräbern wurden schön gefarbte lederne Gegenstande gefunden. Die Ägypter und Juden hatten auch Gefaße aus Leder. Hochentwickelt muß das Ledergewerbe bei den Phöniziern gewesen sein. Sie verehrten ihren Gott Uson dafür, daß er sie belehrte, Leder herzustellen und sich damit zu bekleiden. Bei ihnen gab es auch auf Pergament ausgefertigte Schuldverschreibungen über eine Summe Goldes oder Silbers, also das erste Ledergeld. Wahrscheinlich waren sie es, die zuerst Leder mit Alaun gerbten, welche Gerbung sich dann über das Mittelmeer zu den Persern, Griechen und Römern ausdehnte. Von den Persern wird 500 v. Chr. berichtet, daß sie ganze Kleider aus Leder trugen, und von den alten Griechen weiß man, daß sie mit Alaun bearbeitete Mäntel aus Fellen hatten. Damit ist die frühe Geschichte der Samisch- und der Weißgerberei kurz angedeutet.

Diese Gerbungsarten gingen im Laufe der Zeit, besonders durch das Aufkommen der Lohgerbung, an Bedeutung zurück. Erst die Entstehung des Handschuhs brachte hierin einen Umschwung. Handschuhe wurden sicher zu dem Zwecke geschaffen, die Hande vor den Unbilden des Wetters zu schützen. Aus diesem Grund haben die alten Perser zunachst mit Pelz gefütterte Fingerlinge getragen. Auf agyptischen Darstellungen sieht man, wie besiegte Völker Handschuhe als Tribut darbringen. Bei den Griechen und Römern kannte man außer Schutzhandschuhen noch Fingerlinge zum Vorlegen von Speisen und auch zum Speisen selbst, da man mit den Fingern aß. Wann der Handschuh die heutige Form angenommen hat, ist nicht naher bekannt. Vielleicht wurde er von den Sarazenen geschaffen, die vorzügliches Leder herzustellen verstanden. Bei uns scheinen die Handschuhe im 8. Jahrhundert aufgekommen zu sein. Am Hofe Karls des Großen wurden bereits Handschuhe getragen. Bald erlangte der Handschuh symbolische Bedeutung. Er wurde von Herrschern an Ritter oder auch an Stadte als Sinnbild einer Belehnung überreicht. Aus diesem Grunde führen manche Stadte mit Marktrecht Handschuhe im Wappen. Andererseits galt das Hinwerfen eines Handschuhs als Kampfansage. Im Kampf trugen die Ritter wahrend der Zeit der Eisenrüstungen mit Eisenplattchen gepanzerte Handschuhe. Das 13. Jahrhundert brachte eine Neubelebung des Leder- und Handschuhgewerbes, da nunmehr die Frau sich den Handschuh als Schmuckgegenstand wahlte und er so der Mode unterworfen wurde. Die englischen Königinnen haben einen besonders großen Luxus mit Handschuhen getrieben.

In neuerer Zeit dient der Handschuh gleicherweise Schmuck- wie Gebrauchszwecken. Die Entwicklung des Sports hat zudem für Weiß-, Samisch- und Formaldehydleder neue Absatzgebiete erschlossen. Beim Fahren, Reiten, Fliegen und Boxen weiß man lederne Handschuhe und Kleidung wohl zu schatzen. Vom farbigen Lederhandschuh ausgehend, hat sich aber auch die Verwendung dieser Lederarten zu Luxuszwecken vergrößert. Das Kunstgewerbe hat sich in umfassender Weise des Leders bemächtigt, um zum Schmuck unserer Behausungen Kissen, Decken, Bucheinbände und tausend andere Kleinigkeiten daraus zu verfertigen.

Im Laufe der Entwicklung der Lederbereitung von der häuslichen Herstellung bis zum Gewerbe hat sich dieses allmählich in wenigen

Druck dreifarbig auf Glacé und Wildleder bei A. W. Zickfeldt, Osterwieck/Harz. Entwurf: H. Rabel, Osterwieck/Harz.

Städten besonders entfaltet. Die zur Zeit bekanntesten Plätze für die Herstellung weiß- und sämischgarer Leder sind in Deutschland: Arnstadt, Berlin, Brandenburg, Erlangen, Eßlingen a. N., Haynau i. Schl., Johanngeorgenstadt, Karlsruhe, Landeck, Magdeburg, Metzingen, München, Osterwieck a. H.

Letztere Stadt hat in der Inflationszeit Notgeld in Form von weißgarem Leder herausgegeben, wie die Abbildung zeigt.

Im Ausland befinden sich solche Betriebe vorwiegend in: Annonay, Grenoble, Mazamet, Paris, Luxemburg, Barcelona, Wien, Prag, Budapest, Pécs, Mailand, Neapel, Malmö, Malung, Yeovil, Worcester, Oxford, Gloversville, Napa (U. S. A.).

II.

Das Wesen der tierischen Haut.

Die zur Gerberei gelangenden Häute und Felle sind sehr verschiedenartig in ihrer Art und dem Zustand, in dem sie sich befinden. Hierüber ist das Wichtigste in den einzelnen Abschnitten des Buches zu finden. Nachfolgend sollen daher nur die Eigenschaften beschrieben werden, die gewöhnlich allen Häuten gemeinsam sind, wenn man von den Unterschieden absieht, welche Art, Alter, Geschlecht sowie Individualität bedingen. Es handelt sich demnach in diesem Abschnitt um den Aufbau der Haut im biologischen und chemischen Sinne.

Die Haut, welche den tierischen Körper umkleidet und schützt, bildet zunächst ein zusammenhängendes Ganzes, das sich vom Körper abschälen läßt, das während des Lebens aber fortwährend aus ihm heraus ergänzt wird. Die Haut ist in den Schichten, die dem Körper am nächsten sind, loser und mehr mit Flüssigkeit durchsetzt, überhaupt dem Körper ähnlicher als die äußeren Schichten, welche geschlossener und trockener erscheinen. (Siehe Seite 52.)

Wenn man einen senkrechten Schnitt durch die Haut macht und die Schnittfläche — genügend vergrößert — beobachtet, so zeigt sich ein verwirrtes Gefüge von Fasern, welches Zellen und Drüsen umschließt und mit Flüssigkeit ausgefüllt ist.

Der unterste, loseste Teil dieses Fasergefüges, welches die Fleischseite ausmacht, ist das Unterhautbindegewebe.[1] Es besteht außer den eigentlichen Hautfasern aus elastischen Fasern und Muskelfasern, die zum Verschieben der lebenden Haut dienen. In diese Fasern sind außer Blutgefäßen besonders zahlreich Fettkörper eingelagert, welche den Körper vor Kälte schützen und als Polster für die darüber liegende Lederhaut wirken. Ein geschlossener werdendes Gefüge, in welches das Unterhautbindegewebe allmählich übergeht, stellt die eigentliche Lederhaut dar, welche in der Wasserwerkstatt als Blöße herausgeschält wird und für den Gerber von wesentlicher Bedeutung ist, da sie allein in Leder umgewandelt wird. Das Unterhautbindegewebe und, wie wir später noch sehen werden, die Oberhaut müssen vor der Lederbereitung entfernt werden. An der Lederhaut lassen sich leicht zwei Schichten unterscheiden. An das Unterhautbindegewebe grenzt die im wesentlichen aus dicken Faserbündeln bestehende Retikularschicht. Die Schicht aber, in der die Fasern feiner und verschlungener sind und in der sie sich schließlich (ohne zu endigen) umbiegen, wird Papillarschicht genannt. Sie wird beim gegerbten Leder als Narben-

[1] Dr. A. Küntzel, Die Histologie der tierischen Haut.

schicht bezeichnet und ist dort leicht zu erkennen, weil das Leder (von außen bis zu den Haarwurzeln) viel fester gefügt ist. Diese Papillarschicht besteht in höherem Maße als die Retikularschicht aus elastischen Fasern; in sie sind die Bälge hineingesenkt, in welchen die Haare stehen; sie enthält Blutgefäße, Lymphräume mit Zellen, Fett- und Schweißdrüsen und endlich auch die Muskeln, welche die Haare bewegen können (sträuben). Die Grenzschicht zwischen Retikular- und Papillarschicht, in welcher die Haarwurzeln und Schweißdrüsen liegen, wird durch technische Behandlung (Äschern) leicht zu stark angegriffen, wodurch sich die Schichten trennen können, so daß der Narben sich abschält. Über der Lederhaut und zum Teil durch die Haarkanäle (Wurzelscheiden) in diese hineingestülpt liegt die Oberhaut (Epidermis). Diese entsteht beim werdenden Organismus zuerst (aus dem äußeren Keimblatt) und ist biologisch und chemisch völlig anders als die Lederhaut geartet, ein günstiger Umstand, was die Entfernung anbetrifft. Auch die Oberhaut wird noch in mehrere Schichten eingeteilt, doch kann man höchstens technisch eine Schleimschicht und eine Hornschicht unterscheiden. Genaue Abgrenzungen sind nicht möglich, da in der Oberhaut fortwährend lebende Zellen nach außen vordringen, um dort infolge Verhornung abzusterben, ein Vorgang, der sich ganz uneinheitlich abspielt. Die Wurzelscheiden sowie die in diesen stehenden Haare sind Bildungen der Oberhaut.

Wenn wir nun die Fasern betrachten, so zeigt sich, daß es deren zweierlei Arten gibt: kollagene und elastische Fasern. Hiervon ist die kollagene (leimbildende) Faser, welche das eigentliche Hautgewebe bildet, die für die Lederherstellung wesentliche. Sie besteht aus einem Strang noch feinerer Fasern — Fibrillen —, der von einer ganz feinen Hülle umgeben ist, und ist anscheinend endlos. Die elastische Faser hingegen wird vor der Gerbung — besonders in der Beize — wahrscheinlich entfernt, mindestens aber stark verändert, so daß für die in diesem Buch behandelten Lederarten mehr ihr Nichtvorhandensein von Bedeutung ist als ihr Vorhandensein. Am lebenden Tier spielt die elastische Faser aber eine wichtige Rolle, indem sie gewissermaßen der Haut „Stand" verleiht. Sie ist stark biegungselastisch und führt die Haut immer wieder in die alte Lage zurück, leistet also eine Arbeit ähnlich der der Muskeln. Die elastische Faser unterscheidet sich von der kollagenen (abgesehen von der chemischen Zusammensetzung) dadurch, daß sie nicht aus Fibrillen zusammengesetzt und außerordentlich verästelt ist. Die Räume zwischen den einzelnen Fasern, ja selbst zwischen den Fibrillen sind ausgefüllt mit einer Zellsubstanz, welche beim Wässern und Äschern zum großen Teil in Lösung geht. Diese Zellsubstanz stellt vom chemischen Gesichtspunkt aus gesehen einen Eiweißstoff dar, der Koriin heißt und — wie bereits erwähnt — wasserlöslich ist. Die kollagenen Fasern bestehen aus Kollagen. Dieses zählt man (mit Elastin und Keratin) zu den Gerüsteiweißen, und es hat mit diesen gemein, daß es im Wasser unlöslich ist. Durch Kochen geht Kollagen in Glutin (Leim) über. Die elastischen Fasern, Sehnen und Blutgefäße bestehen aus Elastin, einem gegen Lösungsmittel sehr beständigen Gerüsteiweißstoff, welcher aber durch die Beize angegriffen wird. Die Hornschicht der Oberhaut und die Haare endlich bestehen aus Keratin (Hornstoff). Dieses Keratin ist ebenfalls unlöslich im Wasser, sogar in verdünnten Säuren und Alkalien. Außerdem ist es außerordentlich beständig gegen Verdauungsfermente (es verhält sich somit ähnlich wie Leder). Auf Grund dieser Eigenschaften bleiben bei schwächerem Äschern oder bei Verdauungsvorgängen, z. B. beim Araäscher, die Haare erhalten. Es wird nur die Schleimschicht, die nicht aus Keratin besteht, angegriffen. Bemerkenswert für das Keratin ist der hohe Schwefelgehalt, welcher in alten Äschern, die viel Haarreste enthalten, eine Rolle spielt.

Die Haut ist ein Kolloid. Charakteristische Eigenschaften solcher Kolloide sind, daß sie nicht oder fast nicht diffundieren (d. h. keine Membrane durchdringen können) und nicht kristallisieren. Die Haut ist im besonderen ein Kolloid mit großer Oberfläche. Solche Kolloide zeigen vielfach besondere Fähigkeiten zur Adsorption, worauf noch auf Seite 00 hinzuweisen ist.

Eine andere Eigenschaft der Haut ist die Fähigkeit der Quellung (auch Schwellung). Man unterscheidet eine kapillare Quellung, bei der vorwiegend Wasser in die Poren eindringt (ähnlich der Wasseraufnahme durch einen Schwamm) und die molekulare Quellung, bei der die Flüssigkeit in die Masse der Haut selbst, also nicht in Zwischenräume eindringt. Die letzte Art der Wasseraufnahme ist die wichtigere. Die Quellung kann durch Alkalien oder Säuren bedeutend erhöht werden. Daß dies möglich ist, erklärt sich zum Teil daraus, daß Haut (und zwar in der Hauptsache Kollagen) als Base und Säure zugleich wirken kann. Diese Eigenschaft nennt man amphoter.

III.

Wesen der Lederbildung.

Aus der Tatsache heraus, daß man mit so verschiedenartigen Stoffen gerben kann, herrschen über die Vorgänge, welche sich bei der Lederbildung abspielen, die voneinander abweichendsten Meinungen. Wie wir noch sehen werden, scheint jeder Theoretiker ein wenig davon beeinflußt zu sein, von welcher Gerbungsart er ausgeht.

Es gibt Theorien über einzelne Gerbungsarten und Universaltheorien, nach denen ein Vorgang allen Gerbungsarten gemeinsam sein soll. Bei ganz roher Einteilung stehen sich hierbei zunächst die „chemische" und die „physikalische" Ansicht gegenüber. Zwischen den beiden bildet die „chemisch-physikalische" Ansicht eine Brücke.

Nachstehend sollen diese Ansichten in ihren Grundzügen dargestellt werden, und zwar so, wie sie von den wesentlichen Vertretern gesehen wurden.

Die ersten Wissenschaftler, welche sich mit der Theorie der Gerbung befaßten (sie behandelten hauptsächlich die Lohgerbung und die Alaungerbung), sahen diese als einen rein chemischen Vorgang an. Für sie war lohgares Leder einfach ein „Salz der Gerbsäure mit der Blöße". Bei der Alaungerbung nahm man an, daß sich das „basische Aluminiumsalz chemisch mit der Blöße verbinde" (Berzelius Lehrbuch, IX, Seite 372).

Dieser Auffassung widersprach Friedrich Knapp im Jahre 1858 in seiner Schrift „Natur und Wesen der Gerberei und des Leders" auf Grund zahlreicher Untersuchungen und Gerbversuche, welche sich zunächst in der Hauptsache auf das Gebiet der Alaungerbung erstreckten. Bis dahin stand die Forderung im Vordergrund, daß Gerbung Haut fäulnisbeständig machen müsse. Knapp meinte dazu, diese Forderung sei nicht buchstäblich, sondern relativ zu nehmen, denn jegliches Leder widerstehe der Fäulnis erheblich länger als rohe Haut, wenn auch unter den einzelnen Gerbungsarten große Unterschiede herrschen. Er sah das Wesen der Gerbung anders und stellte den Satz auf, daß „tierische Haut dann als Leder anzusprechen ist, wenn durch irgendein Mittel das Zusammenkleben der Hautfasern beim Trocknen verhindert wird".

Damit wollte Knapp zunächst den Begriff des Leders weiter ausdehnen, verwies gleichzeitig aber auch den Gerbvorgang ins Gebiet der Physik. Er fand nämlich, daß man beim Alaunleder (wenigstens sofort nach der Gerbung) den Gerbstoff leicht wieder durch Waschen aus der Haut entfernen kann, und daß man Haut ohne allen Gerbstoff, nur durch Entwässern mit absolutem Alkohol (etwas schlechter mit Kochsalz) in etwas durchaus Lederartiges verwandeln kann. In beiden Fällen ließ sich durch Behandeln mit Wasser der „Gerbvorgang" umkehren und Blöße zurückerhalten, welche zu Leim verkocht werden kann. Demnach war also das Entstehen einer chemischen Verbindung nicht erforderlich, um Leder zu erhalten. Daß eine solche beim Alaunleder auch gar nicht vorliegen konnte, glaubte Knapp durch folgende Beobachtungen und Erwägungen bewiesen zu sehen.

Für das Entstehen einer chemischen Verbindung ist vor allem kennzeichnend, daß die Vereinigung der Teile nach bestimmten, immer gleichbleibenden (stochiometrischen) Gewichtsmengenverhältnissen erfolgt (Äquivalenzgesetz). Knapp stellte nun eine sehr verschiedenartige Aufnahme von Alaunsalz durch die Haut fest, je nachdem die Blöße dünner oder dicker, die Alaunlösung schwächer oder stärker war. Dabei behielt die Gerbbrühe überdies ihre Zusammensetzung. Also konnte wenigstens nach der damaligen Kenntnis der Chemie eine chemische Reaktion nicht vorliegen. In dieser Auffassung wurde Knapp besonders durch die Rolle des Kochsalzes bei der Gerbung bestärkt. Es war ihm bekannt, daß die Praktiker davon sehr verschiedene Mengen zur Alaungerbung verwenden. Da er annahm, daß sich aus Alaun und Kochsalz durch doppelte Umsetzung Aluminiumchlorid bildet, so hätte man, wenn dieses sich mit der Haut chemisch verbunden hätte, auch mit Aluminiumchlorid allein eine Gerbung erzielen müssen, und jeder Kochsalzüberschuß wäre unnötig, vielleicht sogar nachteilig gewesen. Knapp erhielt aber bei seinen Gerbversuchen mit Aluminiumchlorid (Aluminiumsulfat und Aluminiumazetat) ohne Kochsalz kein Leder, welches sich mit dem aus der Praxis (und wurde es dort mit den verschiedensten Mengen Kochsalz hergestellt) vergleichen hätte lassen.

Eine andere Beobachtung war die, daß Aluminiumsalze mit Leim keine Fällung geben. Wenn Haut und Gerbstoff eine chemische Verbindung eingingen, hätte man dies aber auf alle Fälle erwarten müssen. Knapp meinte sogar, daß die Unmöglichkeit, aus Fasern oder Knochen Leder herzustellen, ein Beweis gegen eine chemische Reaktion zwischen leimgebender Substanz und Gerbstoff sei. In derselben Richtung lag die Meinung, organische Körper müßten bei chemischen Vorgängen ihre histologische Form verändern, und da bei der Gerbung die Struktur der Haut erhalten bleibe, so habe sich auch kein solcher abgespielt. Interessanter als solche Erwägungen, die wir heute nicht mehr teilen können, war folgende Beobachtung: Wenn man eine pflanzliche Gerbstofflösung mit Eisensalz versetzt, so tritt bekanntlich neben einer Fällung auch ein Farbumschlag ein. Da lohgares Leder diesen Farbumschlag ebenfalls zeigt, nahm Knapp an, daß der Gerbstoff nicht chemisch an die Haut gebunden sein könne.

Auf Grund all dieser Untersuchungen machte er sich die Vorstellung, daß Gerbung durch physikalische Vorgänge zustande komme.

Er dachte, daß der Gerbvorgang im wesentlichen in einer Freilegung der Fasern bestehe (die beim Trocknen der rohen Haut zusammenkleben) und durch Flächenanziehung (auch Adsorption oder Oberflächenspannung genannt) hervorgerufen werde. Diese Adsorption ist ein Vorgang, bei welchem Gase oder Flüssigkeiten, und zwar Kolloide wie Kristalloide, sich auf der Oberfläche eines festen Körpers niederschlagen, ohne mit letzterem in chemische Reaktion zu treten. Die durch die Fasern bedingte große Oberfläche der Haut — Knapp berechnete, daß 1 Quadratfuß Leder durch die Fasern eine

Oberfläche von über 300 Quadratfuß habe — verursacht eine besonders energische Adsorption.

Knapp schreibt hierüber im Original:

„In der Regel und am besten, aber nicht notwendig, geschieht dies (Anmerkung: nämlich die Umhüllung der Faser), indem das Gerbmittel durch Flächenanziehung auf die Faser niedergeschlagen und befestigt wird wie die Farbstoffe auf Seide, Wolle oder Baumwolle; in anderen Fällen, wo die Flächenanziehung nicht hinreicht, einen Stoff aus seiner Lösung niederzuschlagen, geschieht die Einhüllung der Faser, indem die Auflösung zwischen den Fasern eintrocknet. Mit der größten Energie werden die den Harzen nahestehenden, aber im Wasser löslichen Körper Gerbsäure, Pikrinsäure, dann die Salze der Metalloxyde der Formel M_2O_3 (also Oxyde dreiwertiger Metalle) von der Faser niedergeschlagen, ferner Chromsäure, andere schwach, noch andere wie die Fette gar nicht. Gewisse Gerbemittel haben die Eigenschaft, die Faser in der Art einzuhüllen, daß das Zusammenkleben vollkommen unmöglich wird und die Haut beim Trocknen ohne weiteres Zutun sogleich offen und geschmeidig auftritt (Lohegerbstoff und Gerbsäure überhaupt); bei anderen Gerbmitteln findet zwar ein Zusammenkleben statt, die Haut erscheint dann zwar dicht und mehr hornig nach dem Trocknen, aber der Zusammenhang der Fasern ist sehr locker, und die Haut läßt sich durch Ziehen und Dehnen (Stollen) leicht und vollständig in die Beschaffenheit des Leders überführen (Alaun usw.)“

Eine Bekräftigung seiner Theorie sah Knapp darin, daß die Haut außer den bekannten Gerbmitteln so große Mengen Mehl und Ton aufzunehmen vermag.

Den Verlauf der Gerbung mit Metallsalzen (Knapp ist der geistige Vater der Gerbung mit basischen Chrom- und Eisensalzen) dachte er sich so, daß man das Gerbsalz nach der Adsorption durch die Haut in derselben unlöslich macht.

Er schrieb:

„Versetzt man dagegen die salzsaure Lösung des Oxyds vor dem Gerben allmählich mit so viel Soda oder Ätznatron, als sie verträgt, ohne einen bleibenden Niederschlag zu bilden, so hat man den doppelten Vorteil, daß die Verbindung des Oxyds auf diese Art leichter und reichlicher auf die Faser niedergeschlagen, daß die saure Reaktion auf die Haut (wenn auch nicht auf Lackmuspapier) gehoben und daß endlich eine dem Zusatz der Soda entsprechende Menge Kochsalz gebildet wird. Es verhält sich mit anderen Worten eine so präparierte Eisen- oder Chromoxydlösung zu der einfachen salzsauren wie die Alaunlösung der Gerber zu Chloraluminium. Aus dieser Lösung gerben sich nun die Häute ohne Vergleich viel leichter und mit voller Geschmeidigkeit. Sie bedurfen wie die alaungaren Leder vor der völligen

Trockene des Stollens, d. h. der völligen Trennung der Fasern durch Dehnen und Ziehen. Nimmt man statt der wässerigen ebenso präparierte weingeistige Lösungen von salzsaurer Tonerde, Chromoxyd und Eisenoxyd, so geht die Gerbung überraschend leicht vor sich, und die Leder haben nicht einmal das Stollen mehr notwendig. Immer haben sie jedoch mit der weißgaren gemein, daß sie im Wasser die Gerbung verlieren (Irrtum Knapps) und deshalb nur für Gegenstände brauchbar sind, die nicht mit Feuchtigkeit in Berührung kommen. Um ihnen Widerstand gegen dieses Element zu geben, suchte man die genannten Metalloxyde auf der Faser in unlösliche Verbindungen überzuführen, welche zugleich möglichst der Biegsamkeit und Weichheit der Hautfasern sich anschmiegen, die Raschheit der Gerbung möglichst befördern und möglichst haltbar auf der Faser fixiert sind. Unter allen Verbindungen der in Rede stehenden Metalloxyde erscheinen zu diesem Zweck keine geeigneter als die mit den fetten Säuren, also die Tonerde-, Eisen- und Chromoxydseifen. Sie sind in Wasser unlöslich, im trockenen Zustande mehr wachsartig biegsam als spröde, besitzen die Farbe der zugrunde liegenden Oxyde und gewähren den Vorteil, daß sie sich durch doppelte Zersetzung aus in Wasser löslichen Verbindungen herstellen lassen.“

Soweit hatten alle Anzeichen für die physikalische Theorie gesprochen. Knapp sah aber selbst schon ein, daß seine Theorie zur Erklärung des Gerbvorganges nicht ausreichte, so sehr unsere Anschauung dadurch bereichert wurde. Ganz abgesehen von dem Irrtum Knapps, den er vielleicht erst viel später bemerkte, daß man Eisen- und Chromgerbung durch Waschen rückgängig machen könne, erkannte er selbst schon, daß dies bei der Loh- und Sämischgerbung bestimmt nicht möglich sei. Er schrieb:

„Behandelt man ein in Eichenlohe gegerbtes Leder in derselben Weise (Anmerkung: das heißt laugt man es mit Sodawasser aus), so entzieht zwar die Soda, indem sie sich braun färbt, viel extraktive Bestandteile, welche anfangs Eisensalze schwärzen, später nicht mehr; der Rückstand erscheint ebenfalls geschwellt, viel heller von Farbe als vorher, aber immer Leder, er gibt keinen Leim, eine Reduktion zu Haut findet nicht statt.“

Und weiter:

„Bei alaun- oder weißgarem Leder kann mithin am wenigsten eine chemische Verbindung des Tonerdesalzes mit der tierischen Faser vorausgesetzt werden. Weit eher wäre dies bei den Bestandteilen des sämischen Leders der Fall, welches eine in der Tat merkwürdige Widerstandskraft gegen Reagenzien besitzt. Längere Zeit in Wasser gekocht gibt es nur Spuren von Leim und behält nach dem Trocknen seine faserige Beschaffenheit und Geschmeidigkeit fast unverändert, nur daß es etwas narbenbrüchig wird, wenn es mit der Narbe gegerbt wurde.

Nur durch Behandeln mit einer Auflösung von ätzenden Alkalien, wenn man es nicht bis zur völligen Auflösung damit behandelte, wird das sämische Leder nach dem Trocknen spröde und brüchig. Säuren schwellen es gar nicht."

Daraus kann man schließen, daß es ihm mit der rein physikalischen Theorie nicht Ernst war, sondern daß es ihm wohl mehr darum ging, die Bedeutung der physikalischen Vorgänge ins rechte Licht zu rücken. Das ist sein unvergängliches Verdienst.

Fahrion, der Hauptvertreter der chemischen Richtung, sah das Wesen wahren Leders in der Wasserbeständigkeit. Er umschrieb den Begriff Leder in einer Weise, die eigentlich nötigen würde, die Hälfte der in diesem Buch beschriebenen Lederarten überhaupt nicht als Leder anzusehen, nämlich so:

„Leder ist tierische Haut, welche beim Einlegen in Wasser und nachherigem Auftrocknen nicht hart und blechig wird, sondern weich und geschmeidig bleibt, welche bei Gegenwart von kaltem Wasser nicht fault und beim Kochen keinen Leim liefert."

Diese von Knapp wesentlich abweichende Meinung erklärt sich wohl so, daß Fahrion seine Theorie auf der Sämischgerbung aufbaute, welche gerade die in der Definition genannten Eigenschaften in hervorragendem Maße hat. Knapp aber ging, wie bereits ausgeführt wurde, von der Alaungerbung aus.

Fahrion hat sich sehr eingehend mit allen Theorien befaßt, wovon wir einen wertvollen Niederschlag in seinem Buch „Neuere Gerbemethoden und Gerbetheorien" finden.

Er führt darin gegen Knapp aus:

„Knochen, Sehnen u. dgl. können, obwohl sie Kollagene sind, ihres verschiedenen physikalischen Aufbaus wegen kein Leder geben. Auch muß echter Gerbstoff nicht unbedingt Leimlösung fällen, denn es gibt Körper, welche Leimlösung fällen, wie z. B. Salizylsäure, und doch keine Gerbstoffe sind, und andere, wie z. B. Chinon, welche Gerbstoffe sind, aber keine Leimlösung fällen.

Was die Tatsache anbelangt, daß lohgares Leder durch Eisensalz geschwärzt wird, so kann sie chemisch erklärt werden, wenn man lohgares Leder als Ester auffaßt. Solche Ester sind Körper, die aus einem Alkohol und irgendeiner Säure unter Wasseraustritt entstehen, gleich der Salzbildung $NaOH + HCl = NaCl + H_2O$.

Sie können sich in Lösung hydrolytisch spalten, wie sich z. B. in wässeriger Seifenlösung durch Hydrolyse NaOH bildet und diese dadurch alkalisch reagiert. Eine solche Hydrolyse ermöglicht also die Reaktion von Gerbsäure und Eisen.

Als Beweis hierfür wird folgender Versuch wiedergegeben: Eine wässerige Lösung von Myrobalanengerbsäure, die mit Eisenoxyd einen Niederschlag ergibt, wurde mit einer Lösung von schwefelsaurer

Tonerde gefällt. Es entstand das Aluminiumsalz der Gerbsäure, welches filtriert wurde, und dann auf dem Filter gewaschen wurde, um einen Überschuß von Gerbsäure oder Tonerde, der etwa nicht in Reaktion getreten war, zu entfernen. Wieder in reines Wasser eingebracht, trat bei Zusatz von Eisenoxyd eine deutliche Blaufärbung ein."

Fahrion konnte also die von Knapp gemachten Einwände gegen die chemische Theorie nicht anerkennen.

Andererseits glaubte er aber auch, daß die Gerbung durch physikalische Vorgänge eingeleitet wird, besonders durch die Anziehungskraft der feinen Poren (Kapillarattraktion), durch Diffusion (Durchdringung) und vielleicht auch durch Adsorption. Denn wenn der Gerbstoff auch gelöst ist, so haben die inneren Teilchen der Haut zunächst so lange keine Möglichkeit mit ihm in chemische Verbindung zu treten, als die Durchdringung noch nicht so weit vorgeschritten ist. Der Gerbvorgang erfordert Zeit, und die physikalischen und chemischen Vorgänge spielen sich nebeneinander ab. Während die äußeren Teile der Haut schon beide Arten des Prozesses hinter sich haben, können die inneren Teile noch rohe Haut sein. Der für Fahrion ausschlaggebende, chemische Teil der Gerbung besteht in einer durch Kondensationsvorgänge veranlaßten Komplexbildung (s. unten) zwischen Haut und Gerbstoff, wobei Wasser austritt, zu dessen Bildung die Haut den Wasserstoff, der Gerbstoff den Sauerstoff liefert.

Eine auch von Gegnern der chemischen Auffassung anerkannte Hauptstütze bildet der Vorgang bei der Aldehydgerbung.

Stiasny, der der physikalischen Theorie anhängt, vertritt die Ansicht, daß die Gerbung aus der Adsorption eines kolloidal gelösten Stoffes (Hydrosol) durch das Gel der Haut besteht. Dabei geht der kolloidal gelöste Gerbstoff nach der Aufnahme unter katalytischer (d. h. fördernder) Mitwirkung der Hautfaser von der Hydrosolform in die Hydrogelform über. (Man denke an das Erstarren einer Leimlösung beim Erkalten.)

Durch die Forschungen A. Werners ist in die Gerbtheorien eine neue Richtung gebracht worden. Er lehrte nämlich, daß die Valenzwerte nicht unveränderlich sind, sondern daß nach Betätigung der Valenzen noch Affinitätsbeträge (Nebenvalenzen) übrigbleiben, welche die Vereinigung von Verbindungen einfacher Ordnung zu solchen höherer Ordnung (Komplexen) herbeiführen. Im Zusammenhang damit wird die Adsorption immer allgemeiner chemisch als Nebenvalenzwirkung der Oberflächenmoleküle aufgefaßt. Dadurch ist aber der Gegensatz zwischen physikalischer und chemischer Auffassung stark gemildert, und diese Entwicklung zeigt sich auch in den neueren Arbeiten Stiasnys. Immerhin werden für die pflanzliche Gerbung die kolloidchemischen Eigenschaften der Gerbbrühen (Teilchengröße, Zerteilungsgrad, Diffusionsvermögen, Aussalzbarkeit) als wichtiger angesehen als die Unterschiede in der chemischen Konstitution der einzelnen Gerbstoffe. Für die Chromgerbung wird der Sättigungsgrad und die Beständigkeit des Chromkomplexes, sowie seine Fähigkeit, durch Polymerisation semikolloide Teilchengröße zu erlangen, als wesentlich für die Gerbwirkung angesehen. Die Änderungen, welche der Gerbstoff nach der Adsorption an der Lederfaser erleidet, und welche die Gerbung echter machen, die Möglichkeit der Rückbildung von Leder zu Haut (Leim) verringern, werden bei allen Gerbarten auf rein chemische Vorgänge zurückgeführt.[1]

Procter und Wilson weisen darauf hin, daß man mit einer einzigen Theorie bei den verschiedenen Arten der Lederbildung nicht auskommt und sowohl die chemische wie auch die physikalische Auffassung ineinander aufzugehen hätten. Sie nehmen an, daß Gerbung durch elektrischen Ladungsausgleich zustande kommt. Dabei ist Voraussetzung, daß Haut und Gerbstoff entgegengesetzt geladen sind. Nun ist bekannt, daß Haut (Protein) in saurer Lösung positiv, pflanzliche Gerbstoffteilchen negativ geladen sind. In diesem Fall würde also ein Ladungsausgleich stattfinden können. Anders bei der Chromgerbung. Hier sind die basischen Chromkomplexe positiv geladen. Auf den ersten Blick ist also die Möglichkeit eines Ladungsausgleichs nicht gegeben, da Haut und Gerbstoff scheinbar gleich geladen sind. Wilson nimmt aber an, daß, wenn auch die Ladung der Haut vorwiegend positiv ist, es doch innerhalb derselben eine kleine Zahl gleichmäßig verteilter negativer Gruppen gibt, was mit dem amphoteren Charakter der Haut zusammenhängt.

Wilson sagt hierüber in seinem auch in die deutsche Sprache übersetzten Buche „Moderne Chemie der Lederfabrikation":

„Dringen nun positive $Cr(OH)_2$-Ionen oder andere, ähnlich zusammengesetzte Ionen in die Gallerte, aus denen sich die Hautfasern zusammensetzen, ein, so verbinden sich diese mit den wenigen negativ geladenen Proteingruppen. Sind die elektrischen Ladungen ausgeglichen, so sind die Kollagen- und Chromgruppen weiterer Dissoziation fähig. Das Kollagen spaltet ein weiteres H- und der Chromkomplex ein weiteres OH-Ion ab. So werden durch Wiederholung des Vorganges alle 3 Valenzen des Chroms abgesättigt und an das Protein gebunden. Die dieser Auffassung zugrunde liegende Annahme ist, daß die Konzentration der negativ geladenen Gruppen im Kollagen unter den üblichen Gerbebedingungen immer noch größer ist als die, welche durch die Dissoziation der Protein-Chrom-Verbindungen entstehen."

Bei der vegetabilischen Gerbung lagern sich die Gerbstoffe wahrscheinlich an die Amino- oder andere basischen Gruppen der Haut,

[1] Gnamm, Die Gerbstoffe und Gerbmittel.

bei der Chromgerbung hingegen an die Karboxyl- oder andere sauren Gruppen der Haut an. Unterstützt wird diese Theorie durch die Tatsache, daß beide Gerbungen sich gegenseitig bei ein und derselben Haut nicht stören. Die Ansicht über die Chromgerbung gilt auch für die Aluminiumgerbung.

Mit dieser kurzen Darstellung, welche die Arbeit vieler Forscher nicht berücksichtigen konnte, dürfte hinreichend gezeigt sein, wie, ausgehend von einfachen Anschauungen, jahrzehntelange Forschungen erkennen ließen, daß die Vorgänge doch weit komplizierter sind, als man ursprünglich annahm. Dabei sind aber gewisse Einflüsse, wie z. B. der des Lichts, die von großer Bedeutung sein können, bisher kaum berücksichtigt.

Immerhin, im Streit der Meinungen wurde doch Baustein zu Baustein getragen. Und verglichen mit dem Alter der Gerberei, das nach Jahrtausenden zählt, ist deren Wissenschaft ja noch sehr jung, kaum 70 Jahre alt. Den bisherigen Erkenntnissen nach zu urteilen, können wir es also gut erleben, volle Klarheit über den Gerbvorgang zu erhalten.

Vom praktischen Standpunkt aus sei für zukünftige Definitionen noch das Folgende der Beachtung empfohlen.

In den bisherigen Theorien wird meist noch nach „echten“ und „unechten“ oder „Pseudogerbungen“ unterschieden. Das klingt für den Praktiker merkwürdig, der z. B. sein vorzügliches, weiches Glacéleder als unechtes Leder bezeichnet sieht. Bei der Lohgerbung spricht man von „Nichtgerbstoffen“, obwohl die neuere Forschung lehrt, daß diese zur Gerbung nötig sind und daß sie sogar unter gewissen Umständen löslich gemacht, d. h. in Gerbstoffe umgewandelt werden können. Bei Chromledern wird die sogenannte Kochprobe als ein Prüfmittel vollendeter, also echter Gerbung angesehen, und doch zeigt es sich, daß solches Leder, welches diese Kochprobe nach der Gerbung bestanden hat, unbrauchbar und schlecht sein kann, ja daß die Kochprobe nach der Zurichtung vielfach nicht mehr besteht, wodurch also Trugschlüsse möglich sind. Ganz bekannte Handelsmarken bestehen die Kochprobe überhaupt nicht und sind doch anerkannt gutes Leder.

Im Hinblick auf diese herausgegriffenen Beispiele kann der Praktiker in der bisher geübten Einteilung bzw. den entsprechenden Definitionen keinen Sinn sehen, und er möchte lieber, daß in Zukunft die Bezeichnungen mehr im Zusammenhang mit dem Verwendungszweck gewählt würden, wie es bereits auf anderen Gebieten der Fall ist. Der Begriff „echt“ als solcher ist zu weit gefaßt, es müßte z. B. heißen: waschecht, hitzebeständig, bügelecht usw.

IV.

Die wichtigsten Patentschriften.

Eine ausreichende Kenntnis der Patentliteratur ist heute notwendig und gleichbedeutend mit wirtschaftlichem Erfolg. Wenn auch viel Wertloses patentiert wird — weil niemand die Neuheit des Erfinders bestreitet —, so befindet sich doch viel technisch Wertvolles darunter, dessen Ausnutzung manche Vorteile nach sich zieht, weshalb versucht wird, es durch gesetzlichen Schutz zu monopolisieren. Der Erfinder erlangt durch die Erteilung eines Patentes die Möglichkeit, daß er allein berechtigt ist, einen gewissen Fortschritt gewerblich auszunutzen, oder daß er dieses Recht anderen käuflich überläßt.

Die Patentgesetzgebung der außerdeutschen Länder ist nicht einheitlich und gibt oft nicht den gleichen Schutz. Vielfach besteht sie in einer bloßen Registrierung ohne nähere Prüfung, so daß naturgemäß der damit erlangte Schutz sehr fragwürdig ist. Die meisten Staaten, welche Patente erteilen, verbürgen gegenseitig das Recht der Priorität.

Ein erteiltes Patent wird durch Anrufung der ordentlichen Gerichte geschützt. Wortlaut und Zeichnungen usw. sind von entscheidender Bedeutung, sind aber auch die Ursache, daß sie, wenn lückenhaft gegeben, umgangen werden können und dann den Schutz hinfällig machen.

Die Patentliteratur ist ein Spiegelbild des technischen Fortschrittes seiner Zeit, und darum sollen im folgenden Abschnitt neben kürzeren Hinweisen auf ältere Patente hauptsächlich die im letzten Jahrzehnt ausgegebenen Patentbeschreibungen des einschlägigen Gebietes Aufnahme finden.

Von sämtlichen Patentschriften sind Abdrucke durch das Reichspatentamt in Berlin zu beziehen, welches auch darüber Auskunft gibt, ob ein erteiltes Patent noch zu Recht besteht oder erloschen ist. In vielen Großstädten und Mittelpunkten wirtschaftlichen Lebens bestehen Sammlungen der Patentschriften, die öffentlich und jedermann zugänglich sind.

Bei der Auswahl der Patentschriften bzw. der Hinweise auf dieselben, welche in diesem Buch Aufnahme fanden, ist unberücksichtigt geblieben, ob das erteilte Patent noch zu Recht besteht oder nicht. Die Auswahl ist in möglichst weiten Grenzen gehalten, erhebt aber keinen Anspruch auf Vollständigkeit.

Der nützlichen Anregungen wegen, welche die Patenliteratur zu geben vermag, wurde ihr in diesem Buch ein breiter Raum gewährt.

Gerbpatente.

Dr. F. Knapp, München.

Engl. Pat. Nr. 2716 vom 29. Oktober 1861.

Verfahren zum Gerben von Häuten und Fellen mit fettsauren Salzen von Metalloxyden.

W. Krapp, Halberstadt.

D. R. P. Nr. 586 vom 29. Juli 1877.

Verfahren, Glacéleder zu fabrizieren.

Behandlung mit einer Mischung von Hundemist und Weizenkleie unter Zusatz von doppeltkohlensaurem Natron und Schwefelsäure.

Lucien Gaulard, Paris.

D. R. P. Nr. 2052 vom 15. Dezember 1877.

Verfahren, Häute zu gerben unter Mitwirkung der elektrisch in Freiheit gesetzten Bestandteile des Wassers.

Peter Jaques, Hemmingen und Alfred Souval, Straßburg.

D. R. P. Nr. 3644 vom 29. Januar 1878.

Weißgerbereiverfahren bei Ersatz des Eigelbes durch Eibischwurzelschleim.

Heinrich Putz, Passau.

D. R. P. Nr. 4389 vom 7. Juni 1878.

Gerbverfahren mit Keratinverbindungen

Haare, Wolle, Horn, Klauen, Federn usw. werden in Ätzkalilauge gelöst zur Verwendung in der Weißgerberei.

Dr. Christian Heinzerling, Biedenkopf.

D. R. P. Nr. 5298 vom 3. November 1878.

Verfahren der Schnellgerberei bei Anwendung von Alaun und Zink, chromsauren Salzen, Ferrozyankalium, Chlorbarium und anderen Ingredienzien.

Simon Ullmo, Lyon.

D. R. P. Nr. 9919 vom 12. September 1879.

Beschleunigtes Gerbverfahren. Gleichzeitige Anwendung von vegetabilischem Gerbstoff und Alaun, kombiniert mit Kupfervitriol.

C. Ziegel, Neuwedel.

D. R. P. Nr. 13920 vom 24. August 1880.

Verfahren zum Gerben tierischer Häute. Gerben mit Tonerdesalzen und Borax unter Zusatz von Chlornatrium und Glyzerin.

E. Harcke, Königslutter bei Braunschweig.
D. R. P. Nr. 16022 vom 2. Dezember 1880.

Weißgerbung unter Zusatz von Kreosot oder Karbolsäure.

Frederick George Vedova, Wien.
D. R. P. Nr. 14623 vom 4. Januar 1881.

Gerbverfahren, bestehend in dem Einweichen der Häute in die Gerbflüssigkeit, Trocknen derselben und Wiederbehandlung mit der Gerbstofflösung.

Werner Jungschlaeger sen., Kirchen a. d. Sieg.
D. R. P. Nr. 16306 vom 13. Februar 1881.

Verfahren der Metallgerbung mit schwefelsaurer Tonerde, Chlornatrium, Kupfer- und Zinksalzen.

L. Starck & Co., Mainz.
D. R. P. Nr. 16771 vom 20. April 1881.

Verfahren zur Herstellung von Transparentleder. Behandlung mit einer Mischung von Glyzerin mit Salizylsäure, Pikrinsäure und Borax und Fixierung durch doppeltchromsaures Kali und Schellacklösung.

Johanna Josephi, Schwerin.
D. R. P. Nr. 20250 vom 8. November 1881.

Verfahren zur Darstellung von Handschuh- und anderem Leder. Behandlung von lohgarem, aufgeweichtem Leder, Fellen, Fischhäuten oder Därmen mit Benzin, Naphtha oder Petroleumäther.

E. Harcke, Königslutter bei Braunschweig.
D. R. P. Nr. 19633 vom 7. Dezember 1881.

Verfahren der Mineralgerbung mit Eisenoxyd- und Tonerdesalzen, Karbolsäure und Kolophonium.

John Shaw, Hindmarsch bei Adelaide.
D. R. P. Nr. 27270 vom 7. April 1883.

Verfahren der Seifen und Ölgerberei unter Anwendung von Karbolsäure.

Lucien Gaulard, London.
D. R. P. Nr. 27273 vom 25. August 1883.

Neuerung im Verfahren der Gerbung unter Mitwirkung der elektrolytisch in Freiheit gesetzten Bestandteile des Wassers. Wasserstoff in statu nascendi soll die stickstoffhaltigen Hautbestandteile zersetzen, darauf soll der Sauerstoff die Gerbstoffe vor ihrer Niederschlagung auf der Haut oxydieren.

Caesar Kästner, Magdeburg.

D. R. P. Nr. 32282 vom 20. Dezember 1884.

Gerbverfahren, bei welchem die Haut zunächst mit Alaun und nach dem Trocknen mit alkoholischer Gerbstofflösung gegerbt wird.

Armand Müller-Jakobs, Neuyork.

D. R. P. Nr. 35338 vom 19. Juni 1885.

Gerbereiverfahren unter Benutzung von Sulfoleaten und Sulforizinoleaten an Stelle von Fetten, Ölen u. dgl.

Thomas Russel Clark, in Firma Fisk, Clark & Flagg, Neuyork

D. R. P. Nr. 35340 vom 1. Juli 1885.

Verfahren zur Herstellung eines sämischgaren Leders mit polierter Narbenseite. Wiederholte Behandlung der mit Fett oder Öl gegerbten Häute mit Naphtha.

J. S. Billwiller, St. Gallen.

D. R. P. Nr. 36015 vom 8. Dezember 1885.

Verfahren zum Gerben von Häuten, indem man dieselben vor dem Durchgerben mit vegetabilischen Gerbstoffen, mit Lösungen von Tonerdesulfat und Natriumbikarbonat behandelt.

Johan Wilhelm Abom und John Landin, Stockholm.

D. R. P. Nr. 40884 vom 16. November 1886.

Verfahren, Häute mittels Elektrizität zu gerben. Wechselstrom.

Franz Fischer, Offenburg.

D. R. P. Nr. 42214 vom 1. Februar 1887.

Verfahren zum Einweichen von behaarten Fellen zwecks Gerbung derselben in behaartem Zustande. Zehntägiges Einlegen in eine verdünnte Lösung von übermangansaurem Kali.

Worms & Balé, Paris.

D. R. P. Nr. 41516 vom 29. März 1887.

Verfahren zum Gerben von Häuten in rotierenden Trommeln unter Hindurchleiten eines elektrischen Stromes durch die Gerbbrühe.

El. Gerson, Sidney.

Engl. Pat. Nr. 8369 vom 7. Juni 1888.

Verfahren zum Gerben mit einer Kombination von

200 kg Kochsalz
400 „ Alaun
600 „ Bichromat
100 „ Essigsäure.

Die drei zuerst genannten Stoffe werden in kochendem Wasser gelöst und dann die Essigsäure zugesetzt. Nach dem Abkühlen wird auf 6000 l verdünnt. Die Brühe reicht für 100 kg Büffelhäute.

Nach der Gerbung wird mit einer Kombination von

300 kg Kleie
300 „ Malz
600 l Wasser

1 bis $1^1/_2$ Tage nachbehandelt.

Etienne Jean Finot, Paris.
D. R. P. Nr. 72053 vom 29. Juni 1892.

Verfahren der Gerbung unter Anwendung von Kohlensäure und elektrischem Strom.

Paul F. Reinsch, Erlangen.
D. R. P. Nr. 71014 vom 29. Juli 1892.

Verfahren und Apparat zur Rieselgerbung. Senkrechtes Herabrieseln der Gerbflüssigkeit an beiden Hautflächen.

Adolphe Jacob Strauß, Paris.
D. R. P. Nr. 71005 vom 7. Februar 1893.

Verfahren zur Umwandlung lohgarer Felle in weißgare. Entgerbung mit Wasser, Alkali und Säure und Behandlung mit Quebracho- und Kampecheholzextrakt und einer Lösung von Ammoniak, Kupfervitriol und Eisenvitriol.

F. Hartmann, Berlin.
D. R. P. Nr. 81600 vom 15. März 1894.

Verfahren zur Herstellung von Fischbeinleder aus rohen Häuten. Behandeln mit nassem Wasserdampf und Sättigen mit Terpentin.

Les fils de J. P. Heinrich, Schlettstadt.
D. R. P. Nr. 99710 vom 3. Mai 1895.

Verfahren der Vorgerbung unter Anwendung von Naphthalin.

Richard Büttner, Striegau.
D. R. P. Nr. 87904 vom 31. Mai 1895.

Gerbverfahren. Bestreichen der Blöße mit Mischungen

1. Terpentinöl, Essigsäure und weinsteinsaurem Kali und
2. Petroleum und Spiritus.

Georges de Geyter, Mouscron.
D. R. P. Nr. 98342 vom 22. Dezember 1896.

Verfahren zum Einweichen, Kalken und insbesondere zum schnellen Gerben von Fellen und Häuten. Bewegen der Häute und Lösungen in entgegengesetzter Richtung und gleichzeitiges Pressen und Strecken durch rotierende Zylinder.

Carl Luckow jun., Köln, und Dr. Franz Jörissen, Aachen.
D. R. P. Nr. 99687 vom 4. April 1897.

Verfahren, tierische Haut für die elektrolytische Gerbung stromleitend zu machen. Auflegen auf durchlochte Metallplatten; Einreiben mit Graphit; Galvanische Ausscheidung eines Metalles in der Haut.

Heinrich Schaaf, Kalk bei Köln.
D. R. P. Nr. 101070 vom 18. September 1897.

Schnellgerbverfahren mittels Alaun. Behandlung der Häute mittels Alaun, eventuell unter Zusatz von Kochsalz, bei einer Temperatur von nicht unter 110° C.

Julius Ring, Paris.
D. R. P. Nr. 103051 vom 7. Oktober 1897.

Schnellgerbverfahren unter gleichzeitiger Anwendung einer Gerbbrühe von sehr geringer Stärke und eines elektrischen Stromes in einem rotierenden Apparat.

N. P. Andersen und J. K. Westengaard, Kopenhagen, und Dr. H. Zerener, Berlin.
D. R. P. Nr. 110771 vom 13. Februar 1898.

Verfahren und Vorrichtung zum Gerben von Häuten mit Hilfe des elektrischen Stromes. Stromrichtung senkrecht zur Hautfläche und Bewegung der Häute parallel und sich selbst durch ein Drehgestell.

Ury von Günzburg, Vitry a. d. Seine.
D. R. P. Nr. 106235 vom 11. März 1898.

Verfahren zum Gerben mittels Aluminiumsulfit.

John Pullmann und Edward Pullmann, London.
D. R. P. Nr. 111408 vom 24. März 1898.

Neuerung in der Fabrikation von Leder. Herstellung und Appretierung mit einer Mischung von wässerigem Formaldehyd mit alkalischen Substanzen, z. B. Soda, Kalziumhydroxyd, Magnesiumhydroxyd usw.

Albert Gabriel Jean Louis Durand, Vendôme.
D. R. P. Nr. 106041 vom 26. Juli 1898.

Gerbverfahren für poröse Häute, insbesondere für Hasenfelle. Angerbung mit Öl unter gleichzeitigem Walken, Behandlung mit einer Nahrung aus Alaun, Kochsalz, Lederleim, gemengt mit Weizenmehl und Eigelb, Wiederbehandlung mit Öl und Walken.

Franz Wartenberger, Hamburg.
D. R. P. Nr. 107109 vom 27. September 1898.

Verfahren zum Unschädlichmachen der bei der Gerbung mittels Pikrinsäure im Leder zurückbleibenden freien Pikrinsäure. Einlegen in ein Bad von unterschwefligsaurem Natron.

George Dexter Burton, Boston.
D. R. P. Nr. 108428 vom 26. Oktober 1898.

Verfahren zum Gerben und Färben von Häuten und Fellen unter Benutzung des elektrischen Stromes. Gerben und Färben gleichzeitig oder nacheinander mit Bewegung der Häute.

Leonhard Friedländer, Rixdorf bei Berlin.
D. R. P. Nr. 110031 vom 18. Dezember 1898.

Verfahren zur Behandlung frischer Häute mit Lösungen von Harzen in Schwefelkohlenstoff oder Kohlenwasserstoffen.

Dr. H. Zerener, Berlin.
D. R. P. Nr. 107866 vom 29. Dezember 1898.

Verfahren zum Gerben unter Benutzung elektrischen Gleichstromes. Periodische Umkehrung des senkrecht gegen die Hautflächen gerichteten Stromes.

Bruno Trenckmann, Berlin.
D. R. P. Nr. 116747 vom 19. Januar 1899.

Verfahren zur Herstellung von Glacéleder aus der an der äußeren Wand des Darmkanals, insbesondere des Blinddarmes des Rindes, befestigten Haut. Behandlung mit vegetabilischen, mineralischen oder Fettgerbstoffen, eventuell mit Zusatz von Farbstoffen.

Dr. Raymond Combret, Paris.
D. R. P. Nr. 112183 vom 14. März 1899.

Gerbverfahren unter gleichzeitiger Anwendung von Formaldehyd und Säure.

F. Wartenberger, Altona.
D. R. P. Nr. 117280 vom 30. April 1899 (Z. z. 107109)

Verfahren zur Unschädlichmachung der bei der Gerbung mittels

Pikrinsäure im Leder zurückbleibenden freien Pikrinsäure. Behandlung mit einer Brühe aus tanninhaltigen Pflanzenstoffen.

Michael Bauer, Pegnitz.
D. R. P. Nr. 112684 vom 11. Juli 1899.

Schnellgerbverfahren. Kombination mehrerer Methoden unter Anwendung von Bewegung, Wärme und steigender Konzentration.

E. Maertens, Providence (V. St. A.).
D. R. P. Nr. 116725 vom 27. August 1899.

Verfahren zum Gerben von Häuten und Fellen. Die zur Gerbung dienenden Oxyde, Hydrate und Karbonate von Metallen werden mittels Kohlensäure in Lösung gehalten. Besondere Ausführungsform, bei welcher die Kohlensäure unter Druck verwendet wird.

Marcus Ruben Mindus, Hamburg.
D. R. P. Nr. 128693 vom 14. Februar 1900.

Verfahren zur beschleunigten Gerbung von Blößen. Vorbehandlung mit verdünnter Pikrinsäurelösung, Gerbung in einem Bad aus Bichromat, Kochsalz und Alaun, zuletzt unter Ansäuern mit Salzsäure und darauf Reduktion der Pikrinsäure und Chromsäure.

Dr. P. D. Zacharias, Athen.
D. R. P. Nr. 144093 vom 4. Oktober 1901.

Verfahren zur Erzeugung von Leder mittels Zinnverbindungen. Gerbung durch kolloidale Zinnverbindungen, die sich aus einer reinen Lösung von Zinnsalzen mit oder ohne Anwendung Chloralkalien niederschlagen.

Wwe. Louise Ziegel, geb. Ruth in Neuwedell (Neumark).
D. R. P. Nr. 165238 vom 31. Juli 1902.

Verfahren zum Gerben von Häuten und Fellen. Behandlung mit einer Lösung von Aluminiumphosphat in schwefelsäurehaltigem Wasser und dann mit einem Seifenbad.

Martha Trenckmann, Margarethe Trenckmann, Else Trenckmann und Erich Trenckmann, Schöneberg-Berlin.
D. R. P. Nr. 156830 vom 8. November 1903.

Verfahren zur Herstellung eines Glacéleders. Zwei oder mehr Häutchen aus der äußeren Wandung des Blinddarms des Rindes werden nach ihrer Behandlung in der Nahrung noch feucht aufeinandergelegt und in aufgespanntem Zustande getrocknet.

Dr. Arthur Weinschenk, Mainz.

D. R. P. Nr. 184449 vom 20. Juni 1905.

Verfahren zum Gerben von Häuten und Fellen. Behandlung entweder zunächst mit Formaldehyd und dann mit Alpha- oder Betanaphthol oder umgekehrt oder mit einer Mischung aus wässeriger Formaldehydlösung mit Alpha- oder Betanaphthol.

Dr. Arthur Weinschenk, Mainz.

D. R. P. Nr. 185050 vom 8. Mai 1906 (Z. z. 184449).

Verfahren zum Gerben von Häuten und Fellen. Ersatz des Formaldehyds durch andere Aldehyde der aliphatischen und Aldehyde der aromatischen Reihe.

Zephirlederfabrik G. m. b. H., vorm. Trenckmann & Co., Schöneberg bei Berlin.

D. R. P. Nr. 196891 vom 15. Juni 1906.

Verfahren zur Herstellung eines pergamentartigen, wasserbeständigen Produktes aus Darmoberhaut. Abwechselnde Behandlung in zwei Bädern aus Mineralsalzen bzw. anorganischen Säuren oder Basen, wodurch ein unlöslicher weißer oder farbiger Pigmentfarbstoff in der Haut erzeugt wird.

A. Thiemt & Co., Berlin.

D. R. P. Nr. 202074 vom 7. Dezember 1906.

Verfahren zur Herstellung von lederartigen Produkten aus Darmhäuten. Nachgerbung mittels klebstoff- und eiweißfreien Fettemulsionen, besonders Seifen-, Fett- oder Ölemulsionen und mechanische Bearbeitung in halbfeuchtem Zustande.

Firma C. H. Boehringer Sohn, Nieder-Ingelheim a. Rh.

D. R. P. Nr. 199560 vom 11. Dezember 1906.

Verfahren zum Gerben mit Metallsalzen. Imprägnierung mit der Lösung eines basischen Sesquioxydsalzes und Nachbehandlung mit der alkalischen Lösung eines Sesquioxydes der Formel MeO.

L. Meunier & A. Seyewetz, Lyon.

D. R. P. Nr. 206957 vom 30. April 1907.

Läßt man alkalisch gemachte Lösungen mehrwertiger Phenole, wie Hydrochinon, Brenzkatechin, Pyrogallol usw. bei Luftzutritt bzw. unter Oxydationsbedingungen auf tierische Häute einwirken, so werden diese gegerbt, und zwar erfolgt die Gerbung desto schneller, je leichter sich diese mehrwertigen Phenole oxydieren.

R. Weilbier, Hannover.

D. R. P. Nr. 203585 vom 2. November 1907.

Verfahren zur Herstellung von Leder aus sogenannten Goldschlägerhäutchen. Behandlung von Darmhäuten mit einer Auflösung von Eisenvitriol, Salpeter, Schwefelsäure und Pikrinsäure in Wasser.

Chem.-Technologische Studiengesellschaft m. b. H., Hersfeld.

D. R. P. Nr. 253171 vom 22. März 1910.

Gerbverfahren.

Die in üblicher Weise durch Kälken oder Schwitzen vorbereiteten Häute werden in Alkohol von 40 bis 50 Gew.-Proz. gebracht und nach 24—48 Stunden herausgeholt. Sie kommen dann auf gleiche Zeit der Reihe nach in Alkoholwassergemische von 60, 70, 80, 90 und 96 %, wobei meistens bei dem 96 %igen Alkohol nur noch eine geringfügige Steigerung des Wassergehaltes beobachtet wird. Die Häute werden dann bei einer Temperatur getrocknet, die möglichst 40° C nicht übersteigen soll. Dann kommen sie in eine Mischung von Gerbextrakt mit 50 %igem Alkohol. Diese Mischung besteht am besten aus 1½ bis 2 Vol. Extrakt und 1 Vol. dieses 50 %igen Alkohols. In der alkoholischen Gerbung verbleiben die Häute 2 Tage und sind dann vollständig durchgegerbt. Hierauf kommen die Häute in eine rein wässerige Gerblösung von 8° Bé und verbleiben darin noch etwa 14 Tage, um dann in der üblichen Weise fertiggemacht zu werden. Als vorteilhaft hat es sich erwiesen, die reine Hautblöße vor der Entwässerung mit Alkohol 1—2 Tage in einer ganz schwachen Brühe von 0,25 bis 0,50° Bé anzufärben, indem die Narben hierdurch weich und geschmeidig werden. An Stelle von Äthylalkohol als Wasserverdränger können auch Azeton sowie die Homologen des Alkohols und Azetons, soweit sie mit Wasser mischbar sind, verwendet werden.

Chem.-Technologische Studiengesellschaft m. b. H., Hersfeld.

D. R. P. Nr. 258992 vom 22. Februar 1911.

Verfahren zur Herstellung von Leder und lederartigen Erzeugnissen durch Behandlung von Hautblößen mit wasserfreien Lösungen solcher Stoffe, die sich bei Verdunstung des Lösungsmittels homogen auf der Haut niederschlagen, dadurch gekennzeichnet, daß die Haut vor der Behandlung durch Auswaschen mit zweckmäßig immer stärker werdendem Alkohol entwässert und dann unmittelbar mit den wasserfreien Lösungen behandelt wird.

Ausführungsform des Verfahrens nach Anspruch 1, dadurch gekennzeichnet, daß die Harzlösungen, im besonderen Schellack,

Kautschuk, Teer und Zellulosederivate allein oder in Mischung, gegebenenfalls unter Zusatz von Farbstoff, verwendet werden.

William C. Blatz in Wilmington, V. St. A.

D. R. P. Nr. 408135 vom 2. Juni 1911.

Verfahren zur Herstellung eines weißen Chromleders, dadurch gekennzeichnet, daß man dem zur Chromgerbung gehörigen Schlußbad (Hyposulfitbad) ein zur Umsetzung eines löslichen Erdalkalisalzes in ein weißes unlösliches Salz geeignetes lösliches Salz zusetzt, diese Lösung auf die der Gerbbehandlung unterliegenden Häute wirken läßt und darauf nach Ablassen der Lösung die Häute mit einer geeigneten Erdalkalimetallsalzlösung behandelt.

Dr. W. Fahrion, Höchst a. M.

D. R. P. Nr. 252178 vom 6. August 1911.

In dem zur Gerbung verwendeten Tran oder anderem Öl oder in der zur Gerbung verwendeten Fettsäure wird eine gewisse Menge Metall, vorwiegend Blei, Mangan, Kobalt, auf eine Weise gelöst, welches alsdann den Gerbprozeß katalytisch beschleunigt. Die besten Resultate wurden mit Bleimangansikkativen erzielt, während leinölsaures Kupfer so gut wie keine Wirkung zeigte. Bei Anwendung von Tran unterscheidet sich das neue Gerbverfahren von dem seitherigen nur insofern, als dem Gerbmittel vor seiner Verwendung 3—5 % Sikkativ durch gelindes Erwärmen einverleibt werden. Bei Verwendung der flüssigen Tranfettsäure kann man ebenso verfahren oder sie direkt mit den betreffenden Oxyden so lange erhitzen, bis sie 0,1—0,2 % Mangan und 0,5—1 % Blei aufgenommen haben. Wenn man vor der Verwendung einer derartigen metallhaltigen Tranfettsäure die zu gerbende Haut mit Spiritus entwässert, so läßt sich die Gerbung derartig beschleunigen und vereinfachen, daß die mechanische Bearbeitung überflüssig wird.

Dr. Wilhelm Fahrion in Feuerbach-Stuttgart.

D. R. P. Nr. 338476 vom 5. November 1914.

Verfahren zum Gerben tierischer Häute mittels ungesättigter Fettsäuren, dadurch gekennzeichnet, daß man die Blößen mit solchen freien ungesättigten Fettsäuren aus Tranen oder pflanzlichen Ölen, die beim längeren Stehenlassen ihrer alkoholischen o. dgl. Lösungen in der Kälte keine Ausscheidungen von festen, kristallisierten Fettsäuren ergeben, entweder für sich oder in Alkohol gelöst, in einer solchen Menge behandelt, daß zwar die Gerbung erreicht, aber eine Entfettung des Leders überflüssig wird.

Dr. Otto Röhm in Darmstadt.

D. R. P. Nr. 344016 vom 17. Juni 1915.

Verfahren zur Herstellung eines Mittels zum Fetten von Leder aller Art und zur Fettgerbung unter Verwendung sulfurierter Öle, dadurch gekennzeichnet, daß die Öle mit so geringen Mengen Schwefelsäure sulfuriert werden, daß diese nur für einen geringen Bruchteil der für die Erzielung wasserlöslicher Produkte bisher für erforderlich erachteten Säuremengen ausmachen.

Dr. Otto Röhm in Darmstadt.

D. R. P. Nr. 341832 vom 28. Oktober 1916.

Verfahren zum Gerben mit Aluminiumsalzen.

Das wie üblich mit Alaun gegerbte Leder muß vor der Färbung mit Wasser behandelt werden, um überschüssigen Alaun und Kochsalz auszuwaschen. Es ist ein bekannter Nachteil, daß hierbei aus den äußeren Schichten des Leders, insbesondere aus dem Narben, auch ein Teil des Gerbstoffes wieder ausgewaschen wird. Infolge dieser teilweisen Entgerbung entstehen Narbenfehler und auch notgares hartes Leder. Um diese Erscheinungen zu vermeiden, mußte man bisher das Leder trocknen und im trockenen Zustande wochen- und monatelang lagern lassen, damit sich der Gerbstoff inniger mit der Haut verbindet.

Es wurde nun gefunden, daß man auf das Lagern des mit überschüssigem Gerbstoff getrockneten Leders verzichten kann, wenn man die Häute mit einer Lösung eines Salzes der niederen Fettsäuren behandelt. Als solche Salze kommen insbesondere die Formiate oder Azetate der Alkalien oder Erdalkalien, z. B. Natriumformiat, Kalziumformiat o. dgl., in Betracht.

Die Einwirkung dieser Salze kann in verschiedenen Zeitpunkten der Lederherstellung geschehen. Setzt man das Natriumformiat o. dgl. der Gerbbrühe selbst zu, so kann man ohne Lagern des Leders denselben Erfolg erzielen wie bei einer Nachbehandlung von alaungarem Leder mit diesem Salz. Außerdem kann man dann den bei der Glacélederherstellung üblichen Zusatz von Weizenmehl entweder ganz fortlassen oder ihn durch feinpulverige mineralische Stoffe, wie z. B. Talkum o. dgl., ersetzen. Ebenso kann an der Fettung gespart werden, in vielen Fällen kann sie überhaupt unterbleiben.

Fügt man das Natriumformiat o. dgl. nicht der Gerbbrühe selbst zu, so kann man auch beim üblichen Gerben mit Alaun das Austreten von Gerbstoffen bei einem unmittelbar darauffolgenden Auswaschen dadurch vermeiden, daß man das aus der Gerbbrühe kommende feuchte alaungare Leder in die Lösung eines Salzes niederer Fettsäuren einbringt. Wenn man auf die gewöhnliche Alaungerbung und das darauffolgende Auftrocknen nicht verzichten will, da die Auswahl der Felle für weißes, schwarzes oder farbiges Leder am trockenen Stück leichter und praktischer ist als am nassen, so setzt man die fettsauren Salze dem sogenannten Broschierwasser, das ist dem zum Auswaschen der trockenen Alaunleder dienenden Wasser, zu.

Ausführungsbeispiele.

1. Gerben mit Alaun, Salz, Natriumformiat und Talkum.

Für je 100 kg abgetropfte Blößen braucht man 8 kg Alaun, 2½ kg Soda, 500 g Natriumformiat, 10 kg Talkum, 50 l Wasser. In dieser Gerbbrühe walkt man die Felle eine Stunde und läßt sie über Nacht darin liegen. Am nächsten Morgen bewegt man nochmals kurz und trocknet dann wie üblich.

2. Broschieren von alaungaren, noch feuchten Pelzen mit Natriumformiat.

Die mit Alaun und Salz wie üblich gegerbten Pelze werden zwei- bis dreimal 24 Stunden feucht gelagert und mit 200 Teilen einer 1—2%igen Lösung von Natriumformiat auf 100 Teile Gerbgewicht gewaschen, dann wie üblich getrocknet und zugerichtet.

3. Broschieren von trockenem Alaunleder mit Natriumformiat.

Je 10 kg trockenes Alaunleder werden mit 50 l Wasser von 20° C etwa eine halbe Stunde gewalkt, bis sie vollständig durchgeweicht sind. Dann setzt man 300 g Natriumformiat in wenig Wasser gelöst zu und bewegt nochmals eine halbe Stunde. In dieser Brühe werden die Felle einige Stunden liegen gelassen und dann wie üblich getrocknet.

4. Broschieren von trockenen Pelzen mit Natriumformiat.

Je 10 kg trockene alaungare Pelze werden in 40—50 l einer 1%igen Natriumformiatlösung eingelegt oder damit gewalkt, bis sie vollständig durchgeweicht sind. Man läßt sie darin einige Zeit liegen und trocknet dann wie üblich.

In den vorstehenden Ausführungsbeispielen kann das Natriumformiat durch äquivalente Mengen der Alkali- oder Erdalkalisalze anderer niederer Fettsäuren, wie Essigsäure, Milchsäure, Propionsäure usw., ersetzt werden.

Patentansprüche.

1. Verfahren zum Gerben mit Aluminiumsalzen, dadurch gekennzeichnet, daß man der Gerbbrühe ein Salz der niederen Fettsäuren, insbesondere Formiate oder Azetate der Alkalien oder Erdalkalien zusetzt.

2. Verfahren zum Gerben mit Aluminiumsalzen, dadurch gekennzeichnet, daß man das aus der Gerbbrühe kommende feuchte alaungare Leder mit einer Lösung der im Anspruch 1 genannten Salze behandelt.

3. Verfahren zum Gerben mit Aluminiumsalzen, dadurch gekennzeichnet, daß man dem zum Auswaschen des alaungaren Leders nach dem Trocknen dienenden Broschierwasser eines der im Anspruch 1 genannten Salze zusetzt.

Dr. Otto Röhm in Darmstadt.

D. R. P. Nr. 313803 vom 1. Juni 1917.

Verfahren zur Herstellung von Fettemulsionen zum Fetten von Leder aller Art und zur Fettgerbung.

Das Fetten von Leder geschieht mit Hilfe von Fettemulsionen, aus welchen die fein verteilten Öle und Fette gleichmäßig vom Leder aufgenommen werden. Je gleichmäßiger verteilt die Öle und Fette in der Emulsion enthalten sind, um so besser und gleichmäßiger dringen sie ins Leder ein.

Die beste Emulsion ist das Eigelb, welches namentlich zur Herstellung des feinsten Leders, des Glacéleders dient. Das im Eigelb enthaltene Emulgierungsmittel ist das Eiweiß. Für weniger feine Ledersorten dient das Degras, welches Seifen und Eiweißstoffe als Emulgierungsmittel enthält, ferner andere Ölseifenemulsionen. Außerdem verwendet man Öllösungen, welche durch Sulfurierung der Öle erhalten werden. Die Ölseifenemulsionen und die sulfurierten Öle, welche hauptsächlich der Fettung von Chromleder dienen, haben den Nachteil, daß sie durch die Säure des Leders leicht zersetzt werden und so das Leder wohl äußerlich fetten, aber nicht eindringen können.

Es wurde gefunden, daß man die zur Fettung des Leders nötige gleichmäßige Verteilung der Öle und Fette sehr schön erzielt, indem man sie mit hochkolloidalem Ton und ähnlichen Mineralien mischt. Solche Mischungen lassen sich ganz gleichmäßig mit Wasser anrühren, ohne Fett abzuscheiden. Sie dringen in diesem Zustand leicht in das Leder ein und fetten es zugleich.

Die Wirkung wird erhöht, wenn man die Fettung in der Wärme vornimmt und auch, wenn man außer dem Fett noch ein flüchtiges Fettlösungsmittel, wie Azeton, Benzin usw., beimischt. Es lassen sich so alle Arten von Fetten und Ölen, auch sulfurierte, dem Leder einverleiben.

Auch bei der Fettgerbung mit Tran lassen sich solche Trantonmischungen zweckmäßig verwenden und beschleunigen hierbei die Gerbung.

Beispiel:

Herstellung von Glacéleder.

100 kg Blößen werden mit einer Mischung von 8 kg Alaun, 3 kg Kochsalz, 10 kg Ton, 2 kg Eieröl und 80 l Wasser im Gerbfaß 1 Stunde

gewalkt, nach 24 Stunden zum Trocknen aufgehängt, getrocknet und wie üblich auf Glacéleder weiter verarbeitet.

Das Öl wird mit dem Ton vor der Beimischung zu der Alaunsalzlösung ganz gleichmäßig fein verrieben.

Im angegebenen Ausführungsbeispiel kann Eieröl durch andere Öle oder Fette ersetzt werden, wie durch Rizinusöl, Klauenöl, Olivenöl, Tran u. a.

Es ist bereits bekannt, zum Gerben Mischungen von Metallseifen, insbesondere Eisenseife, mit Ton und Öl zu verwenden. Der Zusatz von Ton soll hierbei zur Vermeidung der Klumpenbildung dienen, und der Zusatz von Öl ebenso wie der von Kochsalz ist, wie auch sonst, wegen der Zügigkeit des Leders erforderlich.

Von diesem Gerbverfahren mittels Metallseife war nicht abzuleiten, daß Ton allein zur Herstellung von Ölemulsionen zur Fettgerbung und zur Fettung von Leder nicht nur geeignet ist und ausreicht, sondern auch die oben erwähnten Vorteile bietet.

Patentanspruch:

Verfahren zur Herstellung von Fettemulsionen zum Fetten von Leder aller Art und zur Fettgerbung, dadurch gekennzeichnet, daß das zu verwendende Öl oder Fett durch Verreiben mit hochkolloidalem Ton oder ähnlichen Mineralien, gegebenenfalls unter Zusatz eines flüchtigen Fettlösungsmittels, emulgiert wird.

Société Genty, Hough & Cie. in Paris.

D. R. P. Nr. 322166 vom 17. August 1918.

Verfahren zum Gerben von Häuten und Fellen.

Im wesentlichen besteht das Verfahren darin, daß den Zellen der Häute, ohne Rücksicht auf ihren Ursprung und ihre Beschaffenheit, Kieselsäureanhydrid einverleibt wird. Diese Kieselsäure verbindet sich mit den Bestandteilen der Haut und bildet mit ihnen zusammen eine unlösliche und fäulniswidrige Verbindung. Diese unlösliche Verbindung hüllt die Fasern der Haut ein, welche dadurch voneinander isoliert und so am Zusammenkleben gehindert werden, was ihnen gestattet, aufeinanderzugleiten und sonach zur Folge hat, daß die Haut einen hohen Grad von Geschmeidigkeit erlangt.

Um das Kieselsäureanhydrid in der Haut niederzuschlagen und es mit den Hauptbestandteilen in Berührung zu bringen, kann man jede Kieselsäure enthaltende Verbindung benutzen; vorzugsweise wird man jedoch kieselsaures Natrium oder kieselsaures Kalium verwenden. Um nach vorliegender Erfindung Häute oder Felle zu gerben, verfährt man in folgender Weise:

Die Häute (Blößen) werden gut abgespült und darauf in ein Wasserbad eingebracht, welches, je nach dem Geschmeidigkeitsgrad, den man erzielen will, 2½—10 % kieselsaures Natrium oder Kalium enthält. Diese Silikate sollen den handelsüblichen Konzentrationsgrad besitzen. Für eine Haut von 800 g bis 1 kg Gewicht genügen 3 l einer der oben angegebenen Lösungen, besonders wenn zur Erzielung einer völligen Durchgerbung im Fasse oder in der Rührtrommel gearbeitet wird. Die Dauer des Verbleibens in den Lösungen und der Konzentrationsgrad der letzteren richten sich nach der Beschaffenheit, Dicke und Größe der Häute und werden am besten durch Ausprobieren festgestellt. Angenommen, es handle sich z. B. um das Ausgerben von einem Dutzend Schafshäute beliebigen Ursprungs und mittlerer Größe. Arbeitet man im Fasse, so genügen 36 l einer 2½ %igen Lösung, und der Gerbprozeß darf nicht länger als 48 Stunden dauern. Hat man es mit dicken oder sehr zähen bzw. sehr dichten Häuten zu tun, so muß etwas länger gegerbt und etwas mehr Gerbmaterial verwendet werden. Sollen an Stelle ganzer Häute gespaltene Häute (Narben- oder Fleischseite) behandelt werden, so verkürzt man die Dauer des Gerbprozesses und nimmt schwächere Lösungen. Nach dem neuen Verfahren lassen sich aber Häute und Felle für jeden Bestimmungszweck gerben.

Nach mehrstündigem Verweilen in der kieselsäurehaltigen Lösung schwellen die Häute stark auf. Man braucht dann nur noch ein geeignetes Mittel zu verwenden, um die Kieselsäure auszufällen und sie in den Hautzellen niederzuschlagen. Dieses Niederschlagen muß verhältnismäßig langsam durchgeführt werden und mittels Stoffen, welche die Kieselsäure auszufällen vermögen, ohne auf die Häute schädlich einzuwirken. Zu solchen Stoffen gehören die meisten mineralischen oder organischen Säuren, eine große Zahl von Metallsalzen, wie z. B. Chlorzink usw. Als am besten für diesen Zweck geeignet hat sich die Essigsäure erwiesen.

Die Menge der zu verwendenden Säure richtet sich genau nach den in der Lösung enthaltenen Silikatmengen. Verwendet man z. B. 100 l mit 5 %, also mit 5 kg Silikat, so muß man ungefähr 5 kg Essigsäure zufügen. Diese Säuremenge kann mit einem Male oder nach und nach zugesetzt werden, wobei zu beachten ist, daß die Häute in dem Faß verbleiben. Sobald die Säure zugesetzt ist, beginnt das Niederschlagen der Kieselsäure in den Hautzellen. Die zu einer völligen Ausgerbung erforderliche Zeit richtet sich nach der Beschaffenheit der Häute, insbesondere ihrer Dicke und Porosität. Hat man z. B. Schafshäute zu behandeln, so genügt es, wenn man das saure Bad einige Tage wirken läßt.

Die Gerbung ist erst vollendet, wenn die weiße Farbe sich gleichmäßig über die ganze Querschnittfläche der Haut erstreckt, also von der Fleischseite bis zur Narbenseite. Nach Beendigung des Gerbprozesses werden die Häute abgespült, um sie von allen Spuren unverbunden gebliebener Stoffe zu befreien, sorgt jedoch dafür, daß sie nicht austrocknen, vielmehr lediglich gut abtropfen. Hierauf werden die Häute mit einem Brei, einer sogenannten Nahrung, imprägniert, deren Zusammensetzung sich nach dem Geschmeidigkeitsgrad richtet, den man in den Häuten erzielen will. Diese Frage bedarf keiner weiteren Erörterung, da sie nicht zum Gegenstand der Erfindung gehört. Als Nahrung verwendbare Breie sind in zahlreichen Zusammensetzungen bekannt. Besonders geeignet ist die in der Glacégerberei gebräuchliche, welche aus Seife, Öl und Eigelb besteht.

Sollen die gegerbten Häute nicht sofort mit einer Nahrung behandelt, vielmehr weiß aufbewahrt werden, um sie später zu färben oder einem kombinierten Gerbverfahren zu unterwerfen, so können sie nach erfolgter Abspülung mit Salzwasser imprägniert und darauf an der Luft getrocknet werden. Diese Verfahrensweise gestattet, die Häute beliebig lang vollgeschmeidig zu erhalten.

An Stelle von Salzwasser könnte man auch ein leicht mit Glyzerin versetztes Wasser verwenden. Kochsalz ist jedoch dem Glyzerin vorzuziehen, weil schon ein geringer Überschuß an letzterem Körper die Feuchtigkeit aus der Luft anzieht, was unter Umständen Schimmelbildung auf den Häuten verursachen kann, wenn diese längere Zeit unbenutzt bleiben. Will man die in dieser Weise konservierten Häute verwenden, so genügt es, sie abzuspülen und in einer Nahrung zu behandeln, wenn man sie weiß verkaufen will. Man kann sie aber auch färben und erst darauf in eine Nahrung einbringen oder beides gleichzeitig vornehmen, wenn die Nahrung sich mit dem Farbstoff verträgt.

Auch kann man zu einem kombinierten Gerbverfahren greifen.

Bei sorgfältiger Durchführung des beschriebenen Gerbprozesses genügt dieser allen Anforderungen, die an gutes Leder gestellt werden. Hinsichtlich der Festigkeit und Geschmeidigkeit der Fleisch- oder Narbenseite steht das fragliche Leder dem chromgaren in keiner Weise nach. Es ist aber nicht so kostspielig und erfordert weniger Appreturmittel; außerdem verleiht es der Haut eine große Klarheit und Reinheit, während die Chrombehandlung den Häuten eine grünliche Färbung mitteilt, die dem Färben in allen Nuancen entgegensteht. Das behandelte Leder kann beliebig geschmeidig erhalten werden und hat gegenüber den nach bekannten Verfahren geschmeidig gemachten Ledersorten den Vorzug, daß es sich in Wasser nicht entgerbt. Es ist genügend streckbar und dehnbar, um als geschmeidig angesprochen werden zu können, ist jedoch nicht zu elastisch, wie z. B. das mit Formaldehyd gegerbte Leder; auch widersteht es dem kochenden Wasser.

Das beschriebene Verfahren gestattet die Durchführung kombinierter Gerbverfahren vegetabilischen oder mineralischen Ursprungs und eignet sich daher für alle Fabrikationsmethoden. Es ermöglicht eine große Ersparnis an Materialien, insbesondere wenn diese kostspielig sind, wie z. B. Sumach, den man bei der Maroquinlederfabrikation verwendet.

Auf diese kombinierten Verfahren ist hier nur nebenbei hingewiesen. Das Wesentliche der Erfindung ist das neue Verfahren, gemäß welchem Kieselsäureanhydrid durch ein beliebiges Mittel den Tierhäuten einverleibt wird.

Patentanspruch:

Verfahren zum Gerben von Häuten und Fellen, darin bestehend, daß man die Häute oder Felle mit einer Silikatlösung tränkt und dann die Kieselsäure in den Hautporen durch ein geeignetes Fällungsmittel zur Abscheidung bringt.

V. B. Goldberg & Eidam in Wien.

D. R. P. Nr. 359998 vom 15. Oktober 1918.

Verfahren zum Fetten von Leder und Textilfasern.

Es ist eine bekannte Erfahrungssache, daß die trocknenden Öle, welche nicht nur in der Textilindustrie, sondern auch in der Lederindustrie für sich allein als Fettungsmittel verwendet werden, Selbsterhitzungen infolge Oxydation hervorrufen, wodurch nicht allein die Ware verbrannt, sondern auch Feuersgefahren heraufbeschworen werden. Man suchte aus diesem Grunde dem erwähnten Übelstande dadurch abzuhelfen, daß man die Öle in ihrer natürlichen Form durch Blasen mit Luft einer Oxydation unterzog, bevor sie ihrer technischen Verwendung zugeführt wurden.

Vor allem waren es die Fischöle, welche hier in Betracht kamen. Als Ersatz für die trocknenden Öle hat man insbesondere in der Kriegszeit versucht, um das Glyzerin nebenbei zu gewinnen, die Fettsäuren derselben für die Lederschmierung heranzuziehen.

Allein auch die Fettsäuren haben neben der Selbsterhitzung noch den großen Nachteil gezeigt, daß die Lederfasern mürbe und brüchig werden und die etwa mit zur Verwendung kommenden festen Fettsäuren an der Oberfläche des Leders auskristallisieren bzw. ausschlagen. Diese Mängel treten nicht auf, wenn pflanzliche Fettsäuren mit einer Jodzahl von 115 bis 145 nach vorhergehender Oxydation mit oder ohne Verwendung eines Sikkativs zur Lederschmierung verwendet werden. Für diesen Zweck hat sich beispielsweise in ganz hervorragender Weise die Maisölfettsäure bewährt.

Patentanspruch:

Verfahren zum Fetten von Leder und Textilfasern mit oxydierten ungesättigten Pflanzenölfettsäuren, gekennzeichnet durch die Verwendung von solchen mit einer Jodzahl von 115 bis 145.

Tannage Rationnel Meurant, Société Anonyme in Lüttich.

D. R. P. Nr. 383703 vom 2. März 1919.

Verfahren zum Gerben von Häuten und Fellen.

Es ist bereits ein Verfahren zum Gerben tierischer Häute bekannt geworden, bei dem die vorteilhafte Einwirkung von Sauerstoff auf den Gerbprozeß derart benutzt wird, daß die Lohbrühe und die in ihr befindlichen Häute in einer rotierenden Gerbtrommel in beständiger Bewegung gehalten werden, so daß die Häute abwechselnd mit der Lohbrühe und mit den in der Trommel eingeschlossenen Gasen in Berührung kommen.

Demgegenüber liegt der vorliegenden Erfindung der Gedanke zugrunde, Sauerstoff oder sauerstoffhaltige Gase in komprimiertem Zustande, z. B. in verflüssigter Form, für den Gerbprozeß zu benutzen und hierfür druckwiderstandsfähige, gasdicht geschlossene, z. B. nach Art der bekannten Autoklaven gebaute Behälter zu benutzen. Dabei bleibt das Häutematerial während des ganzen Gerbprozesses ununterbrochen in der Flüssigkeit liegen, was den Vorteil hat, daß etwa in dem gasgefüllten Raum über der Flüssigkeit gebildetes Ozon nicht schädlich auf das im Entstehen begriffene Leder einwirken kann. Ferner erreicht man, daß die unter hohem Druck stehende Flüssigkeit in die Poren der Häute hineingepreßt wird bzw. in die Häute hinein diffundiert, was einen äußerst schnellen und gleichmäßigen Verlauf der Gerbung zur Folge hat.

In Ausübung der Erfindung verfährt man z. B. derart, daß man die zu gerbenden Häute in luftdicht verschließbaren Behältern mit der Gerbflüssigkeit, welche vegetabilischer, mineralischer oder tierischer Herkunft sein kann, zusammenbringt und je nach der Natur der zu gerbenden Häute mehr oder weniger Luft oder Sauerstoff in die Gerbflüssigkeit einpreßt. An Stelle von komprimierter Luft kann man auch flüssige Luft oder mehr oder weniger komprimierten Sauerstoff oder auch geeignete Mischungen von Sauerstoff mit anderen Gasen verwenden. Beim Einpressen von komprimierter oder flüssiger Luft oder Sauerstoff wird die Temperatur derart herabgesetzt, daß das Ferment, welches fähig ist, Tannin in Gallussäure überzuführen, zerstört wird. Zur Durchführung der Gerbung nach vorliegendem Verfahren kann man die Gerbflüssigkeit in einen Zentralbehälter einführen, aus welchem sie in eine Reihe von Gerbbehälter gepumpt wird, welche mit den Häuten beschickt und hermetisch verschlossen sind. Die Druckluft oder der Sauerstoff kann diesen Behältern auch gleichzeitig mit der Gerbflüssigkeit aus dem Zentralbehälter zugeführt werden. Der Zulauf und Ablauf der Gerbflüssigkeit in den einzelnen Behältern wird zweckmäßig so geregelt, daß die Flüssigkeit darin in beständiger Bewegung ist.

Die Gerblösung wird zweckmäßig beim Austritt aus der Zentralgrube filtriert, um zu verhindern, daß feste Stoffe, welche ein Hindernis für den Durchgang der Gerbflüssigkeit bilden oder gerbend wirkende Stoffe absorbieren könnten, mitgenommen werden.

Die Zuführung von komprimierter Luft oder von komprimiertem Sauerstoff in die Gerbbehälter kann von oben oder auch von unten, also oberhalb oder unterhalb der zu gerbenden Häute erfolgen.

Beispiel 1: Die Haut wurde in einem Autoklaven mit der Gerbflüssigkeit, bestehend aus einem Quebrachoauszug von 4° Bé, ungefähr 19 Stunden behandelt. Darauf wird Sauerstoff unter Druck von 8 Atm. eingeleitet und der Apparat weitere 72 Stunden unter Druck gelassen. Nach dem Öffnen des Autoklaven erweist sich die Haut als vollkommen durchgegerbt. Nach Schluß der Behandlung zeigt die Gerbflüssigkeit einen Titer von 3° Bé.

Beispiel 2: Die Haut wurde wie im Beispiel 1 mit einem Quebrachoauszug von 4° Bé zusammengebracht und nach dem Schließen des Autoklaven komprimierte Luft unter einem Druck von 3 Atm. eingeleitet, worauf der Apparat 170 Stunden unter diesem Druck gelassen wird. Falls nach dieser Zeit die Haut noch nicht vollkommen durchgegerbt sein sollte, wird der Autoklav abermals geschlossen und aufs neue komprimierte Luft unter 3 Atm. Druck eingeleitet. Nach weiteren ungefähr 170 Stunden ist die herausgenommene Haut vollkommen durchgegerbt.

Patentansprüche:

1. Verfahren zum Gerben von Häuten oder Fellen, indem diese während oder nach der Gerbung mit vegetabilischen, mineralischen oder tierischen Gerbstoffen der Einwirkung von Sauerstoff oder sauerstoffhaltigen Gasen, wie z. B. Luft o. dgl., unterworfen werden, dadurch gekennzeichnet, daß der Sauerstoff hierbei in komprimiertem Sauerstoffgas oder komprimierter Luft oder in verflüssigter Form, in druckwiderstandsfähigen, gasdicht verschlossenen Behältern angewandt wird.

2. Verfahren nach Anspruch 1, dadurch gekennzeichnet, daß in die mit den Häuten oder Fellen beschickten geschlossenen Gerbbehälter komprimierter Sauerstoff, komprimierte Luft u. dgl. eingepreßt wird, während die Gerbflüssigkeit eingepumpt wird.

3. Verfahren nach Ansprüchen 1 und 2, dadurch gekennzeichnet, daß den die Häute enthaltenden Gerbbehältern die Gerbflüssigkeit aus einem Zentralbehälter gemeinsam mit dem in letzteren eingepreßten komprimierten Sauerstoff bzw. der komprimierten Luft zugeführt wird.

4. Verfahren nach Ansprüchen 1—3, dadurch gekennzeichnet, daß die Gerbflüssigkeit vor Eintritt in die Gerbgefäße filtriert wird.

Johannes Hell, Eßlingen in Württemberg.

D. R. P. Nr. 377536 vom 15. Juli 1919.

Verfahren zum Gerben von Häuten und Fellen.

Gegenstand der Erfindung ist ein Verfahren zum Gerben von Häuten und Fellen, welches darin besteht, daß der Hautsubstanz kohlensaure Verbindungen des Magnesiums in zur Erzielung der Gerbwirkung erforderlichen Mengen einverleibt werden.

In Ausübung der Erfindung verfährt man z. B. derart, daß man lösliche Magnesiumsalze, z. B. Magnesiumsulfat oder Chlormagnesium und lösliche kohlensaure Salze, z. B. Natriumkarbonat oder Natriumbikarbonat in Gegenwart von Wasser auf die Haut einwirken läßt. Behandelt man z. B. 100 kg Hautblöße mit einer konzentrierten Lösung, welche 27 kg Magnesiumsulfat und 7 kg Natriumbikarbonat enthält, etwa 4—6 Stunden lang im Walkfaß, so erzielt man ausgezeichnete Gerbwirkungen. Läßt man ein trockenes Gemisch der gleichen Salzmengen auf gewässerte Hautblöße oder bei Zusatz ganz geringer Wassermenge auf entsprechende Mengen von Blöße im Walkfaß einwirken, so vollzieht sich die Gerbung sogar so schnell, daß sie in der Regel bereits in 30—60 Minuten, mitunter sogar in noch kürzerer Zeit vollendet ist. Wendet man dagegen auf 100 kg Blöße z. B. nur 10 kg Magnesiumsulfat und die zur Umsetzung erforderliche Menge von Karbonat an, so werden gleichmäßig sichere Gerbwirkungen nicht mehr erzielt, während bei Anwendung noch geringerer Salzmengen, z. B. von 5 kg Magnesiumsulfat, eine Umwandlung der Haut in Leder nicht mehr stattfindet.

Die Erzielung der erstrebten Gerbwirkungen ist mithin, wie gefunden wurde, davon abhängig, daß auf bestimmte Hautmengen gewisse Mindestmengen von löslichen Magnesiumsalzen und löslichen kohlensauren Salzen, und zwar zweckmäßig in konzentrierter Form angewendet werden. Bei starker Verdünnung an sich ausreichender Salzmengen, z. B. 21 kg Magnesiumsulfat und 9 kg Soda auf 100 kg Hautblöße, wurden zuverlässige Ergebnisse nicht mehr erzielt. Die jeweils anzuwendenden Mengen und Konzentrationen, welche von der Art der Beschaffenheit der Häute und Felle, sowie von den Arbeitsbedingungen, wie Temperaturen usw. abhängig sind, können von Fall zu Fall durch einfaches Ausprobieren ermittelt werden. —

Bei der praktischen Durchführung des Verfahrens verfährt man vorteilhaft derart, daß man das Magnesiumsalz und das Karbonat gleichzeitig, also in Form einer einzigen Lösung, welche vor Einverleibung der Häute und Felle hergestellt oder durch Einbringung der gewässerten Häute und Felle in das trockene Gemisch der beiden Salze im Walkfaß sich bilden kann, zur Anwendung bringt. Anstatt die zur Lederbildung erforderlichen Salzmengen von vornherein anzuwenden, kann man natürlich auch derart verfahren, daß man zunächst unzureichende Mengen zur Anwendung bringt und die Lösungen alsdann nach und nach durch Zugabe von frischem Salz anreichert. Als weniger vorteilhaft hat sich die aufeinanderfolgende Behandlung der Häute und Felle mit einer Magnesiumsalzlösung einerseits und einer Karbonatlösung andererseits erwiesen. Im letzteren Falle war es mitunter notwendig, eine mehrfach aufeinanderfolgende abwechselnde Behandlung mit beiden Salzlösungen vorzunehmen, insbesondere dann, wenn weniger konzentrierte Lösungen zur Verwendung kamen.

Das Verfahren kann angewendet werden auf behaarte und enthaarte Häute, insbesondere auch auf vor oder nach dem Enthaarungsprozeß gekälkter Häute. Das durch Magnesiumkarbonatgerbung erzeugte Leder hat sich u. a. für Binderiemen, Schlagriemen sowie für alle Zwecke, welche große Zähigkeit erfordern, als gut geeignet erwiesen. Besonders wertvolle Ergebnisse können erzielt werden, wenn man die Magnesiumkarbonatgerbung vereinigt mit der Anwendung anderer im Gerbereibetrieb gebräuchlichen Mittel, z. B. derart, daß man vor, während oder nach der Behandlung mit Magnesiumkarbonat, Formaldehyd, Zelluloseextrakt, vegetabilische Gerbstoffe, Metallsalze und andere Salze für sich allein oder in Mischung miteinander oder nacheinander auf die Häute und Felle oder auch erst bei oder nach der Zurichtung auf das Leder einwirken läßt.

Die Erfindung bietet den Vorteil, daß mit Hilfe außerordentlich billiger Materialien, wie Magnesiumsulfat und Soda, Leder der verschiedenartigsten Beschaffenheit für die verschiedensten Verwendungszwecke erzeugt werden können, ohne daß zur Zerstörung der Faser Veranlassung gebende schädliche Säuren in die Haut eingeführt werden. Die Vielseitigkeit der Erfindung ist aus folgenden Beispielen ersichtlich.

Beispiel 1: 100 kg Hautblöße werden 4—6 Stunden oder länger mit einer Mischung möglichst konzentrierter Lösungen von 21—22 kg Magnesiumsulfat und 7 kg Natriumkarbonat oder 9 kg Natriumkarbonat im Faß gewalkt. Die Mischung der Lösungen kann vor Einbringung der Blöße erfolgen; man kann z. B. aber auch derart verfahren, daß man die Blöße zuerst in die Magnesiumsulfatlösung einbringt und dann die Karbonatlösung zusetzt oder daß man in umgekehrter Reihenfolge verfährt. — Die aus dem Bad kommenden Häute werden ungewässert oder nur äußerlich abgespült, längere Zeit z. B. 10 Stunden und mehr durch Aufhängen o. dgl. der Einwirkung der Luft ausgesetzt und dann in bekannter Weise gefettet. Das erhaltene Leder stellt ein weiches, großflächiges, sehr zähes Produkt dar, welches sich u. a. für Binderiemen, Schlagriemen sowie für alle Zwecke, welche große Zähigkeit erfordern, als gut geeignet erwiesen hat.

Beispiel 2: Durch Formalinbehandlung, z. B. durch Zusatz von etwa 1 l 40%igem Formaldehyd zu der Gerblösung nach Beispiel 1 wird das der Hautsubstanz einverleibte unlösliche Magnesiumsalz besonders gut auf der Faser fixiert, so daß in diesem Falle das aus dem Walkfaß kommende Produkt eine sofortige Behandlung mit Wasser verträgt. Das erhaltene Leder ist von besonderer Widerstandsfähigkeit gegen Hitze und Alkalien. Bei Einwirkung von Wärmegraden, welche Rohleder zerstören, bleibt das vorliegende Leder nach dem Erkalten flach, geschmeidig, zäh und narbenstark. Sogar ohne Fett aufgetrocknetes Leder bricht selbst bei starker Biegung nicht. Das gefettete Leder ist außerordentlich zäh und narbenstark, es läßt sich leicht in jeden Narben zurichten, so daß sich die sonst üblichen Arbeiten zum Weichwerden erübrigen. Die Zurichtung kann z. B. mit oder ohne Zelluloseextrakt geschehen.

Beispiel 3: Durch Eintauchen von nach Beispiel 1 erhaltenem Leder in verdünnte Formaldehydlösung oder Bestreichen des Leders mit solcher oder mit Fett o. dgl., dem Formaldehyd zugesetzt ist, erhält das Leder u. a. die für die Herstellung von imitiertem Narbenleder wertvolle Eigenschaft, daß die z. B. durch Einpressen erzeugte Narbenunebenheit nach erfolgter Trocknung so fest haftet, daß sie selbst durch Walzen oder Pressen des Leders mit heißen Platten nicht mehr dauernd entfernt werden kann.

Beispiel 4: Nach Beispiel 1 behandelte Blöße wird abgepreßt oder abgelüftet, dann wird Zelluloseextrakt (gereinigte Sulfitzelluloseablauge) aufgetragen oder eingebürstet und hierauf gewalkt und gefettet. Das erhaltene Leder besitzt größere Füllung, behält die Form, die man ihm beim Stoßen oder Zurichten gibt, und zieht sich nicht mehr zusammen. Entsprechende Vorteile können erreicht werden, wenn man eine passende Menge von Zelluloseextrakt der Gerbmischung zusetzt.

Beispiel 5: Versetzt man die Gerbmischung nach Beispiel 1 mit einer wässerigen Lösung von 5 kg Chromalaun, oder behandelt man das nach Beispiel 1 erhaltene Leder mit einer Chromsalzlösung nach, so erhält man Leder, welche neben den ihnen durch die Magnesiumgerbung verliehenen guten Eigenschaften den Charakter der Chromgerbung besitzen. Anstatt mit Chromsalz, kann man das halb oder ganz zugerichtete Leder auch mit anderen Salzlösungen, z. B. solchen von Eisen-, Kupfer-, Zink- und Bariumsalzen, behandeln.

Beispiel 6: Durch geeignete Mitverwendung verhältnismäßig geringer Mengen von vegetabilischen Gerbstoffen können den mit Magnesiumkarbonat gegerbten Ledern die Eigenschaften vegetabilisch gegerbten Leders verliehen werden. Durch Zusatz von z. B. 1 l Eichenextrakt von 20 bis 25° Bé zu der Gerblösung nach Beispiel 1 oder 3 erhält man Leder, welches äußerlich und innerlich das Aussehen vegetabilisch gegerbten Leders zeigt. Durch Nachgerbung kann man je nach Art der Anwendung festere oder weichere, sehr volle Leder von heller Farbe herstellen.

Beispiel 7: Durch abwechselndes Behandeln der Blöße in verschiedenen Bädern können besondere Ergebnisse erzielt werden. Man erhält z. B. ein volles, festes, nicht narbenbrüchiges Leder auch ohne Fettung, wenn man nach Beispiel 3 gegerbte Blößen, nachdem sie einige Stunden in Kalkmilch gelegen haben, nach Beispiel 1 weiterbehandelt.

Beispiel 8: Leder, welches nach einem der vorstehenden Beispiele gewonnen worden ist, unter Ausschluß der Behandlung mit Formaldehyd und Chromsalz, wird im fertigen Zustand mit Formaldehyd, z. B. durch Auftragen einer Formaldehydlösung, behandelt. Hierdurch wird vorher künstlich erzeugte Unebenheit des Leders unentfernbar.

Beispiel 9: Da die Fleischseite der Häute bei den Gerbungen nach der Erfindung feinfaserig und glatt ausfällt, so eignet sich das Verfahren insbesondere auch für die Gerbung von Fleischspalten. Diese fallen schöner aus wie bei anderen Gerbungen. Künstlicher Narben kann nach erfolgter Festgerbung nicht mehr entfernt werden.

Beispiel 10: Bei Gerbungen von Häuten mit Haaren bietet die Erfindung den Vorteil, daß diese bei Anwendung von Formaldehyd usw. schnell von der Mischung durchdrungen werden. Fette dringen ebenfalls schnell ein und erhalten das Leder weich. Derartig hergestellte Leder sind bei großer Geschmeidigkeit wasserundurchlässig; sie können in Wasser nicht hart oder entfärbt werden und werden vom Mottenfraß nicht befallen. Die mitgegerbten Haare besitzen eine solche Widerstandsfähigkeit, daß sie selbst nach 15stündiger Aufbewahrung in starker Schwefelnatriumlösung bemerkenswerte Zähigkeit besitzen.

Patentanspruch:

1. Verfahren zum Gerben von Häuten und Fellen, dadurch gekennzeichnet, daß der Hautsubstanz kohlensaure Verbindungen des Magnesiums in zur Erzielung der Gerbwirkung ausreichenden Mengen einverleibt werden, zweckmäßig derart, daß man lösliche Magnesiumsalze und lösliche kohlensaure Salze in Gegenwart von Wasser auf die Häute bzw. Felle einwirken läßt.

2. Verfahren nach Patentanspruch 1, dadurch gekennzeichnet, daß die löslichen Salze gleichzeitig zur Einwirkung gebracht werden.

3. Verfahren nach Patentansprüchen 1 und 2, dadurch gekennzeichnet, daß man die Häute oder Felle vor, während oder nach der Einverleibung der kohlensauren Verbindungen des Magnesiums noch mit anderen im Gerbereibetrieb gebräuchlichen Mitteln, z. B. Formaldehyd, vegetabilischen und synthetischen Gerbstoffen, Zellulose-Ex-

trakt, Metall- oder anderen Salzen, behandelt, wobei einzelne dieser Mittel, oder auch mehrere nacheinander, gleichzeitig zur Einwirkung auf die Haut oder das Leder gebracht werden können.

Gerb- und Farbstoffwerke H. Renner & Co., A.-G., Hamburg.

D. R. P. Nr. 354165 vom 26. August 1919.

Verfahren zur Herstellung eines Gerb- und Lederschmiermittels aus Oxyfettsäuren und Phenol.

Es ist bekannt, daß bei der sogenannten Sämischgerbung mittels Fetten und Ölen Oxydations- und Kondensationsvorgänge in den Gerbmitteln selbst eine bedeutende Rolle spielen und die dabei entstehenden Stoffe erst die Gerbwirkung während der Behandlung der Häute mit den Fetten und Ölen hervorrufen. In der Hauptsache entstehen dabei durch Oxydation bzw. Aufnahme von Wassermolekülen feste Oxyfettsäuren bzw. deren Kondensationsprodukte, welche die Haut in Leder überführen.

Es wurde nun gefunden, daß diese Oxyfettsäuren sich durch geeignete Behandlungsweise vor der Gerbung in feste harzartige Körper überführen lassen, die nach geeigneten Zusätzen in kolloider, flüssiger Form dem Leder einverleibt, Gerbwirkungen hervorbringen und gleichzeitig dem Leder, ähnlich wie bei der natürlichen Fettung, eine außerordentliche Geschmeidigkeit verleihen.

Als Ausgangsstoffe für die betreffenden harzartigen Körper können sowohl niedrige als auch höhere Oxyfettsäuren dienen, wie z. B. Glykolsäuren, Milchsäuren, Rizinussäure bzw. die Glyzeride dieser Säuren, wie z. B. Rizinusöl. Zur Herstellung dieser harzartigen Produkte verfährt man am besten in der Weise, daß man die betreffenden Oxyfettsäuren bzw. deren Glyzeride, gegebenenfalls in Vakuum, auf eine Temperatur von 200 bis 300° C mehrere Stunden erhitzt, wobei Oxydation, Wasserabspaltungen, Anhydridbildungen und schließlich völlige Verharzung eintritt. Diese so gewonnenen Harze sind in Wasser so gut wie unlöslich und werden von der Haut nicht so ohne weiteres aufgenommen. Setzt man diesen Harzen jedoch wasserlösliche ein- oder mehrwertige Phenole zu, so entstehen kolloide Gemische, die entweder in unverdünnter, konzentrierter Form oder auch in beliebiger Verdünnung mit Wasser von der Haut in mehr oder weniger starkem Maße aufgenommen werden. In diesem Zustand können sie als Ersatz für die bei der Sämisch- und Fettgerbung verwendeten Stoffe dienen.

Beispiel 1: 1 kg gewöhnliche Milchsäure wird unter vermindertem Druck bei einer Temperatur von 250° C 10—15 Stunden erhitzt, bis keine Destillationsprodukte mehr übergehen. Das zurückbleibende mehr oder weniger spröde Harz wird mit 400 g Rohphenol auf dem

Wasserbade 2 Stunden lang erwärmt. Die Mischung kann nach dem Erkalten unmittelbar der feuchten Hautblöße ohne zu verdünnen durch Aufstreichen und Walken einverleibt werden oder nach mehr oder weniger starker Verdünnung als Gerblösung Verwendung finden.

Beispiel 2: 1 kg Rizinusöl wird unter gewöhnlichem Druck auf etwa 300° C so lange erhitzt, bis keine Destillationsprodukte mehr übergehen und ein Gewichtsverlust von etwa 10—15 % eingetreten ist. Das zurückbleibende flüssige Destillationsprodukt von etwa 850 bis 900 g wird mit der gleichen Menge Rohphenol auf dem Wasserbade gut vermischt und hierauf mit 500 g gewöhnlichem, hochsiedendem Mineralöl verrührt. Nach dem Erkalten kann diese Mischung ebenfalls in derselben Weise wie nach Beispiel 1 unmittelbar als Gerbmittel oder auch für fertig gegerbte vegetabilische oder mineralische Leder als Fett- und Schmiermittel Verwendung finden.

Patentansprüche:

1. Verfahren zur Herstellung eines Gerb- und Lederschmiermittels aus Oxyfettsäuren und Phenol, dadurch gekennzeichnet, daß man die aus Oxyfettsäuren nach der Destillation bei gewöhnlichem oder vermindertem Druck entstehenden Harze mit ein- oder mehrwertigen Phenolen vermischt.

2. Ausführungsform des Verfahrens nach Anspruch 1, dadurch gekennzeichnet, daß man die Mischungen der Verharzungsprodukte aus Oxyfettsäuren und Phenolen mit Mineralöl oder anderen beliebigen Kohlenwasserstoffen vermischt.

Julius Ruppert Zink in Königsberg i. Pr.

D. R. P. Nr. 346197 vom 11. Oktober 1919.

Verfahren zum Gerben tierischer Häute.

Aus der Patentliteratur sind einige Gerbverfahren bekannt, nach denen die gerbenden Blößen in einem gemeinsamen Bade oder in beliebiger Reihenfolge mit Formaldehyd und Phenolen oder Phenolderivaten behandelt werden. Diese Verfahren beruhen entweder auf einer Weiterbehandlung von Aldehydleder oder auf einer Zusammenwirkung des Formaldehyds mit aromatischen Oxydverbindungen oder deren Derivaten, welche pro Kern höchstens eine Hydroxylgruppe, daneben gegebenenfalls noch andere saure, salzbildende Gruppen enthalten (Patentschriften Nr. 184449 und 288129).

Das vorliegende Verfahren erreicht die Gerbung tierischer Häute durch Einwirkung von Formaldehyd und m-Dioxybenzol in gemeinsamer wässeriger Lösung. Daß eine Lösung von m-Dioxybenzol und Formaldehyd als brauchbares Gerbmittel sich erweisen würde, war nicht ohne weiteres vorauszusehen, denn es ist bekannt, daß wässerige, namentlich angesäuerte m-Dioxybenzol-Formaldehyd-Lösungen zu Gallertbildung, Gerinnung oder Abscheidung unlöslicher Kondensationsprodukte führen. Die hierbei entstehenden Kondensationsprodukte werden als vollständig unlösliche Körper beschrieben. Ein Gerbprozeß mit solch zersetzlichen Lösungen erschien deshalb unmöglich. Auch der Weg, diese unlöslichen Kondensationsprodukte aus gemeinsamer Lösung der Komponenten in den Blößen in solchen Mengen und verlustfrei niederzuschlagen, daß durch diese Einlagerungen Leder entsteht, erschien angesichts der erwähnten, oft von selbst auftretenden Gallertbildungen nicht gangbar. Um durch Einlagerungen solcher wasserunlöslicher Kondensationsprodukte Leder zu erzeugen, wird daher nach dem Verfahren des Patentes Nr. 305516 ein Zweibadverfahren benutzt, nachdem die Komponenten Formaldehyd und Resorzin in getrennten Lösungen hintereinander zur Einwirkung gelangen.

Es wurde nun die überraschende Beobachtung gemacht, und es ist kennzeichnend für den Verlauf des nachstehend beschriebenen Gerbvorganges, daß in der Lösung von Formaldehyd und m-Dioxybenzol, gleichgültig, in welchen molekularen Mengenverhältnissen die Komponenten zugegen sind, durch die Einwirkung der Haut, durch einen noch unaufgeklärten, vermutlich katalytischen Vorgang eine Gerbstoffkondensation eingeleitet wird, mit dem Erfolg, daß der Kondensationsvorgang in ganz andere Bahnen geleitet wird. Als eigentlich wirksamer gerbender Stoff kommt hierbei ein wasserlösliches, niedrig molekulares Kondensationsprodukt zur Geltung, das ein leimfällender Gerbstoff ist, der auch auf andere Weise dargestellt werden kann. Dieser Gerbstoff setzt sich im Augenblick des Entstehens mit der Hautsubstanz um und wird bei Anwesenheit weiterer Mengen Formaldehyd weiter kondensiert, so daß also bei Gegenwart von Hautsubstanz eine Ausflockung oder Gallertbildung durch Kondensationsprodukte in der Lösung nicht eintritt.

Als grundsätzliche Unterschiede und Vorzüge des vorliegenden Verfahrens gegenüber dem Verfahren des Patentes Nr. 305516 seien daher hervorgehoben:

1. Das vorliegende Verfahren zeigt an sich einen technisch sehr erheblichen Fortschritt in der wirtschaftlichen Handhabung der Gerbung als Einbadverfahren mit den sehr ins Gewicht fallenden Vorteilen einer Vereinfachung der Einrichtung, Ersparnis an Arbeit, Material und Verkürzung des Gerbvorganges.

2. Das vorliegende Verfahren ermöglicht es, Kondensationsprodukte beliebiger Löslichkeit und Beschaffenheit zu erzeugen und so Leder mit verschiedenen Eigenschaften herzustellen. Das Mehrbadverfahren bietet diese Möglichkeit einer Beeinflussung der Kondensationsvorgänge und damit des Gerberfolges nicht.

3. Das vorliegende Verfahren verwertet die Kondensationsprodukte, die aus der Einwirkung der Blößen auf die Reaktionskomponenten entstehen, die leimfällende Gerbstoffe sind und die, bei niedrig molekularem Verhältnis der Komponenten, weichere, rein weiße bis hellfarbige Leder ergeben, während nach dem Mehrbadverfahren Leder von gelbbrauner Farbe mit eigenartigem, etwas harzigem Griff erhalten werden.

Durch Vergleichsversuche wurde ferner festgestellt, daß der Gerbevorgang bei Verwendung eines Gemisches aus Formaldehyd und m-Dioxybenzol ebenfalls schneller und vollständiger verläuft als bei Benutzung der wasserlöslichen Kondensationsprodukte aus Di- oder Polyoxynaphthalinen und Formaldehyd bzw. aus Resorzin und Azetaldehyd, deren Darstellung in der österreichischen Patentschrift Nr. 74458 und in der Patentschrift Nr. 282313 der Klasse 12q beschrieben ist.

Gegenüber den bei den eingangs erwähnten Verfahren der Patentschriften Nr. 184449 und 288129 benutzten einwertigen Phenolen und Naphtholen bedingt die Verwendung des m-Dioxybenzols den weiteren Vorzug, daß das Resorzin selbst in angesäuerten Gerbbrühen sehr leicht wasserlöslich ist, was natürlich auch einen glatteren und schnelleren Verlauf des Gerbvorganges gewährleistet. Ferner ist in dem Fortfall von anderen sauren, lediglich salzbildenden, die Wasserlöslichkeit fördernden Gruppen im Molekül der Gerbstoffkomponenten ein Fortschritt in der Entwicklung syntethischer Gerbverfahren zu erblicken.

Beispiel 1: Es wird eine Gerblösung aus 66 Teilen m-Dioxybenzol und 20 Teilen Formaldehydlösung (35 %ig), gelöst in 3000 Teilen Wasser, bereitet. Reaktionen: Die nicht angesäuerte Lösung ruft mit Gelatinelösung versetzt alsbald Trübung, dann Fällung hervor, während die angesäuerte Lösung erst im Verlauf von mehreren Stunden bis Tagen Fällung verursacht. In die nichtangesäuerte Gerblösung bringt man die gut vorbereitete Blöße. Je nach Stärke der Haut ist die Gerbung in einem bis mehreren Tagen beendet. Wird die überschüssige, nicht erschöpfte Gerbbrühe durch Spülen entfernt, so erhält man nach dem Trocknen ein weiches, geschmeidiges Leder von weißer Farbe.

Beispiel 2: In einer Gerblösung aus 66 Teilen m-Dioxybenzol und 40 Teilen 35 gewichtsprozentiger Formaldehydlösung und 3000 Teilen Wasser erhält man bei gleicher Arbeit Leder von fleischfarbigem Aussehen, das am Licht in gelbbraun nachdunkelt. Selbstverständlich kann man auch derart verfahren, daß man den Formaldehydgehalt, statt auf einmal zuzugeben, im Verlauf der Gerbung erhöht.

Soweit die Erzeugung von Leder mit höher molekularen Kondensationsprodukten in Betracht kommt, kann man an Stelle des reinen m-Dioxybenzols auch die wasserlöslichen niedrig molekularen Formaldehydkondensationsprodukte des m-Dioxybenzols verwenden.

Bei der Ausführung des Verfahrens wurde weiter beobachtet, daß eine einmal gebrauchte und nicht erschöpfte Gerbbrühe bei Weiterverwendung versagte oder doch in ihrem Wirkungsgrad hinter gleichstarken frischen Lösungen zurückblieb. Eine einmal gebrauchte Gerbbrühe reagierte mit Gelatinelösung nur noch sehr träge. Es wurde nun gefunden, daß diese Ermüdungserscheinungen behoben werden, wenn man den Gerbbrühen bei Auftreten dieser Störungen einen Elektrolyten zugibt. Als solche kommen insbesondere anorganische oder organische Säuren und Salze in Betracht. Eine unwirksam gewordene Gerblösung kann auch durch Zusatz von wenig Formaldehyd wieder belebt werden. Zum Teil kann man diese Hilfsmittel der Gerbbrühen gleich von vornherein zugeben. Als besonders vorteilhaft erweist sich zur Behebung dieser Ermüdung auch die Vereinigung des Verfahrens mit vielen anderen bisher üblichen Gerbverfahren, desgleichen die Vereinigung der Gerbung mit der färberischen Veredelung des Leders, da auch die Zusätze der Farbstoffe und der Färbereihilfsstoffe in gleicher Weise eine Erschöpfung und restlose Verwertung der Gerbbrühen ermöglichen.

Beispiel 3: Als Gerbmittel dient eine Lösung von 660 g m-Dioxybenzol und 200 g Formaldehydlösung (35 %ig) in 30 l Wasser. Die Blößen werden hierin bei einer Temperatur von 20 bis 30° C behandelt. Nach Verlauf von etwa 20 Stunden wird die Brühe mit $^1/_2$ % Milchsäure (50 %ig) = 150 g angesäuert. Nach 24—30stündiger Gerbdauer wird das Leder abgequetscht, gespült und getrocknet.

Beispiel 4: Als Gerbbrühe dient folgender Ansatz, dem von vornherein Hilfsstoffe zur Behebung von Ermüdungserscheinungen zugesetzt werden:

660 g m-Dioxybenzol,	1200 g Kochsalz,
200 g Formaldehydlösung,	30 l Wasser

oder Beispiel 5:

660 g m-Dioxybenzol,	900 g Alaun,
200 g Formaldehydlösung,	450 g Natriumazetat,
1500 g Kochsalz,	30 l Wasser.

Die vorbereiteten reinen Blößen werden bei etwa 30° C in diesen Brühen 24—48 Stunden, je nach Stärke, unter häufigem Bewegen gegerbt, abgequetscht und gespült oder ungespült getrocknet und hierauf gestollt.

Die Salzzusätze können in vorgenannten Beispielen statt von vornherein auch erst während der Gerbung zugegeben werden.

Beispiel 6: Man gerbt in einer Lösung aus 500 g m-Dioxybenzol, 200 g Formaldehydlösung, 30 l Wasser etwa 12 Stunden lang und gibt hierauf zu der Brühe eine 36° C warme Lösung von 750 g Chromalaun in 5 l Wasser. Nach etwa 24stündiger Gerbdauer quetscht man das Leder ab, fettet mit einer neutralen oder nur schwach alkalischen Emulsion, läßt einige Zeit liegen, spült und trocknet.

Beispiel 7: Ein Dutzend, sorgfältig gereinigte, mittlere Lamm- oder Ziegenblößen werden in einer Brühe behandelt, bereitet aus 440 g m-Dioxybenzol und 200—300 g Formaldehydlösung, gelöst in 25 l Wasser.

Unter häufigem Bewegen bleiben die Blößen in der Gerblösung 24 Stunden bei 25 bis 30° C. Auffolgend wird mit einem Säurefarbstoff gefärbt. Etwa 5—10 l der gebrauchten Gerbbrühe werden kurz aufgekocht und in der geklärten heißen Brühe 35 g Echtbraun G gelöst. Die Farbstofflösung wird nach dem Abkühlen auf etwa 40° C zu dem Rest der Brühe mit den zu färbenden Ledern zurückgegeben. Nach etwa 30 Minuten gibt man die verdünnte Lösung von 20 g Ameisensäure (85 %ig) zu und beläßt unter weiterem öfteren Bewegen noch etwa 4—6 Stunden im Bade. Die gegerbten und gefärbten Häute werden hierauf gut gespült, getrocknet und zugerichtet.

Patentansprüche:

1. Verfahren zum Gerben tierischer Häute, gekennzeichnet durch die gleichzeitige Verwendung von Formaldehyd und m-Dioxybenzol oder von Formaldehyd und wasserlöslichen niedrig molekularen Kondensationsprodukten des Resorzins mit Formaldehyd, im beliebigen Mengenverhältnis, in wässeriger Lösung als Gerbmittel.

2. Abänderung des Verfahrens nach Anspruch 1, darin bestehend, daß man der Gerblösung vor oder während der Gerbung andere gerbende oder nichtgerbende Stoffe zusetzt.

Dr. Otto Röhm in Darmstadt.

D. R. P. Nr. 379698 vom 2. Dezember 1919. Zusatz zum Patent Nr. 378450.

Verfahren zur Herstellung von mineralisch gegerbten Ledern.

Das Hauptpatent betrifft ein Verfahren zur Herstellung eines mineralisch gegerbten Leders, und zwar von Eisenleder mittels Lösungen von Eisensalzen und kieselsauren Salzen, z. B. Wasserglas. Die Hautblößen werden während der Gerbung mit den Eisensalzen mit Wasserglaslösungen zusammengebracht. Es geschieht dies entweder durch Gerben in einer durch Vermischen von Eisensalzlösung mit verdünnter Wasserglaslösung erhaltenen Eisensilikatlösung oder indem man die Blöße zunächst in Eisensalzlösung bringt und dann die gewünschte Menge Wasserglaslösung langsam zusetzt. Durch Mitverwendung von

Aldehyden vor, während oder nach der Eisengerbung kann die Gerbwirkung noch erhöht werden.

In der Einleitung der dortigen Beschreibung wurde bereits erwähnt, daß dann, wenn man die Haut zuerst mit Eisensalzen imprägnieren und das so erhaltene nasse Eisenleder darauf in eine Lösung von Alkalisilikaten einlegen wollte, derselbe Übelstand eintritt, der beim Neutralisieren von Chromleder mit Wasserglas schon früher festgestellt worden ist.

Es hat sich jetzt weiter ergeben, daß das Verfahren des Hauptpatentes mit Vorteil bei der Herstellung beliebiger Mineralleder angewendet werden kann, also auch bei der Gerbung mit Lösungen von Chrom- oder Aluminiumsalzen. Ferner wurde noch eine besondere vorteilhafte Ausführungsform des Verfahrens zur Herstellung sämtlicher dieser Metallsilikatleder aufgefunden.

Bei dem bekannten Chromeinbadverfahren gebraucht man zur Gerbung der Blöße eine Gerbbrühe, die basische Chromsalze enthält, welche man auf die verschiedenste Weise, so auch durch Abstumpfen eines gewöhnlichen Chromsalzes mit Soda erhält. Bei dem neuen Verfahren verwendet man Wasserglas zur Herstellung der Chromgerbbrühe. Durch Hinzufügen einer Wasserglaslösung zu der Lösung eines gewöhnlichen Chromsalzes entsteht, wenn man beide Stoffe in der nötigen Verdünnung anwendet, eine klare Lösung, welche basisches Chromsalz und freie Kieselsäure enthält. Nimmt man auf 10 Teile Chromalaun nicht mehr als 6 Teile Wasserglas von 36° Bé, beide Chemikalien in der 30fachen Menge Wasser gelöst, so bleibt die Chromsilikatlösung klar, während konzentriertes Wasserglas oder größere Mengen davon einen Niederschlag hervorbringen würden.

Das Leder, das mit solchen klaren Brühen gegerbt ist, hat alle Eigenschaften des Chromleders mit dem Vorzug, daß es voller und satter ist. Zu seiner Herstellung braucht man weniger Chrom wie bei der reinen Chromgerbung.

Beispiel 1: Man löst 5 g Chromalaun in 50 l Wasser, 3 l Wasserglas von 36° Bé in 30 l Wasser, gießt die Wasserglaslösung unter Umrühren in die Chromalaunlösung und gerbt damit 100 kg Blöße durch sechsstündiges Bewegen im Walkfaß. Das Leder wird gewaschen, neutralisiert, gefärbt, gefettet und zugerichtet.

Die gewöhnlichen Aluminiumsalze, z. B. Alaun, besitzen zur Gerbung die richtige Basizität, so daß man im allgemeinen mit Aluminiumsalzen gerbt, ohne sie noch besonders basisch zu machen. Man kann jedoch auch bei Aluminiumsalzen mit Vorteil einen Zusatz von Wasserglas verwenden. Nimmt man nicht mehr wie 4 Teile Wasserglas von 36° Bé auf 10 Teile Alaun, beide Chemikalien in der 10fachen Menge Wasser gelöst, so bleibt die entstehende Lösung nach dem Mischen klar, und man kann durch Walken von Blößen in dieser

Gerbbrühe, Fetten und Auftrocknen des Leders ein Silikataluminiumleder herstellen, das dieselben guten Eigenschaften wie Alaunleder besitzt, mit dem Vorteil, daß das Leder beständiger gegen Wasser und Hitze ist.

Der oben erwähnten Ausführungsform dieses Verfahrens zur Herstellung von beliebigen Metallsilikatledern liegen folgende Beobachtungen zugrunde: Wenn man eine Wasserglaslösung geeigneter Verdünnung (z. B. Wasserglas von 36° Bé mit der zehnfachen Menge Wasser) mit Säure, z. B. Salzsäure oder Schwefelsäure, derart ansäuert, daß die Lösung neutral reagiert, so entsteht eine kolloidale Kieselsäurelösung, die nach einiger Zeit, etwa ¼—½ Stunde, gelatiniert. Setzt man jedoch zu einer derart angesäuerten Kieselsäurelösung gleich nach dem Ansäuren z. B. eine neutrale oder schwach basisch gemachte klare Chromsalzlösung zu, so bleibt die entstehende Lösung dauernd klar, ja man kann sie sogar kochen, ohne daß eine Ausfällung stattfindet. Mit einer derartigen Lösung kann man nun mit Vorteil Blößen gerben. Man erhält ein Leder, welches ebenfalls alle Eigenschaften eines guten Chromleders hat, welches voll und satt gegerbt ist und zu dessen Herstellung man nur sehr wenig Chromsalz braucht.

Beispiel 2: 10 kg Wasserglas von 36° Bé wird mit 100 l Wasser verdünnt und unter starkem Umrühren so lange konzentrierte Salzsäure zufließen gelassen, bis die Lösung Phenolphthalein nicht mehr rötet (man braucht etwa 2 kg konzentrierte Salzsäure). 2 kg Chromalaun werden in 20 l Wasser gelöst. Die Silikatlösung wird in die Chromalaunlösung eingegossen und mit dieser Brühe werden 100 kg Blößen durch sechsstündiges Bewegen im Walkfaß gegerbt. Die Leder werden gewaschen, neutralisiert, gegebenenfalls gefärbt, gefettet, getrocknet und zugerichtet.

Die Verwendung von mit Säuren neutralisierter Wasserglaslösung ist bei der Alaungerbung besonders vorteilhaft. Auch hier macht man die Beobachtung, daß ein Gemisch von Aluminiumsalz und neutralisierter Wasserglaslösung klar bleibt — auch beim Kochen — und daß man durch den Zusatz des angesäuerten Wasserglases bedeutend an Alaun sparen kann. Während zur Herstellung eines brauchbaren Alaunleders von 10 kg Blößen sonst etwa 8 kg Alaun zur Anwendung kommen, kann bei dem neuen Verfahren beispielsweise mit folgenden Mengen gearbeitet werden.

Beispiel 3: 2 kg Alaun werden in 20 l Wasser gelöst, 10 kg Wasserglas von 30° Bé werden mit 100 l Wasser verdünnt und diese Lösung mit konzentrierter Salzsäure so lange versetzt, bis die Lösung Methylorange schwach rot färbt, wozu man etwa 2 kg Salzsäure braucht. Nach Vermischen der Alaunlösung und der angesäuerten Wasserglaslösung werden 100 kg Blößen mit der Gerbbrühe 6 Stunden gewalkt. Nach eintägigem Stehen in der Gerbbrühe werden die Blößen kurz gewaschen, gefettet, getrocknet und zugerichtet.

Analoges gilt für die Herstellung von Eisensilikatleder. Umgekehrt sind alle im Hauptpatent für die Herstellung von Eisenleder beschriebenen Ausführungsformen auch für die Chrom- und Aluminiumsalzgerbung anwendbar. Man kann also auch hier die Blöße zunächst in eine beliebige Metallsalzlösung bringen und dann die gewünschte Menge Wasserglaslösung langsam zusetzen. Ebenso kann man hier wieder von der Mitverwendung von Aldehyden, insbesondere Formaldehyd, vor, während oder nach der Metallgerbung vorteilhaften Gebrauch machen.

Patentansprüche:

1. Verfahren zur Herstellung von mineralisch gegerbten Ledern mittels Lösungen von Metallsalzen und kieselsauren Salzen, z. B. Wasserglas, dadurch gekennzeichnet, daß man, anstatt wie beim Verfahren des Hauptpatentes Nr. 378450 die Blöße während der Gerbung mit Hilfe von Eisensalzen mit Wasserglaslösungen zusammenzubringen, hier Chromsalze oder Aluminiumsalze zugleich mit kieselsauren Salzen zur Gerbung verwendet.

2. Verfahren nach Hauptpatent und nach Anspruch 1, dadurch gekennzeichnet, daß man die verwendete Wasserglaslösung zuerst ansäuert und unmittelbar darauf mit den Metallsalzen mischt.

3. Verfahren nach Anspruch 1 und 2, gekennzeichnet durch Mitverwendung von Aldehyden, insbesondere Formaldehyd, vor, während oder nach der Mineralgerbung.

Eugen von Markus in Budapest.

D. R. P. Nr. 377487 vom 18. August 1920.

Verfahren zur Herstellung von Leder aus Därmen.

Es war bereits bekannt, aus Darmhaut ein pergamentartiges Produkt herzustellen. Das vorliegende Verfahren bezieht sich auf die Herstellung von Leder bzw. lederartigen Produkten aus Därmen und besteht dem Wesen nach darin, daß die Därme vorerst einem speziellen mechanischen und chemischen Reinigungs- und Vorbereitungsprozeß unterworfen, dabei geschmeidig gemacht, hierauf dem Einfluß von Chemikalien ausgesetzt, gefüllt bzw. gegerbt und gefärbt, dann nach Trocknung zwecks Geschmeidigmachens nochmals chemisch und mechanisch behandelt, schließlich getrocknet werden. Das nach vorliegendem Verfahren erzeugte Produkt weist sowohl dem Aussehen nach als in seinen wichtigsten Eigenschaften und Verwendungsmöglichkeiten charakteristische Merkmale des echten Leders auf; es verliert vollkommen seine Hautartigkeit, wird beim Trocknen nicht mehr starr und hornig, sondern geschmeidig, bleibt auch in feuchtem

Zustande haltbar, läßt sich nähen, leimen, lackieren, kalt oder warm pressen, kalandern usw.

Der Reinigungs- und Vorbereitungsprozeß besteht darin, daß vor allem die später störenden wasserlöslichen Salze und Leimstoffe durch energisches Waschen aus den Därmen möglichst vollkommen entfernt werden. Nun werden die Därme in ein Alkalibad, z. B. 5 %ige Sodalösung, gebracht und darin längere Zeit (etwa 24—48 Stunden) durch Reiben, Kneten, Bürsten, Walken, Drücken usw. bearbeitet. Zufolge dieser mechanischen Bearbeitung, im Alkalibad werden die Därme unter gleichzeitiger Entfettung und Reinigung, eventuell unter Zuführung halbharter Seifenlösungen, geschmeidig. Die hierbei ganz gewaltig geschwellten Därme werden zuletzt zwecks Entleerung der Gewebezellen vorteilhaft zwischen Walzen, wobei sich die Zellwände nur mäßig zusammenziehen, energisch ausgepreßt.

Die derart vorbereiteten, lediglich aus leeren Zellfasern bestehenden Därme können nunmehr der Einwirkung von Chemikalien ausgesetzt werden. Es wurde gefunden, daß die Chemikalien auch in das Innere der Gewebezellen eindringen. Wird z. B. erst ein Kalziumchlorid-, dann ein Ammoniumoxalatbad verwendet, so entsteht ein Kalziumoxalatniederschlag sowohl tief zwischen den Fasern als auch selbst im Innern der Gewebezellen. Die einverleibten Füllstoffe bedürfen gewöhnlich keiner Fixierung. Die zwischen den Fasern entstehenden Niederschläge können gegebenenfalls in bekannter Weise durch Beizen usw. fixiert werden. Es wurde ferner gefunden, daß die Zellsubstanz verschiedene Niederschläge in chemischer Bindung zurückzuhalten vermag, wobei die Gewebestruktur der Därme wesentliche und besonders vorteilhafte Änderungen erleidet, d. h. die Därme werden gewissermaßen gegerbt. Werden z. B. die aus einem Ferrichloridbad ausgehobenen Därme in ein Ferrozyankalibad gebracht, so wird das entstehende Berlinerblau durch die Zellsubstanz chemisch gebunden. Ebenso auch die Silbersuboxyde, welche aus dem sich in den Zellen und zwischen den Fasern zurückbleibenden Silberchloridniederschlag (bei Verwendung eines Chlorid- oder Salzsäure- und eines Silbernitratbades) durch Belichten entstehen.

Zur Einverleibung, Fixierung und Bindung der Füllstoffe und sonstiger chemischen Mittel können im allgemeinen jene für sich bekannten Verfahren verwendet werden, welche in der Textil- und Lederindustrie üblich sind, ebenso auch zur Färbung, Imprägnierung, Appretur usw. Bei der Auswahl der jeweiligen Methoden muß jedoch die spezielle Natur und Struktur des Darmgewebes in Rechnung gezogen werden.

Die gefüllten bzw. gegerbten und gleichzeitig oder nachher gefärbten oder später zu färbenden Därme werden hierauf an luftigem, nicht allzu warmem Orte getrocknet und hierauf durch weitere mechanische Bearbeitung (Reiben, Walken usw.) in chemischen Mitteln noch geschmeidiger gemacht. Besonders geeignet sind hierzu höhere Alkohole (Glyzerin, auch Amylalkohol), neutrale Seifenlösungen, milchsaure Salze, deren Kombinationen aus Ölen usw.

Nach nochmaliger Trocknung, vorteilhaft zwischen Rahmen, wird das Produkt gebrauchsfertig und kann wie Leder aufgearbeitet werden.

Beispiel 1: Die nach den beschriebenen Methoden vorbereiteten Därme werden in ein 5 %iges Ammoniumsulfat-, dann in ein 10 %iges Bariumchloridbad gebracht, wo sie je 10—12 Stunden verbleiben. Von hier aus kommen die Därme auf je 2—4 Stunden in ein 5 %iges Salzsäure- und ein 10 %iges Silbernitratbad, dann werden sie, in der Sonne ausgebreitet, getrocknet, hierauf einige Stunden lang in einem 30 %igen Glyzerinbad mechanisch bearbeitet, endlich getrocknet.

Beispiel 2: Die vorbereiteten Därme werden in ein Ammoniumoxalat- und ein Kalziumchlorid-, dann in ein Ammoniumsulfat- und ein Bariumchlorid-, hierauf in ein Ferrichlorid- und ein Ferrozyankalibad gebracht, wo sie 5—24 Stunden verbleiben. Nach Trocknung werden sie in einem 30 %igen Glyzerinbad bearbeitet, getrocknet, mit alkoholischer Nigrosinlösung gefärbt und mit einer dünnen Schellackschicht, in Leinöl gelöst, überzogen.

Beispiel 3: Als Bäder werden Ferrosulfat- und Ammoniumhydroxydlösungen verwendet, hierauf an der Luft oxydiert, mit wässeriger Brillantgrünlösung gefärbt und wie bereits beschrieben weiterbehandelt.

Beispiel 4: Die vorbereiteten Därme werden in Bariumchlorid- und Schwefelsäure, Kalziumchlorid- und Ammoniumoxalatbädern gesättigt, hierauf in einen mit 10 % Soda vermischten Mehlbrei gelegt und darin 3—5 Tage lang behalten, wobei ein glacélederartiges Produkt entsteht, welches unter Reiben, Walken, Drücken usw. in Amylalkohol geschmeidig gemacht und wie oben weiterbehandelt wird.

Bei der Färbung lassen sich eigenartige Wirkungen hervorrufen, z. B. marmorierte Oberfläche, wenn z. B. das im Ferrichloridbad be handelte Produkt zusammengefaltet und kurze Zeit in eine Ferrosulfat- oder Ferrozyankalilösung getaucht wird.

Patentansprüche:

1. Verfahren zur Herstellung von Leder bzw. lederartigen Produkten aus Därmen, dadurch gekennzeichnet, daß man die Därme nach möglichst vollständiger Entfernung der wasserlöslichen Salze und Leimstoffe in einem Alkalibad unter gleichzeitiger Entfettung und Schwellung mechanisch bearbeitet, hierauf nach Auspressen zwecks Füllung, Gerbung und Färbung dem Einflusse von Chemikalien aussetzt, trocknet dann, um geschmeidig zu machen in geeigneten Lösungen nochmals mechanisch bearbeitet und fertigtrocknet.

2. Verfahren nach Anspruch 1, dadurch gekennzeichnet, daß die Ausziehung der Salze und Leimstoffe mit in der Längsrichtung der Fasern geführtem fließendem Wasser erfolgt.

3. Verfahren nach Anspruch 1, dadurch gekennzeichnet, daß man dem aus Sodalösung bestehenden Alkalibad während der zwecks Weichmachens in Reiben, Kneten, Walken usw. bestehenden mechanischen Bearbeitung halbharte Seifenlösungen zugibt.

4. Verfahren nach Anspruch 1, dadurch gekennzeichnet, daß das Auspressen der gereinigten und geschwellten Därme zwischen Walzen vorgenommen wird, um die Zusammenziehung der Zellwände möglichst zu vermeiden.

5. Verfahren nach Anspruch 1—4, dadurch gekennzeichnet, daß die Füll- und Farbstoffe in das Darmgewebe nach den für sich bekannten Methoden der Textil- und Lederindustrie einverleibt werden, unter Verwendung von Bädern (Bäderreihen) entweder in Form von Niederschlägen oder durch unmittelbare chemische Einwirkungen.

6. Verfahren nach Anspruch 1 und 5, dadurch gekennzeichnet, daß man solche Chemikalien verwendet, welche in den Zellen oder zwischen den Fasern solche Verbindungen bilden, welche durch die Zellsubstanz chemisch gebunden werden.

7. Verfahren nach Anspruch 1, dadurch gekennzeichnet, daß die mechanische Bearbeitung der gefüllten und gefärbten Därme in Bädern mit Amylalkohol, Glyzerin oder milchsauren Salzen oder neutralen Seifenlösungen oder deren Kombinationen mit Ölen erfolgt.

8. Verfahren nach Anspruch 1, dadurch gekennzeichnet, daß die bereits gefüllten Därme auf längere Zeit in mit Soda vermischten Mehlbrei gelegt und dann mit Amylalkohol, Glyzerin u. dgl. geschmeidig gemacht werden.

Pierre Julien Clement Margotton in Niort, Frankreich.

D. R. P. Nr. 383369 vom 4. Juni 1921.

Verfahren und Vorrichtung zum Gerben von Fellen.

Es sind bereits Verfahren zum Gerben von Fellen in zwei Stadien bekannt, von denen das eine in einer Gerbung durch Chromoxyd und das andere in einer leichten Ölgerbung besteht.

Durch das in den Ansprüchen gekennzeichnete Verfahren erhält man die Gerbung in sehr kurzer Zeit, und das so erhaltene Leder fällt viel feiner aus als Gemsleder, da die Narbe geschlossen und die Haut weniger plüschartig ist. Die Gerbung wird auch um so viel solider, weil die Felle zweimal gegerbt werden, einmal mit Chromsäure und das zweitemal mit Öl.

Patentansprüche:

1. Verfahren zum Gerben von Fellen (insbesondere für Handschuhfabrikation) in zwei Stadien, von denen das eine in einer Gerbung durch Chromoxyd besteht und das andere in einer sehr leichten Ölgerbung, dadurch gekennzeichnet, daß nach Beendigung des ersten Gerbvorganges die Felle der Einwirkung von Alkoholdämpfen unterworfen werden, um die Felle zu trocknen, worauf diese in Öl getaucht werden, worauf man sie der Wärme aussetzt, um die Entfernung des Alkohols in Form von Dämpfen zu erreichen, welche die in den Fellen enthaltene Feuchtigkeit mitnehmen, während das absorbierte Öl in den Fellen verbleibt, oxydiert und so eine neue Gerbung herbeiführt.

2. Vorrichtung für Ausführung des Verfahrens nach Anspruch 1, gekennzeichnet durch eine sechsseitige Trommel, die eine zu ihrer Achse geneigte durchlochte Scheidewand hat und zur Aufnahme der Badeflüssigkeit dient, ferner durch eine abgedichtete Kammer, in die auf Rollen laufende, mit Hilfe einer besonderen Schiebevorrichtung bewegte Rahmen die aufgespannten Felle einbringen, und in welcher der Reduktions-, Neutralisations- und Trocknungsprozeß vorgenommen werden unter Anwendung eines Ventilators und eines Radiators, der in Verbindung steht mit zwei Behältern, in denen das Gas zum Ausströmen gelangt, und die mit einer Expansionsvorrichtung verbunden sind, wobei die Gase durch besondere Vorrichtungen wiedergewonnen werden.

Chemische Fabrik Griesheim-Elektron, Frankfurt a. M.
D. R. P. Nr. 417865 vom 13. Januar 1922.

Verfahren zum Schnellgerben mit Aluminiumsalzen im Einbadverfahren.

In der Patentanmeldung C. 30, 958 IV/28a vom 1. August 1921 ist ein Verfahren zum Schnellgerben mit Chromisalzen im Einbadverfahren beschrieben, das darin besteht, daß man die Möglichkeit der Ionenspaltung in der Gerbflotte während des Gerbvorganges durch Reduktion auf äußerste Flottenkürze auf ein Minimum stellt.

Es wurde nun gefunden, daß man auch bei Anwendung der leichtlöslichen anorganischen Aluminiumsalze zu einem Schnellgerbverfahren gelangt, wenn man die schädlich wirkende hydrolytische Spaltung dieser Salze durch Reduktion auf äußerste Flottenkürze nach Möglichkeit herabdrückt.

In erster Linie kommt Aluminiumchlorid in Betracht, das sich durch hervorragende Wasserlöslichkeit und technische Billigkeit auszeichnet. Es können auch Aluminium- und Chromisalze kombiniert werden.

Man kann sowohl normales als auch basisches, z. B. halbbasisches Aluminiumchlorid zur Gerbung verwenden. Die Konzentration der

Gerbflotte ist etwa so hoch zu bemessen, daß der Aluminiumoxydgehalt derselben den des festen kristallisierten Alauns erreicht, kann aber auch so weit gesteigert werden, daß in der Flotte der Aluminiumoxydgehalt des kristallisierten Alauns beträchtlich übertroffen wird. Man erreicht durch diese, bisher nie angewandte und gekannte Konzentration der Gerbflotte eine bedeutend schnellere Durchgerbung und eine Herabminderung der Hydrolyse und Proteolyse, die bei Anwendung verdünnterer Lösungen eintritt und die Reißfestigkeit des Leders sehr beeinträchtigt.

Man vermeidet ferner auch das Auskristallisieren von Aluminiumsalz auf dem Pelzleder, wie dies bei Anwendung von Alaun häufig der Fall ist.

Auf diese Weise können die leichtlöslichen Aluminiumsalze für die Gerbung schwerer und mittlerer Leder, sowie zur Glacé- und Pelzgerbung verwandt werden, wobei die Kombination mit bekannten Gerbmitteln oft zweckmäßig erscheint.

Beispiel 1: Für Vache (Riemenleder und Sattlerleder, Möbelleder).

100 kg Rindsblöße werden zunächst gepickelt, und nachdem der Pickel gut durchgebissen hat, im Walkfaß gegerbt mit ungefähr 12 l Aluminiumchloridlösung (1 + 1) (welche ungefähr 10 % Al_2O_3 enthält) und 25 l Zellpechlösung (1 + 1).

Nach etwa 1—3 Stunden ist das Gerbstoffgemisch durchgebissen; man setzt Neutralsalz (z. B. 5 kg Kochsalz oder Glaubersalz) zu und läßt eine halbe Stunde weiterlaufen. Nun stumpft man ab durch allmählichen Zusatz von kalzinierter Sodalösung 1:20 (ungefähr 20 l), der in viertelstündigen Pausen durch die hohle Achse des laufenden Fasses innerhalb etwa einer Stunde erfolgt.

Man kann die Leder 5—10 Minuten in fließendem Wasser spülen und dann ausrecken und abölen.

Nach Lufttrocknung erhält man ein weiches und zähes Leder von sehr heller Farbe, die etwa zwischen Sumach- und Eichengerbung liegt.

Das Leder läßt sich mit basischen Farbstoffen färben wie lohgares Leder, was auch vor dem Abölen geschehen kann.

Beispiel 2: Zur Pelzgerbung der gut entfleischten Kaninfelle werden dieselben tags zuvor gepickelt, z. B. mit 10 % Salz, 1—1,5 % Salzsäure, 20° Bé und 100 % Wasser, am anderen Tag geschleudert und von der Aasseite mittels Bürste bestrichen unter Verwendung folgender Gerbstofflösung:

1 l halbbasische Aluminiumchloridlösung (1 + 1) (mit 15 % Al_2O_3 Gehalt) und 0,1 l halbbasische Chromchloridlösung (25 % Cr_2O_3 ent haltend) und 1 l Wasser.

Man benötigt für ein Fell, je nach Größe, ungefähr 50—150 ccm Gerbstofflösung.

Nun werden die so präparierten Felle zusammengelegt (Aas auf Aas) und im Walkfaß etwa ½—2 Stunden gewalkt, je nach Dicke der Felle, bis Durchgerbung erzielt ist.

Dann nimmt man die Felle heraus, bestreut sie in dünner Schicht mit kalziniertem Glaubersalz und bestreicht sie gegebenenfalls noch mit einer Salzlösung und legt sie wiederum zusammen (Aas auf Aas) und walkt sie nochmals im Faß etwa 1 Stunde.

Nun kann man die Pelzfelle gleich schleudern (oder auch über Nacht liegenlassen) und nach dem Schleudern vom Aas abölen.

Nach dem Abölen hängt man bei normaler Temperatur (vorteilhaft 20° C) zum langsamen Trocknen auf.

Nach erfolgter Trocknung erzielt man durch Stollen usw. ein sehr schön weiches, zügiges Pelzleder, welches den Ansprüchen der sogenannten Leipziger Gerbung (Zurichtung) in sehr hohem Grade gewachsen ist.

Die Zusammensetzung der obigen Gerbstofflösung kann mannigfach geändert werden. Nimmt man anstatt halbbasischem Aluminiumchlorid (mit ungefähr 30 % Al_2O_3 Gehalt), das normale (neutrale) Aluminiumchlorid (mit ungefähr 20 % Al_2O_3 Gehalt), so ist es zweckmäßig, nach erfolgter Durchgerbung und Salzbehandlung die Pelzleder in einer ½—1 %igen kalzinierten Sodalösung nachzubehandeln, um einen zu großen Überschuß von Säure im Pelzleder zu beseitigen.

Patentanspruch:

Verfahren zum Schnellgerben nach Patent (Anmeldung C. 30, 958 IV/28a), dadurch gekennzeichnet, daß man die dort verwendeten Chromisalze ganz oder teilweise durch leichtlösliche anorganische Aluminiumsalze, vornehmlich Aluminiumchlorid, ersetzt.

Hans Friedenthal, Charlottenburg.

D. R. P. Nr. 416508 vom 26. Juli 1922.

Verfahren zum Gerben.

Die Erfindung betrifft ein Gerbverfahren, bei welchem die bisher in manchen Fällen bereits früher angewandten hochkonzentrierten Gerbextrakte pflanzlicher oder mineralischer Herkunft mit einem zweiten Gerbmittel versetzt und verrieben werden, das mit Wasser nicht mischbar ist und aus Fett- oder Kohlenwasserstoffen besteht. Es gelingt, durch Verreiben eine so innige Verbindung der an sich nicht mischbaren Bestandteile herzustellen, daß sich eine Emulsion oder Salbe bildet, welche von den Blößen leicht aufgenommen wird und in sie hinein verrieben werden kann.

Ausführungsbeispiele:

1. Man verreibe 1 kg eines kaum flüssigen, etwa 30 % Gerbstoff enthaltenden Eichenrindeextraktes mit der gleichen Menge Vaselin vom Schmelzpunkte 25° C unter Anwendung einer Wärme von 30° C zu einer homogenen Emulsion oder Salbe.

2. Man nehme 1 kg einer etwa 30 %igen Eisenchlorid-Chlorkaliumlösung und die gleiche Menge festes Kokosfett, welches durch Wärme erweicht worden ist. Man verreibe beide Teile so lange miteinander, bis eine gleichmäßige Vermischung stattgefunden hat. Die angegebenen Mengen reichen zur Gerbung für die etwa doppelte Menge Blöße.

Patentanspruch:

Verfahren zum Gerben, dadurch gekennzeichnet, daß Gerbsalben verwendet werden, die hergestellt sind aus starken Gerbextrakten pflanzlicher oder mineralischer Herkunft und einer damit nicht mischbaren Fettsubstanz oder einem Kohlenwasserstoff.

Edmund Simon sen., Dresden.

D. R. P. Nr. 383477 vom 15. September 1922.

Verfahren zur Herstellung von Handschuhleder ohne Eigelb.

Die Bestrebungen, das Eigelb, dieses wichtige Nahrungsmittel, welches in großen Mengen zur Herstellung von Handschuhleder Verwendung findet, zu ersetzen, sind zwar alt, bisher aber ohne Erfolg geblieben. Man versuchte hierzu Emulsionen aus Fett und Ölen, auch Seifenlösungen, zu verwenden, doch ohne Erfolg. Leder, die auf diese Weise hergestellt wurden, waren mißfarbig, flach, ihnen fehlte die notwendige Weichheit, und was die Hauptsache, sie ließen sich nicht färben. Es war hierbei gleichgültig, ob man die Gerbmittel (Eigelbersatz, Tonerdesalz, Weizenmehl und Kochsalz) zu einer Mischung vereinigte und in einem Verfahren die Gerbung ausführte, oder ob man die Haut zuerst mit dem Eigelbersatz behandelte und dann erst mit Tonerdesalzen, Weizenmehl und Salz, der Mißerfolg war der gleiche. Auch Ammoniakseife, aus Ölen und Fetten hergestellt, ergab kein brauchbares Leder (Handschuhleder).

Die Ursache der Unbrauchbarkeit aller bisher als Eigelbersatz vorgeschlagenen Mittel festzustellen, ist deshalb so schwer, weil der Gerbvorgang sehr verwickelter Art ist. Er beruht nicht, wie wir jetzt wissen, auf einem rein chemischen Vorgang, sondern auf der Wirkung von Kolloiden und die durch dieselben bedingte Adsorption. Bei der Herstellung des Handschuhleders findet eine vereinte Wirkung von Kolloiden mit kristallisierten Stoffen statt. Da Ammoniakseife aus Fetten und Ölen wegen des Glyzeringehaltes eine sehr lockere Verbindung darstellt, stellte ich mir reines fettsaures Ammonium aus reiner, durch

Spaltung erhaltener Fettsäure her. Ich hatte damit insofern Erfolg, als damit hergestelltes Leder sich gut färben ließ, auch weich und zügig war.

Dagegen ließ die Weiße des Leders zu wünschen übrig, die Fleischseite war schmutzig gelblich, auch waren die Hautfasern verklebt und das Leder flach. Diesen durch zu schnelle Adsorption hervorgerufenen Übelstand beseitigte ich dadurch, daß ich eine alkoholische Lösung des fettsauren Ammoniums und phosphorsaures Natron zur Anwendung brachte.

Nach der amerikanischen Patentschrift Nr. 503987 kommt ein aus Fetten oder Ölen hergestelltes fettsaures Ammonium in Verbindung mit Glaubersalz zur Verwendung, doch ist ein auf diese Weise gewonnenes Leder eine Art Fettleder, dessen Verwendung als Handschuhleder ausgeschlossen ist. Weiter suchte man das Eigelb durch sulfoölsaures Ammonium zu ersetzen, doch auch dieser Weg ist ungangbar, da das sulfoölsaure Ammonium das Leder durch Selbsterhitzung hart und brüchig macht. Der Erfinder hat dies in der betreffenden Patentschrift auch zum Ausdruck gebracht, indem er sagt: „Man fügt ihnen (den Ledern) etwas Karbolsäure hinzu, um beim Lagern dem zu starken Erhitzen vorzubeugen. Glacélederhandschuhe aber mit Karbolgeruch sind ein Unding."

Das alkoholische fettsaure Ammonium wird in der Weise hergestellt, daß man die Fettsäure in Alkohol (Äthyl-, Methylalkohol usw.) löst und hierauf mit Ammoniak verseift. Dieser mit Wasser verdünnten Ammoniakseife setzt man des weiteren noch etwas phosphorsaures Natron zu. Weiter setzt man den zur Verwendung kommenden Tonerdesalzen noch etwas Soda hinzu, wodurch eine Beschleunigung des Gerbvorganges erzielt wird.

Der Gerbvorgang ist nun folgender: Die zu gerbenden Häute werden in gewohnter Weise eingeweicht, enthaart, geäschert und gebeizt. Man bringt sie dann in die vorerwähnte fettsaure Ammoniumlösung, die etwas phosphorsaures Natron enthält, läutert darin mit Unterbrechungen von 20—25 Minuten etwa 3—4 Stunden, läßt die Häute die gleiche Zeit noch in der Brühe stehen und preßt dann ab. Die Häute kommen nun in eine Brühe, bestehend aus Tonerdesalz, Soda, Weizenmehl und Kochsalz und werden darin genau so behandelt wie in der Seifenbrühe. Die Leder werden dann leicht abgepreßt, aufgezogen, mild getrocknet und können schon nach einigen Tagen gestollt und zugerichtet werden. Von der gebräuchlichen Menge Weizenmehl oder Ersatzstoffen kann man vorteilhaft schon einen Teil dem Seifenbad zufügen.

Patentansprüche:

1. Verfahren zur Herstellung von Handschuhleder, dadurch gekennzeichnet, daß eine glyzerinfreie alkoholische Lösung von fettsaurem Ammonium als Ersatz des Eigelbs gebraucht wird.

2. Verfahren nach Anspruch 1, dadurch gekennzeichnet, daß die Häute zuerst mit der mit Wasser verdünnten alkoholischen Lösung von fettsaurem Ammonium behandelt werden, wobei ein zum gleichen Zwecke bekannter Zusatz von phosphorsaurem Natrium gemacht wird, und daß darauf eine Behandlung mit einer bei der Handschuhlederherstellung an sich bekannten Flüssigkeit aus einem Tonerdesalz, Soda, Mehl und Kochsalz folgt.

Edmund Simon sen. in Dresden.
D. R. P. Nr. 389028 vom 11. April 1923.

Verfahren zur Herstellung von Handschuhleder.

Gegenstand des Hauptpatents ist ein Verfahren zur Herstellung von Handschuhleder ohne Verwendung von Eigelb, bei dem eine glyzerinfreie alkoholische Lösung von Fettsäuren verseift als Ersatz des Eigelbs dient.

Weitere Versuche haben gezeigt, daß das zur Handschuhledererzeugung mitverwendete Kochsalz Neigung zur Ausflockung der kolloiden Lösungen des glyzerinfreien alkoholischen fettsauren Ammoniaks zeigt, die das mitverwendete phosphorsaure Natron nicht ganz beseitigt.

Da sich aus diesem Grunde zuweilen leichte Auflagerungen von fettsaurem Ammonium auf dem Narben der Häute zeigten, die dem leichten Eindringen desselben in die Haut hinderlich wurden, wird nun wie folgt verfahren:

Tierisches oder pflanzliches Eiweiß, Kasein oder fettarme Milchprodukte (Milchzucker natürlich ausgeschlossen) werden durch Ammoniak gelöst. Die so erhaltenen Lösungen werden dazu verwendet, die glyzerinfreien alkoholischen Fettsäuren zu verseifen.

Man verwendet auf 100 Gewichtsteile Fettsäure: 6 Gewichtsteile Pflanzen- oder Tiereiweiß und 50 Gewichtsteile Ammoniak (0,96 spez. Gew.), oder 6 Gewichtsteile Kasein und 50 Gewichtsteile Ammoniak (0,96 spez. Gew.), oder 8,6 Gewichtsteile Quark und 50 Gewichtsteile Ammoniak (0,96 spez. Gew.), oder 30 Gewichtsteile Mager- oder Buttermilch und 50 Gewichtsteile Ammoniak (0,96 spez. Gew.).

Die auf diese Weise erhaltenen Lösungen genügen zur vollständigen Verseifung der 100 Gewichtsteile Fettsäure, d. h. zur Herstellung des glyzerinfreien alkoholhaltigen fettsauren Ammoniums.

Zur Herstellung von reinem fettsaurem Ammonium werden auch 50 Gewichtsteile Salmiakgeist von 0,96 spez. Gew. gebraucht, also die gleiche Menge, wie sie zur Herstellung vorgenannter Lösungen nötig ist.

Das Verfahren ist nun das folgende:

Die zu verwendende Fettsäure wird unter leichter Erwärmung in Alkohol gelöst und dann in dünnem Strahl in eine der nach vorerwähnter

Art erhaltenen Lösungen unter lebhaftem Umrühren eingegossen, wobei der Verseifungsvorgang sich glatt und vollständig vollzieht.

Die mit diesen glyzerinfreien alkoholhaltigen Ammoniakseifen erhaltenen kolloiden Lösungen, wie sie zur Herstellung von Handschuhleder Verwendung finden, werden durch Kochsalz nicht mehr ausgeflockt, gleichviel, ob man solche allein oder mit phosphorsaurem Natron zusammen zur Herstellung von Handschuhleder benutzt.

Patentanspruch:

Abänderung des durch Patent Nr. 383477 geschützten Verfahrens zur Herstellung von Handschuhleder, dadurch gekennzeichnet, daß man ammoniakalische Lösungen von Eiweiß, Kasein oder fettarmen Milchprodukten (Milchzucker ausgeschlossen) an Stelle von reinem Ammoniak zur Verseifung der glyzerinfreien alkoholischen Fettsäuren verwendet.

Richard Dobschall in Mülheim-Ruhr.

D. R. P. Nr. 410261 vom 22. Juni 1923.

Verfahren zum Gerben von Sämischleder.

Die vorbereiteten Blößen werden durch Abpressen mit einem Drucke von 150 Atm. (?) stark entwässert, in einem geschlossenen Raume Luftströmen von —8° bis —10° C ausgesetzt und hierauf unter Zuführung von komprimierter Luft, deren Temperatur allmählich auf +30° C gesteigert wird, getrant.

Durch die komprimierte Luft wird den Blößen das Wasser rasch entzogen und das Eindringen und die Oxydation des Tranes außerordentlich befördert.

Wenn die Temperatur von +30° C erreicht ist, wird die Zuführung der komprimierten Luft unterbrochen und überläßt man die Felle der Selbsterhitzung bis +38° C.

Patentanspruch:

Verfahren zum Gerben von Sämischleder, dadurch gekennzeichnet, daß man die auf die übliche Weise vorbereiteten Blößen mit einem Drucke von 150 Atm. stark entwässert, in einem geschlossenen Raume Luftströmen von —8° bis —10° C aussetzt und mit Hilfe von komprimierter Luft trant.

Albert Kemmler in Eßlingen a. N.

D. R. P. Nr. 457443 vom 30. August 1924.

Verfahren zur Herstellung von sämisch gegerbtem Leder.

Patentanspruch:

Verfahren zur Herstellung von sämisch gegerbtem Leder, dadurch gekennzeichnet, daß die auf die übliche Weise vorbereiteten Felle bei der zweiten Operation durch eine Mischung von Eieröl mit wässeriger Formaldehydlösung fettgar gemacht werden.

Beschreibung:

Die Erfindung betrifft ein neues Sämischgerbverfahren, welches darin besteht, daß die auf die übliche Weise vorbereiteten Felle bei der zweiten Operation durch eine Mischung von Eieröl mit wässeriger Formaldehydlösung fettgar gemacht werden. Wohl findet nichtausgezogenes Eieröl bei der Glacéledergerbung und ausgezogenes Eieröl bei der Dänischledergerbung Verwendung. Aber in beiden Fällen wird kein sämisch gegerbtes Waschleder erzielt. Das neue Verfahren dagegen ergibt ein weiches, geschmeidiges, samtartiges und weißes Waschleder ohne Bleichung in der Sonne auf Rasen. Das nach dem neuen Verfahren gegerbte Leder läßt sich außerdem noch zu jeder Farbe besser und satter einfärben als mit Tran gegerbtes Leder.

Bei dem neuen Verfahren ist der Arbeitsgang folgender: Das fettgare Fell wird in der Walke mit Eieröl, das einen Zusatz entsprechend der Lederstärke von ½ bis 2 % 40 %iger Formaldehydlösung erhält, einige Male durchgewalkt. Wenn das Fell richtig fettgar ist, ist keine Gefahr vorhanden, daß die geringe, in dem Formaldehyd enthaltene Wassermenge das Fell wieder anfeuchtet; denn Wasser wird die vollständig mit Eieröl durchtränkten Hautfasern nicht mehr netzen können, wohl aber kann der im Eieröl lösliche Formaldehyd zur Hautfaser durch das energische Durchwalken gelangen und diese, wie allgemein bekannt, durch seine Einwirkung und dabei stattfindende chemische Veränderung wasserfest machen, also gerben.

Diese ganze Operation, bestehend in mehrmaligem Durchwalken mit dem genannten formaldehydhaltigen Eieröl und zeitweiligem Aufhängen der Felle, beansprucht je nach Stärke der Felle höchstens 2—4 Tage.

Dann kann das gut ausgestrichene Fell wie gewöhnlich schon gewaschen und dabei fettfrei gemacht werden.

Die übrigen Arbeiten, wie Trocknen und Stollen usw., sind die allgemein üblichen.

Gustav Arth, Oberursel a. T.

D. R. P. Nr. 390945 vom 23. September 1923.

Verfahren zum Gerben von mit einer Salzlösung vorbehandelten Häuten und Fellen.

Das Verfahren bezweckt die Herstellung von Leder zu allen üblichen Verwendungszwecken und zeichnet sich durch Einfachheit sowie durch Gerbmaterial- und Zeitersparnis aus.

Die Blößen werden in gewöhnlicher Weise bis zur Gerbung vorbereitet, dann erfolgt eine Behandlung in starker Salzlösung, bis das Hautgewebe gänzlich davon durchdrungen ist. Nun werden diese

Blößen getrocknet. Im gut trockenen Zustand werden sie in der gewünschten Gerbbrühe eingeweicht und gewalkt, bis sie gleichmäßig von ihr durchdrungen sind. Die Menge und Stärke der Brühe richten sich nach dem Gewicht und der Dicke der ursprünglichen Blößen. Für ein leichtes Schaffell z. B. können schon 3 l Gerbbrühe von 2° Bé ab zur Gare genügen; für schwere Fell- und Häutegattungen nimmt man entsprechend größere Mengen und Stärken. In dem Verhältnis, wie die Blöße nun in der Gerbbrühe erweicht, schreitet auch die Gerbung voran, so daß leichtere Felle schon in weniger als einer Stunde gar sein können. Zu starke Brühen sind zu vermeiden. Nach der Durchgerbung werden die Felle herausgenommen und gespült, um wie gewöhnlich gegerbte Leder weiterbehandelt zu werden. Schwere Leder können nach dieser Durchgerbung zwecks Gewichtserhöhung weiter mit Gerbstoff behandelt werden. Durch das Verfahren wird die ganze Gerbung sehr beschleunigt und der Gerbstoffverbrauch auf ein geringes Maß beschränkt.

Die abgetropften, wie gewöhnlich zur Gerbung vorbehandelten Blößen werden in eine neutrale Salzlösung, am billigsten ist Chlornatrium, gebracht, welche vorteilhaft 15—20° Bé mißt. Die Flüssigkeitsmenge muß so groß sein, daß die Blößen darin bewegt werden können, entweder mittels Walkfaß, Haspel, Stampfe o. dgl.

Diese Bewegung geschieht so lange, bis das ganze Hautgewebe vollkommen von dem Salz durchdrungen ist, was je nach der Dicke und Festigkeit der Hautblöße in mehr oder weniger Stunden der Fall ist. Dann, oder nach etlichen Stunden Ruhe in der Brühe, läßt man diese Salzblößen abtropfen, um sie danach zum völligen Austrocknen in einen entsprechenden Trockenraum zu hängen.

Patentanspruch:

Verfahren zum Gerben von mit einer Salzlösung vorbehandelten Häuten und Fellen, dadurch gekennzeichnet, daß man, anstatt die vorbereiteten Blößen direkt in die Gerbung zu bringen, sie erst mit einer starken Salzlösung behandelt und mit dem Salz trocknet, um sie in dem trockenen Zustande in der Gerbbrühe einzuweichen und gleichzeitig mit der Erweichung durchzugerben.

Dr. Alfred Ehrenreich in Paris, und Kristian Bendixen in Kopenhagen.

D. R. P. Nr. 417809 vom 18. Dezember 1923.

Verfahren zur Herstellung von Leder aus Haifischhaut u. dgl.

Die vorliegende Erfindung betrifft ein Verfahren zur Herstellung von Leder aus Haifischhaut o. dgl., durch welches ein Produkt von gleicher Weichheit erreicht wird wie die feinsten aus anderen Hautarten hergestellten Ledersorten.

Wie bekannt, besitzen Haifischhäute und ähnliche Fischhäute auf der Oberfläche Myriaden von hornartigen Plättchen mit Stacheln oder Zähnen, deren Wurzeln fest in den feinen Poren der Oberhaut eingeschlossen sind. Diese Plättchen haben allen Versuchen widerstanden, sie durch rein mechanische Mittel, z. B. durch Schleifmesser oder Schabvorrichtungen, zu entfernen, indem wohl die Stacheln sich in höherem oder geringerem Grad durch solche Mittel entfernen lassen, aber die Plättchen unentfernbar zurückbleiben, weshalb es bisher unmöglich war, ein zufriedenstellendes Stück Leder aus solchen Häuten herzustellen. Versuche, die Hornplättchen durch chemische Mittel zu entfernen, haben dazu geführt, die Oberhaut der Häute zu zerstören, so daß man auch auf diesem Wege nicht imstande war, ein zufriedenstellendes Leder aus Haifischhaut o. dgl. herzustellen.

Durch die Erfindung wird es dagegen möglich, sowohl die Stacheln als auch die Hornplättchen und Wurzeln vollständig zu entfernen, so daß das erwähnte weiche Leder hergestellt werden kann. Das Produkt ist ferner gleichmäßig empfänglich für verschiedene geeignete Farbstoffe, so daß man es ebenso leicht, ebenso frei und ebenso vollkommen wie jede andere Ledersorte färben kann. Weiter ist es außerordentlich stark und kann ohne Schwierigkeit zugeschnitten und genäht werden, welch letzteres nicht der Fall war mit Haifischhaut, aus welcher die Stacheln entfernt waren, in deren Poren sich aber noch die Reste des Hornpanzers befanden.

Die Erfindung ist in großen Zügen dadurch gekennzeichnet, daß die Stacheln und Hornplättchen durch eine chemische Behandlung entfernt werden, indem man zuerst die stacheligen und gepanzerten Häute zu Leder gerbt und sie darauf der chemischen Behandlung zur Lösung der Stacheln unterwirft.

Nach der Erfindung geht man in der Weise vor, daß man zuerst die Häute mit vegetabilischen oder organischen Gerbstoffen gerbt und sie darauf mit einer wässerigen Säurelösung, die aus einer verdünnten Lösung einer verhältnismäßig starken Säure bestehen kann, da diese die gegerbten Felle nicht angreift (aber die ungegerbten Häute angreifen würde), sondern dagegen die Stacheln mit Hornplättchen, so daß diese sich lösen, behandelt.

Durch Gerben mit den vegetabilischen oder organischen Gerbstoffen werden die stacheligen oder gepanzerten Häute in Leder verwandelt. Zu der nachfolgenden chemischen Behandlung zur Lösung der Stacheln und Hornplättchen kann man Salzsäure o. dgl. in geeigneter Verdünnung anwenden.

Danach werden die Hornplättchen und Stacheln durch Auswaschen der Häute in Verbindung mit einer mechanischen Behandlung, z. B. Schaben oder Walken, entfernt.

Als Beispiel für anwendbare Gerbstoffe sollen Quebracho, Sumach, Katechu o. dgl. organische Gerbstoffe genannt werden. Die Haut muß ganz durchgegerbt sein, bevor sie der Säurebehandlung unterworfen wird, die in einer rotierenden Trommel (Walke) vorgenommen werden kann, die eine Lösung von z. B. Salzsäure von etwa 1,14 spezifischem Gewicht im Verhältnis von 80 bis 90 l zu 180 kg Leder enthält. Die Umdrehung findet während ½—3 Stunden statt und hat als Resultat, daß die Hornplättchen gelöst und angegriffen werden, so daß sie bei der Reibung der Lederteile in der Walke von der Haut getrennt und als feine Körner abgewaschen werden. Die Abwaschung geschieht in der Walke, indem dieser reines Wasser zugeführt wird und sie beständig während etwa einer Stunde rotiert. Schließlich kann man eventuell noch zurückgebliebene Säurereste durch Behandlung der Häute in einer Lösung von Borax (z. B. 1 kg Borax für je 200 kg Leder) neutralisieren.

Es ist zu verstehen, daß die angegebenen Mengenverhältnisse und Zeiten nur als Beispiele bei Ausführung des Verfahrens in der Praxis dienen.

Es soll erwähnt werden, daß die Säurebehandlung auch in der Weise durchgeführt werden kann, daß die plättchenbelegten Seiten der gegerbten Häute mit Säure bestrichen werden, bis die Hornplättchen hinreichend angegriffen und von der Oberhaut gelöst sind, so daß sie durch Auswaschen und Schaben eventuell in einer Walke entfernt werden können.

Patentansprüche:

1. Verfahren bei Herstellung von Leder aus Haifischhaut u. dgl., dadurch gekennzeichnet, daß die Stacheln und Hornplättchen in der Oberhaut der Häute auf chemischem Wege gelöst werden, indem man erst die Häute mit vegetabilischen oder organischen Gerbstoffen gerbt und danach mit einer wässerigen Säurelösung behandelt, worauf die Stacheln durch eine leicht mechanische Bearbeitung entfernt werden können.

2. Verfahren nach Anspruch 1, dadurch gekennzeichnet, daß die Säurebehandlung des gegerbten, gepanzerten und stacheligen Leders in einer rotierenden Trommel (Walke) vorgenommen wird, die z. B. Salzsäure mit etwa 1,14 spez. Gew. im Verhältnis von 80 bis 90 l Säurelösung zu 180 kg Leder enthält, bei welcher Walkung die Stacheln und Hornplättchen, außer gelöst zu werden, auch entfernt werden.

3. Verfahren nach Anspruch 1, dadurch gekennzeichnet, daß die Säurebehandlung auf diese Weise durchgeführt wird, daß die plättchenbelegte Seite des Leders von Zeit zu Zeit mit Säure bestrichen wird, bis die Hornplättchen mit den Stacheln sich von der Oberhaut gelöst haben, worauf sie durch Schaben oder Walken entfernt werden.

Patente über Färbung, Fettung, Zurichtung u. a.

Jakob Hermann Epstein, Frankfurt a. M.

D. R. P. Nr. 28483 vom 20. September 1883.

Verfahren zur Zurichtung von auf beiden Seiten gefärbtem Leder. Behandlung der Fleischseite mit Albumin.

Gebr. Hausmann, Homburg v. d. H.

D. R. P. Nr. 27352 vom 9. Oktober 1883.

Verfahren zur Herstellung von Leder mit zweifarbiger Narbenseite. Anbringung einer hellen Grundfarbe, dann Körnung und Dunkelfärbung der erhöhten Stellen.

Jakob Hermann Epstein, Frankfurt a. M.

D. R. P. Nr. 27033 vom 27. Oktober 1883.

Verfahren zur Herstellung einer Oxyd-Imitation auf Leder. Behandlung mit gefärbter Schellacklösung in halbtrockenem Zustande, dann befeuchten mit Wasser.

Franz Slotosch, Königshütte.

D. R. P. Nr. 62804 vom 20. August 1891.

Verfahren zum Färben bzw. Schwärzen von Leder. Färben vor der Gerbung mit Alaun und Kochsalz.

Dr. Heinrich Müller, Haynau i. Schl.

D. R. P. Nr. 66998 vom 16. Februar 1892.

Verfahren zum Beizen von Glacéleder mittels Melasseschlempe. Ersatz für Urin.

J. H. Epstein, Frankfurt a. M.

D. R. P. Nr. 78855 vom 2. November 1893.

Verfahren zum Marmorieren von Leder. Körnen, dann abreiben der erhöhten Stellen mit einem Ballen, der mit einer Farblösung getränkt ist.

Martin Alexander Lehfeldt, Breslau.

D. R. P. Nr. 92362 vom 13. Oktober 1895.

Verfahren zum Durchsichtigmachen und Härten von Tierhäuten. Eintauchen in erhitztes Öl oder Kohlenwasserstoffe.

Carl Becké, Mühlhausen i. Thr.

D. R. P. Nr. 87779 vom 2. November 1895.

Verfahren zum Marmorieren von Leder auf mechanischem Wege ohne Anwendung ätzender Chemikalien. Bestreichen der Erhöhungen des gekörnten Leders mit einer Schutzschicht vor dem Färben.

J. P. Frenay, Mainz.

D. R. P. Nr. 87905 vom 8. Dezember 1895.

Verfahren zur Herstellung einer feinadrigen Marmorierung auf gegerbten Häuten und Fellen. Pressen auf einer Eisenplatte mit Vorsprüngen, dann Behandlung mit Wasser und Eisenschwärze.

J. Weidmann, Wien.

D. R. P. Nr. 88849 vom 21. Januar 1896.

Verfahren zur Herstellung von Bildern auf Leder. Das Bild wird auf hellgefärbtes Leder als Relief gepreßt, worauf die erhöhten Stellen wieder gefärbt werden.

Reinhold Bach, Glückstadt.

D. R. P. Nr. 103154 vom 28. April 1897.

Behandlung sattgegerbten Leders mit Alaun, Bolus oder anderen nicht färbenden mineralischen Stoffen, um das Leder besonders weich zu machen.

Wilhelm Kerkmann, Geldern i. Rhld.

D. R. P. Nr. 104629 vom 15. September 1898.

Verfahren zum Körnen (Chagrinieren) von Leder mittels gekörnter Platte und glatter Druckwalze.

W. Weiß Duls. Sohn m. b. H., Hilchenbach i. W.

D. R. P. Nr. 202510 vom 11. Juli 1905.

Verfahren zur Herstellung von Leim aus mineral-, besonders chromgarem Leder.

Das Leder wird bei Temperaturen bis zu 45° C mit Alkali oder Erdalkalihydroxyden behandelt und nach dem Auswaschen mit Wasser wie üblich zu Leim versotten, oder das Leder wird nach Zusatz von Salzen der Alkalien bei Temperaturen bis zu 125° C direkt zu Leim versotten. Beide Verfahren können auch miteinander verbunden werden, indem zunächst eine Kalkbehandlung des Leders bei niedrigen Temperaturen erfolgt und dann das teilweise entgerbte Leder durch Zusatz obiger Salze bei höheren Temperaturen verkocht wird.

Nach einem Zusatz zu diesem Patent kann die Temperatur von 45° C bis auf 120° C gesteigert werden, so daß die Herstellung von Leim durch Behandlung von chromgarem Leder mit Alkali oder Erdalkalihydroxyden bei einer bis auf diese Höhe gesteigerten Temperatur geschehen kann.

Heinrich Meyer, Naunhof bei Leipzig.
D. R. P. Nr. 197400 vom 16. September 1905.

Verfahren zur Herstellung einer in Kohlenwasserstoffen, fetten Ölen, Alkohol u. dgl. löslichen Seife aus sulfuriertem Rizinusöl.

Durch seine Unlöslichkeit in Kohlenwasserstoffen und leichte Bildung an Sulfosäuren zeichnet sich Rizinusöl gegenüber anderen Ölen aus.

Vorliegendes Verfahren beruht hauptsächlich in der Überführung gewisser Alkalisalze mit bestimmtem Alkaligehalt, der Rizinusölschwefelsäure in die in Kohlenwasserstoffen usw. lösliche Modifikation durch Erhitzen der betreffenden Verbindung unter Wasserabdunstung auf 130° C. Die erhaltene sehr viskose neutrale Seife löst sich zunächst klar, dann milchig in Wasser, schäumt stark und ist leicht und klar in Benzol, Äther, Alkohol, Chloroform, Schwefelkohlenstoff, Tetrachlorkohlenstoff, Chlorhydrinen, Mineralölen, fetten Ölen usw. löslich.

Badische Anilin- und Soda-Fabrik, Ludwigshafen a. Rh.
D. R. P. Nr. 223377 vom 13. Mai 1909.

Verfahren zum Aufhellen von Eigelb. Behandlung mit Salzen der hydroschwefligen Säure oder der Formaldehydsulfoxylsäure.

Aktien-Gesellschaft für Anilin-Fabrikation, Berlin-Treptow.
D. R. P. Nr. 258751 vom 5. Juni 1912.

Verfahren zum Färben von Leder, darin bestehend, daß man chromgares oder chromiertes Leder mit substantiven Farbstoffen färbt, die sich mit Diazoverbindungen kuppeln lassen und die Färbungen mit Diazoverbindungen, vorzugsweise Nitrodiazobenzol, nachbehandelt.

Dr. Otto Röhm, Darmstadt.
D. R. P. Nr. 286437 vom 9. April 1913.

Verfahren zum Ersatz des Eigelbs bei der Herstellung von Glacéleder sowie zum Fetten anderer Lederarten, insbesondere vegetabilischen Leders.

Wilhelm Eitner und Richard Kind, Wien.
D. R. P. Nr. 276434 vom 2. Juli 1913.

Verfahren zur Verbesserung und Konservierung von Leder und Lederwaren, gekennzeichnet durch die Behandlung mit Lösungen der harzartigen Kondensationsprodukte von Phenolen und Aldehyden mit oder ohne Zusatz von vulkanisierten Fetten oder Fettsäuren.

Dr. Paul Askenasy in Karlsruhe i. B.
D. R. P. Nr. 299075 vom 19. November 1916.

Verfahren, um Leder chlorfest zu machen.

Im folgenden ist ein Verfahren beschrieben, um Leder chlorfest zu machen. Dies läßt sich dadurch erreichen, daß man dem Leder mittels seiner Porosität einen chlorfesten Körper einverleibt. Hierfür ist nur ein solcher geeignet, der die physikalischen und chemischen Eigenschaften des Leders nicht oder nur unwesentlich verändert.

Das wird dadurch erreicht, daß man dem Leder solche chlorierten Körper einverleibt, wie sie durch Behandeln der in der Patentschrift 256 856 genannten Ausgangsstoffe, Fette, Öle, Wachse usw., mit Chlor erhalten werden; jedoch benutzt man nicht die nach jenem Verfahren hergestellten Produkte, die mindestens 30 % Chlor enthalten, sondern solche mit weniger als 30 % Chlor.

Die letzteren eignen sich, da die niedriger chlorierten Körper nicht wie jene Harzcharakter, sondern höchstens Balsamcharakter haben, besser als Imprägniermittel, da das Leder nach ihrer Einverleibung nicht oder nicht wesentlich steifer wird, als es vorher war.

Das so behandelte Leder zeichnet sich durch eine weitgehende Chlorfestigkeit aus. Dies ist um so auffälliger, als, wie gerade aus der Patentschrift 256 856 hervorgeht, die Öle, Fette oder Wachse leicht mehr als 30 % Chlor aufnehmen, so daß man also zum wenigsten ein vergleichweises rasches Fortschreiten der Chlorierung bei den zur Einverleibung benutzten Ölen erwarten müßte. Dies ist jedoch nicht der Fall. Ursache ist hierfür vermutlich der Umstand, daß das Öl, Fett oder Wachs in den Poren des Leders ziemlich unbeweglich ist, so daß das etwa absorbierte Chlor die ganze Masse nur schwer durchdringen kann. Man nimmt die Einverleibung nach einer der üblichen Methoden, gegebenenfalls nach vorheriger Entfettung des Leders, vor, z. B. indem man es mit einer Trichloräthylenlösung der chlorierten Verbindungen erwärmt und das Lösungsmittel verdunstet, oder indem man es mit dem unverdünnten Körper erwärmt.

So behandeltes Leder eignet sich gut für militärische Ausrüstungsgegenstände in den Fällen, in welchen diese dem Chlorangriff ausgesetzt sind, wie z. B. für Masken oder Tragriemen.

Patentanspruch:

Verfahren, um Leder chlorfest zu machen, dadurch gekennzeichnet, daß man dem Leder solche chlorierten Öle, Wachse o. dgl. oder deren Gemische einverleibt, die weniger als 30 % Chlor enthalten.

Carl Freudenberg G. m. b. H., Weinheim in Baden.

D. R. P. Nr. 308506 vom 18. April 1917.

Verfahren zum Falzen und Spalten von Häuten.

Verfahren zum Falzen und Spalten von Häuten, dadurch gekennzeichnet, daß die Häute oder Blößen vor dem Gerben mit konzentrierter Lösung eines nichtgerbenden Salzes durchtränkt werden und darauf das Falzen und Spalten in an sich bekannter Weise vorgenommen wird, zum Zwecke, das Ankleben der Haut an den Messern zu verhindern.

Es ist in der Technik allgemein Brauch, das Falzen und Spalten des Leders, das für viele Zwecke erforderlich ist, nach dem Gerben vorzunehmen oder für das Spalten die Haut wenigstens vorzugerben. Das Falzen der ungegerbten Haut mit der Maschine wird durch Kleben der Haut an den Messern und der Druckwalze erschwert. Die in ungegerbtem Zustande gespaltenen Häute werden aber beim Gerben wieder ungleich stark, da sie dabei ungleichmäßig quellen.

Nach der Erfindung wird das Falzen und Spalten vor der Gerbung vorgenommen und dadurch zu einem guten Ergebnis geführt, daß man in das Hautgewebe als Ersatz der Gerbstoffe wasserlösliche Salze einlagert und damit eine Art von Scheingerbung erzielt.

Die enthaarten Häute oder Felle werden zu diesem Zweck mit hochkonzentrierten Salzlösungen behandelt und bis ins Innerste gleichmäßig damit gesättigt. Darauf wird das Falzen oder Spalten vorgenommen. Die gespaltene Haut wird alsdann durch Auslaugen vom Salz befreit und in der üblichen Weise weiterbehandelt.

Auf diese Weise wird das Kleben der Haut an den Messern der Maschine verhindert und ein glatter gleichmäßiger Schnitt erzielt, der auch nach dem Gerben erhalten bleibt. Das Salzen kann vor, während oder nach dem Entkalken der Häute vorgenommen werden.

Man hat zwar schon früher das Salzen von Häuten und Fellen vorgenommen und dabei andere Zwecke im Auge gehabt. Die Häute und Felle werden nämlich, um sie für Versandzwecke haltbar zu machen, eingepökelt. Diese so behandelten Häute und Felle lassen sich aber nicht auf der Spaltmaschine verarbeiten.

Badische Anilin- und Soda-Fabrik in Ludwigshafen a. Rh.

D. R. P. Nr. 335907 vom 17. Mai 1918.

Verfahren zum Färben von alaungarem Leder mit Teerfarbstoffen.

Zum Färben alaungarer Leder dienten bisher so gut wie ausschließlich natürliche Holzfarbstoffe, weil nur dadurch die verlangte Gleichmäßigkeit der Färbungen erzielt werden konnte. Teerfarbstoffe konnten hierfür kaum eine Verwendung finden. Die sogenannten basischen Farbstoffe geben nämlich fast ausnahmslos ungleichmäßige Färbungen und zeigen bei Aufträgen außerdem die Neigung, auf die Rückseite der Leder durchzuschlagen; die sauerziehenden und Alizarinfarbstoffe decken ungenügend und geben magere Farbtöne, und die Schwefelfarbstoffe scheiden wegen ihrer Anwendung im alkalischen Bade aus.

Nur zum Schönen als Aufsatz der mit Holzfarben gefärbten alaungaren Leder (Glacé, Mocha, Chair) dienten bisher in ganz untergeordneter Verwendung Teerfarbstoffe.

Es wurde nun gefunden, daß zum Färben der obengenannten alaungaren Ledersorten mit bestem Erfolg Teerfarbstoffe Verwendung finden können, wenn die Leder mit der Lösung eines synthetischen Gerbstoffes behandelt werden. Dabei ist es gleichgültig, ob diese in saurer oder neutraler Lösung zur Verwendung kommen. Als besonders geeignete künstliche Gerbmittel seien z. B. die in den Patentschriften 262558, 280233, 290965 genannten Produkte genannt.

Beispiel: Das alaungare Leder wird in üblicher Weise broschiert und alsdann z. B. mit einer 10 %igen wässerigen Lösung von Neradol ND ungefähr 30 Minuten lang grundiert. Alsdann wird mit kaltem Wasser gespült und hierauf mit einer wässerigen Farblösung, z. B. Nanking I extra 1—5 g im Liter Wasser kalt ausgefärbt.

Das Färben kann sowohl in der Walke wie durch Aufbürsten ausgeführt werden.

Analog verfährt man bei Verwendung anderer künstlicher Gerbmittel, wie z. B. Neradol D, Ordoval G oder anderer Teerfarbstoffe.

Patentanspruch:

Verfahren zum Färben von alaungarem Leder mit Teerfarbstoffen, dadurch gekennzeichnet, daß man die Leder vorher mit einer Lösung synthetischer Gerbmittel behandelt.

Leopold Cassella & Co. G. m. b. H., Frankfurt a. M.

D. R. P. Nr. 346694 vom 1. August 1919.

Verfahren zum Färben von Glacéleder.

Das Färben von Glacéleder erfolgte bisher fast ausschließlich mit natürlichen Farbstoffen, die für bestimmte Zwecke mit Teerfarbstoffen nuanciert wurden. Die alleinige Anwendung der Teerfarbstoffe scheiterte bisher daran, daß mit ihnen gleichmäßige Färbungen nicht zu erzielen waren.

Es wurde nun gefunden, daß, wenn das Glacéleder mit Gerbstofflösungen, und zwar besonders mit alkalisch abgestumpften Gerbstofflösungen, vorbehandelt wird, vollkommen gleichmäßige satte Färbungen erreicht werden.

Diese Behandlung mit Gerbstoffen erfolgt am besten in der Weise, daß beispielsweise eine Lösung von Gambir mit einer Boraxlösung versetzt, diese aufgetragen und das so behandelte Leder mit Teerfarbstoffen gefärbt wird.

Am besten geeignet erwiesen sich hierbei die basischen und sauer färbenden Teerfarbstoffe, doch können auch die anderen Teerfarbstoffe mitbenutzt werden.

Die Glacéleder werden zunächst in üblicher Weise zum Färben vorbereitet. Sodann gibt man mittels Bürste den Auftrag einer Lösung von 50 g Gambir in 1 l Wasser, welche vor Gebrauch durch Zugabe von Borax neutralisiert wurde. Hierauf folgt der gut sättigende wiederholte Aufstrich einer Farbstofflösung, z. B. 10 g Havannabraun S konz. unter Zusatz von 5 g Ameisensäure im Liter Wasser, wonach gespült, abgereckt und getrocknet wird. Die weitere Zurichtung ist dann die für Glacéleder übliche.

Patentanspruch:

Verfahren zum Färben von Glacéleder mit Teerfarbstoffen, dadurch gekennzeichnet, daß dieses vor dem Färben mit alkalisch abgestumpften Gerbstofflösungen behandelt wird.

Ferdinand Kohl in Fechenheim a. M.

D. R. P. Nr. 333678 vom 2. September 1919.

Einrichtung zum Prüfen undurchsichtiger Färbungen.

Die Prüfung von Farbtönen auf ihre Zusammensetzung erfolgte, wenn es mit Apparaten geschah, bisher vielfach im Durchsichtvergleich mit entsprechenden farbigen Gläsern, was aber den Bedürfnissen der praktischen Färberei von Faserstoffen u. dgl. nicht in allen Fällen entsprach. Es wurde nun gefunden, daß sich zur vergleichenden Prüfung in der Übersicht oder im Aufblick die Spiegelbilder von Färbungen eignen, wenn diese durch richtige Winkelstellung der Spiegel im Brennpunkt entsprechender Linsen vereinigt und vergrößert, durch einen Gegenspiegel widergespiegelt werden.

Wird beispielsweise das Spiegelbild einer gelben Färbung nach richtiger Winkelstellung im Brennpunkt eines Linsensystems mit dem daneben erzeugten, auf denselben Brennpunkt gerichteten Spiegelgebilde einer blauen Färbung vereinigt, so ergibt die danach vom Gegenspiegel gezeigte, vergrößerte Widerspiegelung weder eine gelbe noch blaue, sondern eine grüne Färbung. Dasselbe gilt für andere Farbtöne mit entsprechenden Grundfarben. Durch geeignete Blendenvorrichtung ist das Spiegelbild der einzelnen Farbtöne sodann begrenzbar, so daß man sie im Gesamtbild nach Erfordern mehr oder weniger wirksam hätte.

Man wendet das Verfahren an, indem man in dem Apparat auf der einen Seite den Farbton für sich allein zur Widerspiegelung bringt, dessen Nachahmung erfolgen soll. Auf der anderen Seite spiegelt man Typfärbungen solcher Farbstoffe wider, welche aller Voraussicht nach in Betracht kommen, und beobachtet diese, durch Linsen vereinigt und widergespiegelt, mittels eines Okulars, welches dazwischenliegend angeordnet ist. Während dieser Beobachtung regelt man am Stellwerk der Blenden so lange deren Öffnungen, bis in der Zusammenspiegelung der Farbtöne jener Farbton erreicht wird, welcher im anderen Teil des Apparates widergespiegelt ist und nachgeahmt werden soll. Sind die Typfärbungen auf eigenem Material mit vorhandenen Farbstoffen ausgeführt und ist das Stellwerk der Blenden auf die jeweilig zutreffenden Verhältnisse des Färbereibetriebes eingerichtet, so lassen sich sofort die Farbstoffmengen ermitteln, welche für den nachzuahmenden Farbton erforderlich sind. Im allgemeinen dürften sich mit der entsprechend bemessenen Zusammenspiegelung von drei, höchstens vier Grundfarben alle Farbtöne analysieren lassen.

Patentanspruch:

Einrichtung zum Prüfen undurchsichtiger Färbungen auf ihre Zusammensetzung, dadurch gekennzeichnet, daß deren Spiegelbilder durch geeignete Winkelstellung von Spiegeln im Brennpunkt von Vergrößerungslinsen vereinigt und von Gegenspiegeln widergespiegelt werden, unter Verwendung von Blenden bekannter Art, welche durch ihre Einrichtung die Wirkung der einzelnen Farbtöne messen und begrenzen lassen.

Aktiengesellschaft für Anilin-Fabrikation in Berlin-Treptow.

D. R. P. Nr. 370237 vom 4. August 1920.

Verfahren zum Schutze der tierischen Faser bei der Behandlung mit alkalischen Flüssigkeiten.

Durch das Hauptpatent 357 831 wird ein Verfahren zum Merzerisieren von halbseidenen und halbwollenen Geweben mit Alkalien unter Zusatz von Sulfitzelluloseablauge geschützt. Weiter wurde vorgeschlagen, zum Schutze der tierischen Faser gegen die Schädigungen durch Alkalien auch in anderen Fällen, z. B. beim Färben, beim Entbasten der Seide, bei beliebiger Behandlung von Fell oder Leder, Sulfitzellulose zu verwenden.

Um das Zustandekommen dieser Wirkung aufzuklären, wurde Sulfitzelluloseablauge durch Dialyse in die in ihr enthaltenen kolloiden und kristalloiden Bestandteile zerlegt, die dann getrennt auf ihre Schutzwirkung geprüft wurden. Hierbei ergab sich überraschenderweise eine ungefähr gleiche Wirkung der beiden Fraktionen, was zu dem Schlusse führt, daß die Faserschutzwirkung der Sulfitzelluloseablauge nicht auf dem Vorhandensein einer bestimmten Verbindung, auch nicht ausschließlich auf der Anwesenheit von Kolloiden beruht, sondern sich zusammensetzt aus den Einzelwirkungen der in ihr enthaltenen Kolloiden und Zuckerarten. Diese Erkenntnis bildet den Anlaß, die Zuckerarten als Faserschutzmittel zu verwenden. Das kann überall dort geschehen, wo die tierische Faser, wie Wolle, Haare, Federn, Seide, Felle, Pelze, Leder, mit alkalischen Flüssigkeiten behandelt wird, wie es z. B. beim Waschen, beim Merzerisieren von Halbwolle oder Halbseide, beim Färben, beim Entbasten der Seide, bei der Veredlung von Fellen, beim Gerben u. dgl. unter Umständen der Fall ist.

Tierische Faser in schwefelalkalihaltigem Bade mit Schwefelfarbstoffen oder aus der alkalischen Küpe in Gegenwart von Glukose zu färben, ohne die Faser zu zerstören, ist bekannt. Es wurde nun gefunden, daß man auch andere Zuckerarten, wie Fruktose, Laktose, Maltose, die tierische Faser gegen eine Schädigung bei der Behandlung mit alkalischen Flüssigkeiten zu schützen, diesen Zuckerarten zusetzen kann. Man kann die Zucker für sich verwenden oder im Gemisch mit anderen Schutzmitteln, wie etwa ligninsulfosaurem Natrium; die Schutzwirkung der Sulfitzelluloseablauge wird durch Zuckerzusatz verstärkt.

Beispiel 6: Sogenanntes Töten der Felle. Die Behandlung der Felle mit alkalischen Flüssigkeiten, um das Grannenhaar aufnahmefähiger für Farbstoffe zu machen, birgt die Gefahr in sich, daß das Haar spröde, brüchig und krumm, das Leder hart und weniger zügig wird. Um dies zu vermeiden, setzt man Maltose, Laktose, Lävulose oder andere Zucker, gegebenenfalls neben ligninsulfosaurem Natrium der alkalischen Lösung zu.

a) Man löst 100 g Maltose oder 50 g Maltose + 50 g ligninsulfosaures Natrium in 1 l Natronlauge 1° Bé. Diese Lösung läßt man über Nacht einwirken und wäscht gut aus.

b) Die Felle werden in eine Lösung gelegt, bestehend aus 10 g kalzinierter Soda, 15 g Laktose und 15 g ligninsulfosaurem Natrium auf den Liter Wasser. Hierin bleiben sie 3 Stunden bei 35—40°, dann werden sie gut gespült, mit verdünnter Essigsäure abgesäuert und nochmals gespült.

Beispiel 7: Färben von Fellen. Die gemäß vorigem Beispiel getöteten Felle werden nach dem Spülen 6 Stunden mit 2 g Kaliumbichromat, 1 g Weinstein, 0,25 g Kupfersulfat im Liter Wasser vorgebeizt. Nach gutem Spülen kommen sie für 4 Stunden in das Färbebad, welches auf 1 Liter Wasser 2,5 g Ursol P, 0,5 g Ursol D, 2,5 ccm Ammoniak, 25%ig, 60 ccm Wasserstoffsuperoxyd, 3%ig, 0,75 g Maltose, 0,75 g ligninsulfosaures Natrium enthält. Die Felle werden nach dem Färben gespült, getrocknet und geläutert. Die wertvollen Eigenschaften des Haares und des Leders bleiben erhalten.

Patentanspruch:

Verfahren zum Schutze der tierischen Faser bei der Behandlung mit alkalischen Flüssigkeiten, dadurch gekennzeichnet, daß die Abänderung des durch das Hauptpatent 357 831 geschützten Verfahrens den bei der Behandlung tierischer Faser benutzten alkalischen Flüssigkeiten Zuckerarten für sich oder im Gemisch mit Sulfitzelluloseablauge oder der in ihr enthaltenen wirksamen Stoffe zugesetzt werden, wobei das Färben oder Drucken der tierischen Faser mit Schwefelfarbstoffen aus alkalisulfithaltigem Bade und das Färben der tierischen Faser aus der alkalischen Küpe in Gegenwart von Glukose als bekannt ausgenommen ist.

Aktien-Gesellschaft für Anilin-Fabrikation in Berlin-Treptow.

D. R. P. Nr. 373929 vom 16. Juni 1921.

Verfahren zum Schutze der tierischen Faser bei der Behandlung mit alkalischen Flüssigkeiten.

Es ist aus der Patentschrift 144 485 bekannt, Schafwolle oder andere aus Keratin bestehende Fasern gegen die schädigende Wirkung alkalischer Flüssigkeiten zu schützen, indem man sie vorher der Einwirkung von Formaldehydlösung oder -dampf aussetzt. Es kann dann eine konzentriertere und heißere Alkalilösung zur Anwendung kommen.

Wie gefunden wurde, liegen in den Bisulfitverbindungen von Aldehyden und Ketonen Mittel vor, welche, alkalischen Flüssigkeiten zugesetzt, die damit behandelte tierische Faser gegen Schädigungen durch das Alkali schützen und daher überall Anwendung finden können, wo tierische Fasern mit alkalischen Flüssigkeiten behandelt werden, z. B. beim Waschen der Wolle, beim Merzerisieren von Halbwolle oder Halbseide, beim Entbasten der Seide, beim Gerben von Häuten, in der Halbwoll-Einbadfärbung u. dgl.

Die Wirkungsweise der Bisulfitverbindungen ist nicht aufgeklärt. Jedenfalls ist sie aber nicht der Wirkungsweise des Formaldehyds gleichzusetzen, denn stellt man Formaldehyd- und Formaldehydbisulfitlösungen von gleichem Gehalt, bezogen auf Formaldehyd, her und setzt man bei der Behandlung von Wolle mit Natronlauge gleiche Mengen der einen oder der anderen Lösung zu, so ist die Schutzwirkung der Formaldehydbisulfitlösung etwa doppelt so groß wie die der Formaldehydlösung, und beim Azeton bemerkt man keine Schutzwirkung, wohl aber bei seiner Bisulfitverbindung. Durch eine teilweise Neutralisation des Alkalis durch Zersetzung der Bisulfitverbindung ist die beobachtete Wirkung nicht zu erklären, denn die in Frage kommenden Bisulfitmengen spielen gegenüber dem Alkaliüberschuß keine Rolle, und man würde auch ein Aufbrausen der Sodabäder oder eine Schwefelwasserstoff- oder Schwefelabscheidung in Schwefelnatriumbädern bemerken müssen, was jedoch nicht der Fall ist.

Beispiel: Man behandelt unentschweißte Wolle eine halbe Stunde lang bei 50° C mit der 80fachen Menge einer Lösung, die im Liter 1 g entwässertes Natriumkarbonat und 0,5 g einer Formaldehydbisulfitlösung von 27 Volumprozent (hergestellt durch Vermischen von 806 Raumteilen Natriumbisulfitlösung, 25,8 Volumprozent mit 178 Raumteilen Formaldehydlösung 33,6 Volumprozent) enthält, quetscht ab und spült, bis das Wasser klar abläuft. Die Wolle erweist sich nach dieser Behandlung als genügend entfettet, ohne daß die natürlichen Eigenschaften, wie Glanz und Elastizität, gelitten haben.

In ähnlicher Weise lassen sich andere Aldehydbisulfitverbindungen, z. B. Furfurolbisulfit oder Azetonbisulfit, anwenden.

Patentanspruch:

Verfahren zum Schutze der tierischen Faser bei der Behandlung mit alkalischen Flüssigkeiten, dadurch gekennzeichnet, daß man diesen alkalischen Flüssigkeiten Aldehyd- oder Ketonbisulfitverbindungen zusetzt.

Paul Aldinger in Stuttgart.

D. R. P. Nr. 352861 vom 11. August 1921.

Verfahren, die Dehnbarkeit von Ziegen- und Lammfellen einzuschränken.

Zunächst wird, wie bekannt, das Leder entweder von Hand oder auf maschinellem Wege bei trockener Beschaffenheit geschliffen. Alsdann wird es auf eine etwas befeuchtete Holzplatte aufgelegt und von der Mitte nach außen hin glatt ausgestrichen, was z. B. unter Verwendung eines feuchten Lappens geschehen kann. Hierauf läßt man das ausgetrocknete Leder vollständig trocknen, alsdann wird es gewendet und ebenfalls unter Zuhilfenahme von Wasser leicht ausgespannt und auf seine Rückseite wird eine Gelatinelösung mittels eines Pinsels aufgetragen.

Diese Lösung besteht aus 20 g Gelatine auf 500 g Wasser und 1 g doppeltchromsaurem Kali. Nun läßt man das Leder wiederum trocknen, worauf es ohne weiteres für die Herstellung von Kissen aller Art, Damenbeutel und -taschen, Tabaksbeuteln u. dgl. verwendbar ist.

Der hierbei erreichte Vorzug liegt in der Erhaltung einer schönen Form, indem Verzerrungen gelegentlich der Herstellung der Gebrauchsgegenstände verhindert werden.

Patentanspruch:

Verfahren, die Dehnbarkeit von Ziegen- und Lammleder einzuschränken, dadurch gekennzeichnet, daß das vorgefärbte und angefeuchtete Ziegen- oder Lammleder auf einer Platte von der Mitte heraus ausgestrichen, getrocknet, gewendet und nach nochmaligem Anfeuchten und Ausspannen mit einer aus 20 g Gelatine, 500 g Wasser und 1 g doppeltchromsaurem Kali hergestellten Lösung bestrichen und dann getrocknet wird.

Leopold Cassella & Co. G. m. b. H. in Frankfurt a. M.

D. R. P. Nr. 377289 vom 11. Januar 1922. Zusatz zum Patent Nr. 346694.

Verfahren zum Färben von Glacéleder.

Nach Patent 346 694 kann man Glacéleder mit Teerfarbstoffen färben, wenn das gegerbte Leder zuvor mit alkalisch abgestumpften Gerbstofflösungen behandelt wird.

Es wurde nun gefunden, daß die Vorbehandlung mit dem Färben selbst vereinigt werden kann, indem das in üblicher Weise gegerbte und broschierte Leder ohne weitere Vorbehandlung mit einer Farbflotte gefärbt wird, die neben dem nötigen Farbstoff eine mit Alkalien abgestumpfte Lösung von Gerbstoff erhält; hierfür können vegetabilische, mineralische oder synthetische Gerbstoffe gebraucht werden.

Als Farbstoffe eignen sich am besten direkte Baumwollfarbstoffe; es können jedoch auch andere Teerfarbstoffe, namentlich saure und zum Übersetzen basische Farbstoffe Verwendung finden.

Beispiel: Das gut broschierte Leder wird ausgestreift und zunächst mit einer Lösung von 20 g Diaminkatechin G und 20 g Gambir (zuvor mit Alkalien abgestumpft) im Liter Wasser überbürstet und auffolgend mit einer Lösung von 5 g Diamantphosphin PG im Liter Wasser überbürstet.

Statt des Gambirs können in gleicher Weise andere vegetabilische sowie mineralische oder synthetische Gerbstoffe angewendet werden.

Patentanspruch:

Abänderung des Verfahrens zum Färben von Glacéleder mit Teerfarbstoffen gemäß Patent 346 694, dadurch gekennzeichnet, daß das gegerbte und broschierte Leder ohne weitere Vorbehandlung mit Teerfarbstoffen unter Zusatz von alkalisch abgestumpften vegetabilischen, mineralischen oder synthetischen Gerbstoffen gefärbt wird.

Société du Feutre in Paris.

D. R. P. Nr. 377 133 vom 15. Februar 1922.

Verfahren zur Vermeidung der Schädigung der Woll- und Haardecke bei dem Schwöden von Fellen.

Bei dem gewöhnlichen Enthaarungsprozeß aus den Häuten gerupfte Wolle ist in bezug auf ihren Verkaufs- und Verwendungswert durchaus minderwertig gegenüber der Wolle, die beim Schwitzen der Häute gewonnen wird. Das Schwitzverfahren hat wiederum den Übelstand, die Lederqualität zu verschlechtern. Die Schwächung der Wolle und ihr mattes Aussehen beim Schwöden ist darauf zurückzuführen, daß die Enthaarungssubstanzen, die auf die Fleischseiten aufgetragen werden, die Haut durchdringen und durch Kapillarität in die Haardecke eindringen. Wenn man versucht, die nach dem Anschwöden gewonnene Wolle bzw. Fellhaare für die Zwecke der Hutmacherei zu benutzen, ergibt sich eine völlige Minderwertigkeit in bezug auf das Aussehen und die Haltbarkeit, und das Haarmaterial zeigt sehr schlechte Resultate in der Wolle.

Diese schweren Mißstände können vermieden werden, wenn man die Haut vor dem Anschwöden einige Stunden in eine sehr stark verdünnte Säure einweicht, so daß eine völlige Durchdringung mit der Flüssigkeit stattfindet. Man bringt die Häute dann wie gewöhnlich in die Kalkschwöde, wobei man lediglich Sorge trägt, daß die Kalkzufuhr etwas stärker bemessen wird. Man stapelt dann die Häute wie üblich Haarseite an Haarseite, so daß die Wolle mit dem Kalk nicht in Berührung kommt, legt aber zwischen je zwei Haarseiten ein undurchlässiges Gewebe, so daß die Felldecken gegenüber der Kalkung der anderen Häute geschützt sind. Die mit dem angesäuerten Wasser durchtränkte Haut wird ganz leicht durch die alkalischen Enthaarungsmittel der Schwöde durchdrungen, nachdem die geringe Säuremenge durch den Kalk neutralisiert ist; dagegen wird die Fell- oder Wolldecke, die eine verhältnismäßig bedeutende Menge des angesäuerten Wassers zurückgehalten hat, nicht mehr auf dem Wege der Kapillarität mit den Bestandteilen der Schwöde durchdrungen. Der Erfolg ist, daß das Haarmaterial seinen Glanz und seine Haltbarkeit behält.

Das Verfahren soll im folgenden an einem Beispiel näher erläutert werden:

Die in üblicher Weise vorbereiteten Felle werden auf einem Tisch mit der Haarseite nach oben ausgebreitet und mit einer 5%igen Salzsäure derart eingebürstet, daß die Haare gründlich imprägniert werden. Die so durch Säure vorbereiteten Häute werden Haarseite auf Haarseite gestapelt, möglichst so, daß die Stapel nicht mehr als 25 bis 30 Häute enthalten, um nicht die Flüssigkeit durch Druck herauszupressen. Sodann werden die Häute auf der Haarseite in bekannter Weise gekälkt und die Häute nun wiederum Haarseite auf Haarseite paarweise gelegt und die Fellpaare unter Zwischenlegung eines undurchdringlichen Gewebes aufs neue gestapelt und nach genügender Einwirkung in üblicher Weise enthaart.

Patentansprüche:

1. Verfahren zur Vermeidung der Schädigung der Woll- oder Haardecke beim Schwöden von Fellen, dadurch gekennzeichnet, daß man die Felle vor dem Zusammenpacken in der Schwöde in leicht angesäuertem Wasser einweicht, zum Zweck, beim Schwöden eine kapillare Aufnahme der alkalischen Bestandteile der Schwöde durch die Haardecke zu verhindern bzw. die alkalische Reaktion zu beseitigen.
2. Bei dem Verfahren nach Anspruch 1 die Maßnahme, daß beim Packen in der Schwöde die mit den Haarseiten aufeinanderliegenden Hautpaare durch zwischen je zwei Haarseiten liegende undurchdringbare Zwischenschichten getrennt werden, um jede Berührung der Fellseiten mit den alkalischen Bestandteilen der Schwöde zu verhindern.

Dr. Max Bergmann, Dresden.

D. R. P. Nr. 417707 vom 20. März 1923.

Verfahren zum Schutz tierischer und pflanzlicher Fasern.

Patentanspruch:

Verfahren zum Schutz der pflanzlichen und tierischen Faser gegen alkalische, saure, oxydative oder reduktive Einflüsse, gekennzeichnet durch Verwendung von Melasse oder ihren Bestandteilen, insbesondere Betain, wobei jedoch die alleinige Verwendung von Zuckern als solchen gegenüber Alkalien, sowie die Behandlung beschwerter Seide mit Betain ausgenommen ist.

Wilhelm Brauns, G. m. b. H., Quedlinburg.

D. R. P. Nr. 406618 vom 1. April 1923.

Verfahren zum Färben von Leder.

Vorliegende Erfindung betrifft ein Verfahren zum Färben von Leder.

Bisher färbte man Leder in der Hauptsache nur auf der Narbenseite, und wenn die Fleischseite mitgefärbt wurde, so geschah dies beim Färben im Bad, ohne daß auf die Färbung dieser Seite besonderer Wert gelegt wurde. Man gebrauchte früher für Samtleder fein verteilte Körperfarben, die mit einem Verdickungsmittel angerührt und dann aufgetragen wurden, oder auch Anilinfarben in Verbindung mit Körperfarben. Es wurde nun gefunden, daß sich Wildleder oder sogenanntes Samtleder sehr schnell reib- und auch wasserecht färben lassen, wenn unter Verwendung von Tanninlacken organischer Farbstoffe in verdünnter mineral- oder organischsaurer Lösung und organischer Lösungsmittel gearbeitet wird. Es ist nun zwar bekannt, daß Tanninlacke in Gegenwart von starken Säuren in Lösung bleiben, doch war es bisher bei schwachsauren Lösungen nicht möglich, eine bleibend klare Lösung dieser Tanninlacke zu erhalten. Dies wird indessen nach vorliegender Erfindung bewirkt, indem man die Tanninlacke bei Gegenwart von Alkohol o. dgl. mit Wasser mischbaren organischen Stoffen in verdünnter Essigsäure löst und gegebenenfalls noch lösliche Metallsalze zugibt, um die Lösung abzudunkeln. Außer gewöhnlichem Alkohol kämen auch noch Methyl- oder Propylalkohol sowie Azeton als Lösungsmittel in Betracht. Als Metallsalze dienen in erster Linie Eisensalze, die je nach der beabsichtigten Färbung durch andere Salze ersetzt werden können. Mit der so gewonnenen klaren Tanninlacklösung kann man die Leder aufbürsten oder auch im Tauchverfahren färben, ohne befürchten zu müssen, daß die Leder abreiben, abstäuben oder auch nur bronzierende Stellen zeigen. Die Bildung des unlöslichen Tanninlackes geht erst vor sich, nachdem das organische Lösungsmittel verdunstet ist. Die Tanninlacklösung durchdringt das Leder, und es scheidet sich beim Verdunsten der Lösungsmittel der Tanninlack gleichmäßig in und auf dem Leder aus.

Das Verfahren läßt sich noch abändern, indem man beim Färben aufzurührende Körperfarben zumischt, um ein volleres Aussehen zu erhalten. Diese mechanisch beigemischten Körperfarben werden durch den sich bildenden Tanninlack fixiert und stäuben nicht ab.

Beispiel 1: Man löst 2 g Vesuvin, 2 g Tannin in ¼ l 4%iger Essigsäure, gibt ¼ l Alkohol zu, färbt mit dieser Lösung das Leder, quetscht ab und trocknet.

Beispiel 2: Man löst 2 g Vesuvin, 2 g Tannin und 0,5 g Eisenvitriol in ¼ l 4%iger Essigsäure, gibt ¼ l Alkohol zu und verfährt wie nach Beispiel 1.

Beispiel 3: Man mischt eine nach Beispiel 1 oder 2 hergestellte Lösung mit einer dem Farbton entsprechenden Körperfarbe, z. B. Ocker.

Patentanspruch:

Verfahren zum Färben von Leder, dadurch gekennzeichnet, daß man das Leder mit einer Lösung von Tanninlacken in verdünnten Säuren und Alkohol oder anderen mit Wasser mischbaren organischen Flüssigkeiten, gegebenenfalls unter Zusatz von löslichen Metallsalzen und Körperfarben, behandelt.

Société Anciens Etablissements A. Combe et Fils & Cie., Paris.

D. R. P. Nr. 411365 vom 8. April 1923.

Verfahren zur Herstellung von waschechten Drucken auf Leder.

Aus der Beschreibung:

Bisher ist das Bedrucken von Leder nur auf vegetabilisch gegerbtem Leder für die Saffianleder, für Möbel, Bucheinbände, Phantasie-, Mode- und Konfektionsartikel vorgenommen worden; der Druck war nicht waschecht.

Die Erfindung betrifft ein Verfahren zur Erzeugung eines bedruckten, das Waschen aushaltenden Leders, das außer zu den oben angeführten Verwendungszwecken an Stelle der vielfarbigen Gewebe für die Herstellung von Schuhwerk, Morgenschuhen und zu sonstigen Zwecken Anwendung finden kann.

Gemäß der Erfindung wird die Haut zuerst mit Formaldehyd gegerbt, und zwar unter den üblichen Voraussetzungen; diese Gerbung setzt das Fell in den Stand, später nach dem Druck eine genügend hohe Temperatur auszuhalten, um die für das Bedrucken der Stoffe angewendeten Farbmittel zu fixieren.

Nach der Gerbung mit Formaldehyd werden die Häute weiter in einem Bade von Sumachpulver oder einem sonstigen analogen Stoff während einer Stunde bei einer Temperatur von 25° C weiterbehandelt. Dann wird das Leder bei etwa 35° C getrocknet und bedruckt. Dieses Bedrucken erfolgt mit Hilfe von gravierten Platten, wobei beispielsweise folgendes Gemisch verwendet wird: 25—30 g Farbstoff (Rhodamin), 200—500 g Tragantgummi, 40—60 g Chromazetat, 5—10 g Gerbsäure, 5—10 g Glyzerin, 2 l Wasser. Die Druckfarben können auf jede Grundierung aufgebracht, oder der Grund kann nach dem Druck gegeben werden.

Nach dem Druck werden die Felle zum Dämpfen für etwa 1 Stunde bei einer Temperatur von etwa 75° C in einem Autoklaven eingebracht. Der Zweck des Dämpfens ist, die Farbe eindringen zu lassen und zu fixieren; dieses findet unter Anwendung der üblichen Beizen statt und wird in einem Bade von Weinstein oder einem Säurebad, je nach der Natur des angewendeten Farbstoffes, vollendet. Die Säuren oder metallischen Beizen haben die Wirkung, die aufgetragenen Stoffe augenblicklich zu fixieren; ihre Hauptaufgabe ist aber, eine chemische Verbindung zu bilden, die sich nach dem Einbringen in die Weinstein oder Säure enthaltenden Bäder fest mit den Lederfasern verbinden. Das Leder wird danach mit klarem Wasser ausgespült und ist dann zum Gebrauch für seine besonderen Verwendungszwecke fertig; es kann dann in bekannter Weise auf Velourleder, schwedisches Leder oder eine sonstige Lederart fertig verarbeitet werden.

Patentanspruch:

Verfahren zur Herstellung von waschechten Drucken auf Leder, dadurch gekennzeichnet, daß man das durch Gerben der Häute mit Formaldehyd, Alaun o. dgl. und Nachbehandeln mit einem pflanzlichen Gerbstoff, wie Sumach, erhältliche Leder bedruckt, im geschlossenen Gefäß dämpft und gegebenenfalls auf Velourleder, schwedisches Leder o. dgl. in an sich bekannter Weise weiterverarbeitet.

Kalle & Co., Aktiengesellschaft, Biebrich a. Rh.
D. R. P. Nr. 417209 vom 28. Mai 1924.

Verfahren zum Färben von Leder.

Aus der Beschreibung:

Für das Färben von gewissen Ledern haben bis heute die Anilinfarbstoffe noch recht wenig Anwendung gefunden. So konnten saure und direkte Farbstoffe wegen ihrer kaum vorhandenen Verwandtschaft zu Sämischleder für dieses Material nicht verwendet werden. Bei Glacéleder ist wohl genügend Verwandtschaft der Lederfaser zu den meisten Farbstoffen vorhanden, dagegen ist es nicht möglich, mit diesen genügend egale Färbungen, selbst bei ausreichender mechanischer Bearbeitung während des Färbens, zu erzielen.

Bei Verwendung von in alkalischem Bade zu färbenden Farbstoffen ist trotz aller zum Schutze der Lederfaser vorgeschlagenen Mittel doch die Möglichkeit einer Schädigung der Lederfaser nicht ausgeschlossen.

Es ist nun gefunden worden, daß man eine Färbeflotte erhält, die sich zum Färben von Sämischleder und Glacéleder vorzüglich eignet, wenn man die Lösung eines sauren oder Direkt-Farbstoffes mit einer Lösung von Metallsalzen und Stoffen versetzt, die imstande sind, die Bildung eines Niederschlags aus Farbstoff und Metallsalz in der Flotte zu verhindern. Der Farbstoff wird aus der so erhaltenen Farbflotte von der Lederfaser ausgiebig und egal aufgenommen.

Metallsalze, die für diesen Zweck Verwendung finden können, sind: Kupfer-, Zink-, Eisen-, Aluminium-, Chrom- und Titansalze. In gewissen Fällen kann die Wirkung der Metallsalze auch durch Zusatz von basischen Farbstoffen erzielt werden.

Als Körper, die das Entstehen einer Fällung aus diesen Salzen und den verwendeten Farbstoffen verhindern, können die verschiedensten Stoffe Verwendung finden. Am besten eignen sich organische Verbindungen, die vermöge der Stellung oder Häufung von Oxy- oder

Karboxylgruppen in der Lage sind, mit Metallen Verbindungen komplexer Natur zu geben, wie z. B. Laktate und Tartrate. Auch Gemische, die Körper mit derartigen Eigenschaften enthalten, können hier Verwendung finden, z. B. Sulfitzelluloseablauge.

Ebenso kann man von vornherein schon komplexe Metallsalze zu diesem Zweck verwenden, wie z. B. Titankaliumoxalat.

Die auf diese Art erhaltenen Färbungen lassen sich natürlich noch durch Übersetzen mit basischen Farbstoffen abtönen. Solche Färbungen, die mit Kupfer- oder Titansalzen hergestellt sind, zeichnen sich durch eine besondere Lichtechtheit aus. Das angeführte Färbeverfahren läßt sich auch mit gutem Erfolg auf Chromleder anwenden. Für das Färben des Leders können beispielsweise Färbeflotten folgender Zusammensetzung verwendet werden.

1. Man löst 15 Teile schwefelsaure Tonerde 17—18%ig in 450 Teilen Wasser, setzt 50 Teile Natriumlaktat (Perglyzerin) und eine Lösung von 1,25 Teilen Nigrosin JTI extra konz. in 500 Teilen Wasser zu.

2. 10 Teile Chromazetatlösung 20° Bé und 8 Teile Sulfitzelluloseablauge werden mit Wasser auf 500 Raumteile verdünnt und eine Lösung von 1,25 Teilen Naphthaminechtscharlach BF in 500 Teilen Wasser zugesetzt.

3. 1 Teil Ferrisulfatlösung 40° Bé und 5 Teile Sulfitzelluloseablauge werden mit einer Lösung von 0,04 Teilen Resorzinbraun F in 20 Teilen Wasser vermischt.

4. 2 Teile Sulfitzelluloseablauge vermischt man mit 5 Teilen 5%iger Kupfersulfatlösung und setzt 50 Teile einer ¼%igen Lösung von Resorzinbraun F zu. Während des Färbens mit dieser Flotte kann man noch etwa 10 Teile der genannten Kupfersulfatlösung nach und nach susetzen.

5. Die Lösungen von 2 Teilen Seignettesalz und 1 Teil schwefelsaurer Tonerde in je 10 Teilen Wasser werden gemischt und eine Lösung von 0,2 Teilen Naphthamindirektschwarz DGF in 80 Teilen Wasser zugesetzt.

6. 30 Teile ¼%iger Lösung von Nigrosin UF versetzt man mit 1 Teil Sulfitzelluloseablauge und mit 17 Teilen ¼%iger Lösung von Bismarckbraun RF.

Die nach obigen Vorschriften hergestellten Färbeflotten eignen sich für alle Ledersorten, sowohl zum Färben nach dem Bürstverfahren als auch nach eventuellem Verdünnen zum Färben nach anderen Verfahren.

Patentanspruch:

Verfahren zum Färben von Leder, dadurch gekennzeichnet, daß man mit sauren oder direktziehenden Farbstoffen bei Gegenwart von Metallsalzen und von Substanzen färbt, die das Entstehen eines Niederschlags aus Metallsalz und Farbstoff in der Farbflotte verhindern.

V.

Fabrikationsverfahren.

1. Glacéleder, auch „Erlanger Leder".

Als solches werden die Felle von Lämmern und Zickeln, aber auch von Schafen und Gazellen bezeichnet, welche alaungar gegerbt sind und, falls dies überhaupt geschieht, nur auf der Narbenseite gefärbt werden, also eine weiße Fleischseite haben.

Über die Alaun- oder auch Weißgerbung herrschen — wie schon aus dem Abschnitt „Wesen der Lederbildung" hervorgeht — verschiedenartige Theorien. Wie die Gerbung eingeleitet wird, dürfte aber durch Procter ziemlich klargestellt sein. Er erklärte, daß in der Gerblösung das Alaunsalz hydrolytisch in basisches Aluminiumsalz und Schwefelsäure gespalten wird. Hiervon wird zunächst die Schwefelsäure von der Haut aufgenommen, wobei die Haut schwellen würde, wenn das Kochsalz nicht zugegen wäre. Der erste Abschnitt der Gerbung besteht also in einer Pickelwirkung. Daran schließt sich dann sofort die Aufnahme des basischen Salzes durch die Haut. Diese erfolgt um so leichter, je mehr Säure bereits durch die Haut aufgenommen wurde (was durch Kochsalz begünstigt wird) und ein um so höher basisches, gerberisch wirksames Salz infolgedessen gebildet wurde.

Ob das basische Salz nur absorbiert oder ob und wie es chemisch gebunden wird, ist eine offene Frage. Bei der Glacégerbung als einem besonderen Fall der Alaungerbung ist neben der Wirkung des Alauns auch noch diejenige des Eigelbs zu beachten. Man glaubt zwar im allgemeinen diesem nur eine fettende Wirkung zuschreiben zu sollen. Bei den eigentümlichen Eigenschaften des Eigelbs findet aber vielleicht auch eine gewisse Sämischgerbung statt. Außerdem scheint die mildernde Wirkung des Eigelbs während der Gerbung, die wichtig für die Narbenbildung ist, noch nicht genügend beachtet worden zu sein.

Außer einheimischen Fellen, die man zur passenden Jahreszeit, besonders im Frühjahr sammelt, kommen große Mengen der genannten Felle vom Balkan, aus Spanien und Italien, Kleinasien, Nordafrika und Australien, vielfach in getrocknetem Zustand, zur Verarbeitung. Das Zickelfell ist dem Lammfell im allgemeinen überlegen, es ist im Gefüge fester und weniger schwammig als dieses. Beim Lamm- und Schaffell wird der wertvolleren Wolle die größte Aufmerksamkeit geschenkt. Es gilt, daß das Fell um so besser ist, je schlechter die Wolle des Lammes ist. Ganz junge kleine Lammfelle mit gekräuselter Wolle, die auch vielfach auf Pelz gearbeitet werden, bezeichnet man als

Schmaschen, eine südamerikanische Art derselben, welche von frühzeitig verendeten Tieren stammt, wird als Sterblinge bezeichnet.

Für gute Durchlüftung des Rohwarenlagers ist Sorge zu tragen. Ein gefährlicher Feind ist die Motte. Man sortiert nach Art der Wolle und Größe der Felle und arbeitet stets möglichst gleichmäßige Mengen ein.

Die richtige Behandlung der Felle in der Wasserwerkstatt ist für das spätere Leder von entscheidender Bedeutung. Fehler, welche hier gemacht werden, erkennt man gewöhnlich nicht rechtzeitig und sind darum nie wieder gutzumachen. Da die chemische Forschung sich früher nur wenig mit der rohen Haut beschäftigt hat, so wurde dieses Gebiet bis in die neueste Zeit ganz systemlos bearbeitet. Man arbeitet wohl auf Grund erprobter Erfahrungen und kommt auch leidlich zurecht, kann aber ohne Übertreibung sagen, daß 100 Gerber nach 100 verschiedenen Verfahren arbeiten, und daß von diesen jeder erst durch Schaden klug wurde. Solange dieser Zustand weiterbesteht, haben wir es wirklich noch nicht weit gebracht.

Der Farbe kommt bei Glacéleder deshalb eine ganz besondere Bedeutung zu, als es sich hier um die zarte Haut ganz junger Tiere handelt, die dabei aber gewöhnlich stärker als andere Lederarten im Äscher behandelt werden, weil man auf Grund alter Erfahrungen die verlangte Zügigkeit des Leders nur auf solche Weise zu erzielen zu können glaubt.

Nun ist aber merkwürdig, daß der Kürschner, für den die Zügigkeit ebenfalls von größter Bedeutung ist, diese auf ganz andere Weise erzielt. Während man beim Glacéleder direkt auf Hautverlust bzw. Zwischensubstanzverlust hinarbeitet, kann hiervon beim Kürschner gar keine Rede sein, da beim Äschern auch die Haare in Mitleidenschaft gezogen würden und dies unbedingt zu unterbleiben hat. Die erwünschte Zügigkeit der Pelzfelle wird vielmehr durch Pickeln mit Salz und Schwefelsäure (Beizen im Sinne der Kürschner) erreicht. Dies muß alten Praktikern, die sich gegen eine theoretische Erörterung verschließen würden, besonders vor Augen gehalten werden, wenn es gilt, auch beim Äschern von alten Ansichten abzugehen. Es erscheint nämlich unrichtig, den alten Grundsatz aufrechtzuerhalten, daß Glacéleder in allen Fällen besonders stark geäschert sein müsse.

Solange man Glacéleder mit Holzfarben färbte, die infolge ihres holzigen, füllenden Charakters die fehlende Hautsubstanz ersetzten, fiel der unnötige Verlust an Hautsubstanz nicht weiter auf. Man nahm es als gegeben hin, daß es so sein müsse. Wie auf anderen Gebieten, haben auch hier die Anilinfarbstoffe Fehler in der Äscherbehandlung aufgezeigt. Die Anilinfarbstoffe sind infolge ihrer Eigenart in vieler Beziehung Hilfsmittel zum Auffinden solcher Fehler. Ihr Aufziehungsvermögen ist zur Narbenseite anders als zur Fleischseite, wie man sich leicht überzeugen kann. Wenn die Narbenseite durch zu starkes Äschern oder mechanische Bearbeitung beim Entwollen, Walken oder Streichen ganz oder teilweise ihren natürlichen Schmelz verloren hat, so gleicht sie in gewisser Beziehung der Fleischseite und wird sich ähnlich wie diese färben. Da es gewöhnlich ungleichmäßig geschieht, so wird die Färbung ebenso und wirkt unschön. Das mahnt uns daran, den Arbeiten in der Wasserwerkstatt viel mehr Beachtung zu schenken, wenn wir die Nutzanwendung daraus ziehen und vorwärtsschreiten wollen. Die Holzfarbstoffe decken nur einen Fehler zu, den wir besser vermeiden sollten.

Sehr beachtenswerte Winke zur Erhaltung der Rohhautsubstanz gibt der amerikanische Chemiker Wilson in seinem Buche: „Die Chemie in der modernen Lederfabrikation.“ Er und seine Mitarbeiter veröffentlichen darin ausgedehnte Studien über die Gefährlichkeit schlechter Konservierung der Rohhäute durch Kochsalz und über die Bakterienwirkung im Weichwasser und Äscher. Nach seinen Angaben ist es möglich, Wasser, das zirka 25 Teile Chlor auf eine Million Teile Wasser enthält, nahezu steril zu halten, wenn es zum Weichen benutzt wird. In dieser Verdünnung ist Chlor natürlich vollständig ungefährlich und billig. Als geeignetes Chlorsalz nimmt man Zinkchlorid und setzt dieses dem Weichwasser in einer Menge n 100 g pro cbm Wasser zu. Diese Beobachtung und diejenige, daß Glaubersalz ein günstigeres Konservierungsmittel als Kochsalz ist, dürften viel dazu beitragen, daß neue Wege gesucht und gefunden werden können, um durch den schwierigsten Teil der Fabrikation besser hindurch zu kommen.

Wenn wir das Fell des toten Tieres, das zunächst ein Verwesungsobjekt ist, in die Weiche und den Äscher geben, müssen wir darüber klar sein, daß sich hier ein Auflösungsvorgang abspielt, der unsere vollste Aufmerksamkeit verlangt, wenn er die erforderlichen Arbeiten ermöglichen und trotzdem rechtzeitig unterbrochen werden soll. Hier ist gewissenhafteste Aufsicht, peinliche Einhaltung von Ordnung und Sauberkeit unerläßlich und wesentlich wichtiger als in irgendeinem Stadium nach dem Gerben. Hier spielen die Beschaffenheit des Wassers und der verwandten Chemikalien, besonders aber auch die Einhaltung geeigneter Temperaturen ausschlaggebende Rollen. Man muß sich vergegenwärtigen, von welcher Wichtigkeit ein geringer Unterschied in der Blutwärme bei lebenden Wesen ist, um die Bedeutung der Wärme für Haut, die am lebenden Körper so empfindlich war, richtig zu ermessen. Wir können Schwellen und Verfallen der Blößen durch Temperaturen ganz wesentlich beeinflussen und sollten darum äußerst sorgsam damit umgehen.

Wie wenig dies geschieht, zeigt leicht und schnell die Beobachtung, daß der Temperatur des Weichwassers und der Äscherbrühen nur selten Prüfungsmaßnahmen dienen. Wohl in den wenigsten Gerbereien wird dafür vorgesorgt, daß sie sommers und winters gleich ist. Wohl kommt es vor, daß Äscher im Winter angewärmt werden, weil der Äschervorgang dann schneller verläuft. Es ist auch bekannt, daß eine Temperatur zwischen 15—18° C am geeignetsten ist. Die Notwendigkeit, die gleichmäßige Erhaltung ein und derselben Temperatur beim Weichen und Äschern zu allen Jahreszeiten zur Erzielung eines gleichmäßigen Fabrikats vorzusehen, scheint noch nicht überall eingesehen zu werden. Und doch dürfte nicht nur dies, sondern auch die Vermeidung eines schroffen Wechsels der Temperaturen von gutem Einfluß sein, wobei die langsame Erwärmung vor der Beize besonders ins Auge zu fassen wäre.

Das dem Hautmaterial im allgemeinen zuträglichste Äschermittel scheint der Kalk zu sein. Seine Wirkung ist zwar nicht so intensiv wie diejenige der modernen Enthaarungsmittel, er schadet aber auch im Überschuß angewendet nicht, so daß er schon deshalb gerne benutzt wird. Einer der Nachteile des Kalkäschers ist die lange dazu nötige Zeit.

Wie bereits bemerkt, erscheint die allgemeine Ansicht, daß Glacéleder ganz besonders gründlich und lange geäschert werden müsse, um ein zügiges Leder zu erhalten, verbesserungsbedürftig.

Es erübrigt sich daher auch wohl, sich noch mit dem 25—30tägigen Kalkäscher zu befassen, sondern es sollen zuverlässige, moderne Äscherverfahren beschrieben werden. Als ein solches kann das Äschern im langsam laufenden Walkfaß bzw. in der Trommel bezeichnet werden. Man hat es bei demselben in der Hand, den Arbeitsvorgang aufs peinlichste zu überwachen. Die Äscherbrühe umspült gleichmäßig die im Faß schwimmenden Felle. Durch den langsamen Gang und die reichliche Brühenmenge wird verhindert, daß die Felle stärker bewegt oder geschlagen werden, was im geschwellten Zustand besonders schädlich wäre. Man kann auch den Vorgang jederzeit leicht und schnell abbrechen. Ein besonders wichtiger Umstand ist der, daß man die Äscherzeit bedeutend verringern kann, was bei der an und für sich bestehenden Gefährlichkeit des Vorganges von außerordentlicher Bedeutung ist. Man versetzt das Fell durch die Äscherung in einen geschwellten, unnatürlichen Zustand, der beim lebenden Tier als krankhaft angesehen würde und es zweifellos auch hier ist. Die Einwirkung der Äscherflüssigkeit ist im Grunde genommen eine zerstörende, auflösende für die Hautsubstanz und führt auch, wie wir wissen, zur völligen Auflösung, wenn der Vorgang nicht im rechten Augenblick abgebrochen wird.

Die Prüfungsmöglichkeit dafür ist nirgends so leicht wie beim Walkfaß. Man hat es hier auch in der Hand, den Beginn des Äscherns für verschieden große Felle in einer Mischpartie der verschiedenen

Empfindlichkeit der Felle anzupassen. Man kann die größeren Felle schon eine gewisse Zeit vorauslaufen lassen, ehe man die mittleren und kleineren Felle zugibt.

Das wichtigste Äschermittel für die Walkfaßäscherung ist das Schwefelnatrium, jedoch kann es nicht gut allein angewendet werden. Es wirkt nämlich stark schwellend, was für die Blöße nicht günstig ist. Außerdem werden durch die Schwellung die Haarwurzeln in der Haut zurückgehalten, so daß das Haar dort, wo es aus der Haut austritt, abbricht. Die Schwellwirkung des Schwefelnatriums kann durch Kochsalz zurückgedämmt werden, doch erhält man dabei nicht die volle Durchäscherung, die für Glacéleder erforderlich ist. Eine Verminderung der Schwellung und gleichzeitig eine gründliche Durchäscherung (Auflockerung) der Blöße erzielt man durch Zusatz von Arsenik oder Schwefel zum Schwefelnatrium (während des Lösens). Diese wiederum können aber auch erst ihre wahre Wirkung (Bildung von Kalziumsulfhydrat) durch Zusatz von Kalk erhalten. Im Grelasulfon sind die verschiedenen Wirkungen bereits vereint, so daß es nur noch mit Kalk zusammengebracht zu werden braucht. Wo ein solches oder ähnliche Mittel (vielfach flüssig) nicht erhältlich sind, kann man sich in der oben ausgeführten Weise selbst einen geeigneten Äscher ansetzen. Als geeigneter Ansatz kommt etwa in Frage: vom Weichgewicht gerechnet

2 %	Schwefelnatrium, konz.,
0,5—1 %	Schwefelblume (dem Schwefelnatrium während des Auflösens zugefügt)
	oder roter Arsenik,
8 %	gelöschter Kalk,
200—300 %	Wasser 20° C.

Dieser Ansatz soll aber nur als Anhaltspunkt dienen. Man wird ihn der Rohware und dem gewünschten Ergebnis erst noch genau anzupassen haben. Hierbei ist besonders zu beachten, daß der Ansatz stets lieber etwas stärker als zu schwach gewählt wird. Der zu schwache Äscher führt zu einer Prallheit, welche die Haarlässigkeit unmöglich macht. Auch der Temperatur ist Beachtung zu schenken. Sie soll über 25° C nicht hinausgehen. Doch liegt die Gefahr hierzu höchstens bei der Bereitung des Bades (wegen des heißen Lösens des Schwefelnatriums) vor. Man bewegt das Walkfaß nur sehr wenig und dann nur ganz langsam einige Umdrehungen lang, lediglich um den Fellen eine andere Lage zu geben. Die Haarlässigkeit muß bei solchem Verfahren schon nach etwa einer Stunde beginnen. Man beläßt die Felle aber etwa zwei Tage in diesem Bade, entfernt dann den Haarschlamm durch Walken und Spülen mit nicht zu kaltem, möglichst weichem Wasser und gibt die Blößen dann noch einige Tage bis eine Woche in einen

Weißkalkäscher (frisch angesetzt 8% gelöschter Kalk). Die Gesamtäscherdauer ist hierbei also etwa 8 Tage. Das Verfahren kommt jedoch nur da in Frage, wo es nicht lohnt, die Haare zu gewinnen.

Um die wertvolle Wolle bei Lamm- und Schaffellen nicht zu schädigen, kann man diese zunächst von der Fleischseite aus mit einer konzentrierten Schwefelnatriumkalkbrühe schwöden und entwollen, ehe man sie zur weiteren Schwellung ins Walkfaß gibt. Das Schwöden geschieht heute sehr zweckvoll durch Bespritzen des Felles mittels Druckluft.

Ein Bergmann, Immendörfer und Löwe erteiltes Patent empfiehlt den Zusatz von Gerbstofflösungen zur Äscherflüssigkeit, um eine Schädigung des Haares bzw. der Wolle zu verhüten.

Abgesehen vom Entwollen oder Enthaaren sollte, solange die Haut sich im geschwellten Zustand befindet, jede weitere Bearbeitung der Narbenseite unterbleiben. Hierbei entstehen nämlich sehr viele, nicht wieder gutzumachende Narbenschädigungen, die unglücklicherweise in diesem Zustand auch nur schwer zu erkennen sind. Es ist das beste, wenn man die Bearbeitung des Narbens erst nach dem Entfleischen und Waschen vornimmt, und zwar erst dann, wenn durch Anwärmen und teilweises Entkälten die Schwellung zurückgegangen ist und das Fell seine normale Beschaffenheit wieder angenommen hat.

Man muß besonders darauf achten, die Felle während der Arbeit nicht stundenlang an der Luft oder gar im Zug liegen zu lassen. Außerdem ist es zweckmäßig, das Gebrauchswasser zu enthärten, ehe man die Felle in dasselbe bringt, da die Härte des Wassers sonst die sogenannten Kalkschatten verursachen kann.

Der Wunsch nach Beseitigung der Übelstände, welche Kalk und hartes Wasser mit sich bringen, führte zum Araäscher. Dieses Verfahren, nach dem der Verfasser selbst in großem Umfange Zickel zu Glacéleder äscherte, ist der Röhm & Haas Aktiengesellschaft in Darmstadt, wovon auch nähere Erläuterungen zu erhalten sind, durch Deutsches Reichspatent geschützt.

Das Verfahren beruht im wesentlichen auf der Schwellung durch ein gepuffertes Alkali (Arapali) und einem Wiederabschwellen, wobei auch die Enthaarung stattfindet, durch ein enzymhaltiges Mittel (Arazym). Das Äschern kann in Gruben oder Haspeln stattfinden, so daß man mit der vorhandenen Einrichtung auskommen dürfte. Es müssen nur eventuell Dampfleitungen gelegt werden und Vorkehrungen zur Erhaltung der Temperatur getroffen werden, da sowohl das Schwellen wie das Abschwellen bei höheren als den üblichen Temperaturen erfolgen muß und die Einhaltung einer möglichst gleichmäßigen Wärme auch bei diesem Verfahren sehr wichtig ist. Das Verfahren ist im übrigen sehr einfach und daher schnell zu beherrschen. Seine Vorteile sind gegenüber den bisher üblichen mannigfaltig. Es kommt innerhalb sehr kurzer Zeit — Weichen, Äschern und Beizen nimmt etwa eine Woche in Anspruch — eine sehr schöne weiße Blöße heraus. Auf dieser gibt es keine Kalkschatten, auch wenn mit hartem Wasser gearbeitet wird, da überhaupt kein Kalk verwendet wurde. Die Gefahr von Narbenbeschädigungen ist auf ein Mindestmaß heruntergedrückt, da die Felle erst mechanisch behandelt werden, wenn sie abgeschwellt und gebeizt sind. Hierzu kommt die Erhaltung der Haare und die Sauberkeit des Arbeitens (wichtig für die Abwässerfrage). Die etwas höheren Kosten, die der Araäscher gegenüber den jetzt gebräuchlichen mit sich bringt, dürften durch die erwähnten Vorteile voll aufgewogen werden. So sind z. B. die dabei zu erzielenden Haare, da kalkfrei, viel wertvoller. Die arageäscherten Blößen können, da sie nach der Enthaarung auch bereits gebeizt sind, nach üblichem Waschen gegerbt werden. Bei hartnaturiger Ware mag aber auch noch mit Oropon nachgebeizt werden. Es kann auch noch eine Kleienbeize angeschlossen werden. Ein Entkälken kommt natürlich nicht in Frage. Um einer irrigen Auffassung vorzubeugen, sei bemerkt, daß die gerbfertigen Arablößen gewöhnlich etwas weniger prall sind als Kalkblößen, trotzdem aber genau so volles Leder ergeben wie diese.

Zum Waschen und Entkälken hat sich die Haspel bewährt, bei der durch ununterbrochenen Zu- und Abfluß des Wassers schnellmöglichste Wirkung gewährleistet wird. Die zweckmäßigste Einrichtung einer solchen ist aus der schematischen Darstellung ersichtlich, die der Abschnitt über Maschinen enthält.

Zum Entkälken und Beizen der Kalk- bzw. Schwefelnatriumblößen erhöht man die Temperatur des zulaufenden Wassers nach und nach auf 23—30° C. Hierauf gibt man allmählich die Zugaben verdünnter Milch- oder Ameisensäure (bis zu ½ %), um mit dem Verfall der Schwellung gleichzeitig eine gewisse Entkälkung herbeizuführen. Nach zirka einstündigem Haspeln dürften die Felle genug entkälkt und verfallen sein, um nun ohne Gefahr für den Narben aus 28° C warmem Wasser heraus von Hand auf gepolstertem Baum oder mittels Maschine (unter Wasserzufluß) gestrichen werden zu können. Die Handarbeit wird hierfür manchmal noch vorgezogen, da sie erlaubt, daß das Streicheisen in der Richtung der Haare geführt wird, wobei der zurückgebliebene Schmutz usw. leicht aus den schräg liegenden Haarbälgen herausgedrückt werden kann. Es ist dazu keine Gewalt erforderlich, welche die Narbenschicht schädigen könnte. (Durch Beschaffung einer Blößenstampfmaschine [unter der Bezeichnung „Epilette“ von Ribes in Annonay, Frankreich, gebaut] kann übrigens das Streichen ganz in Fortfall kommen. Siehe Abschnitt nach dem Beizen.)

Nach dem Streichen kommen die Felle sofort wieder in 28° C warmes, weiches Wasser, aus welchem sie zur Beize kommen, die bei gleicher Temperatur erfolgt. Die Beize wird mit Oropon oder ähnlichen Beizmitteln durch zirka einstündiges Haspeln bewerkstelligt. Zu starkes, zu langes und zu warmes Beizen kann außerordentlich schaden. Ebenso ist es nachteilig, die Temperatur des Beizbades beim Beginn deshalb höher zu halten, weil man annimmt, daß es durch die hinzukommenden, möglicherweise erkalteten Felle abgekühlt wird. Die Felle sind für ein solches Experiment zu teuer und zu empfindlich.

An das Beizen schließt sich mit Vorteil eine Behandlung in der Blößenstampfmaschine. Durch Stampfen der Blößen unter mehrmaligem Wasserwechsel bei einer Temperatur von 20° C wird der Grund, der sonst durch Streichen beseitigt wird, von den Fellen entfernt, und man erhält ohne die Möglichkeit der Narbenbeschädigung durch gründliche Durcharbeitung reine, volle Blößen. Die Blößen nehmen gegen Ende der Bearbeitung Wasser auf.

Im Anschluß an das Stampfen werden die Felle in fließendem lauwarmem Wasser, welches allmählich auf zirka 20° C abgekühlt wird, kurze Zeit gehaspelt und können dann gegerbt werden. Es scheint jedoch ratsam, besonders wenn keine Entkälkung stattgefunden hat, also z. B. beim Araäscher, den Fellen vorher noch eine Kleienbeize zu geben. Es wird hierfür die sogenannte süße Kleienbeize empfohlen. Bei dieser ist die Arbeitsweise etwa wie folgt:

Die Kleie muß zunächst gewaschen und in den Beginn der Gärung versetzt werden. Dazu benutzt man einen großen Bottich, der einen doppelten Boden mit Sieb hat. In diesen schüttet man die Kleie und läßt reichlich kaltes Wasser darüberlaufen, welches man weglaufen läßt, um das in der Kleie enthaltene Mehl zu entfernen. Alsdann wird die in der Kleie noch vorhandene Stärke durch Überbrühen mit heißem Wasser und kurzes Aufkochen in Dextrin verwandelt. Ist dies geschehen, so wird zweimal gründlich kalt gespült. Danach ist die Kleie zur Verwendung am nächsten Tag bereit. Wenn man also Kleie benötigt, so bereitet man diese stets tags zuvor in der beschriebenen Weise vor. Zur Ausführung der Kleienbeize bringt man die lauwarm gespülten und in diesem Fall natürlich nicht abgekühlten Blößen in die Beizhaspel, welche Wasser von 30° C enthält. Sodann gibt man auf eine große Haspel etwa zwei Körbe voll feuchter Kleie. Man bewegt die Haspel etwa eine Stunde und läßt sie dann zwei Tage unter zeitweiliger kurzer Bewegung in Ruhe. Es wird als günstig angesehen, wenn die Kleie sofort der Fleischseite anhaftet. Daraus wird auf eine sehr frische Blöße geschlossen. Praktische Weißgerber behaupten, daß die Kleienbeize dem Leder Zug verleihe. Da die Beizwirkung bei der geschilderten Beize sehr milde ist und sie somit kaum diesen Einfluß haben kann, so ist wohl anzunehmen, daß die saurer verlaufende Gerbung die Ursache der besonderen Zügigkeit ist. Die Felle werden nämlich durch die Kleienbeize leicht sauer gestellt.

Die Glacégerbmischung, gewöhnlich Nahrung oder Gare genannt, besteht aus einem Brei von Wasser, Alaun, Kochsalz, Mehl und Eigelb. Über die richtige Zusammensetzung der Nahrung bestehen Unterschiede in der Auffassung, wie sie größer kaum gedacht werden können. Dies hängt zum Teil mit der Beschaffenheit der Rohware zusammen. Es leuchtet ein, daß kräftige Felle mehr Nahrung aufnehmen können, und daß Zickel mehr Eigelb benötigen als Lammfelle, welche Naturfett enthalten. Daneben hält man aber oft sehr an alten Rezepten fest, die zufällig früher einmal ein gutes Resultat ergaben.

Eine Gare für Zickel ist etwa wie folgt zusammengesetzt:

40 % Wasser	aufs Blößengewicht gerechnet.
8 % Alaun	
2 % Salz	
10 % Faßeigelb	
10 % Mehl	

Eine französische Gare für Zickel ist so zusammengesetzt:

60 % Wasser
8 % Alaun
20 % Faßeigelb
60 % Mehl.

Hierbei ist Kochsalz nicht besonders zugefügt, da die hohe Eigelbmenge genügend davon enthält. Wie man sieht, ist der Unterschied in der Eigelb- und Mehlmenge bedeutend.

Wichtig ist, daß auf alle Fälle eine zu dünne Gare vermieden wird, um ein Ablaufen derselben beim nachherigen Aufhängen zum Trocknen zu verhindern. Man sagt, daß die Gare „sitzen" muß. Hierzu trägt hauptsächlich das Mehl bei.

Die Zubereitung der Gare erfolgt in folgender Weise: Man verrührt einen Teil des Wassers (kalt) mit dem Mehl, fügt zu dem entstehenden Brei die Lösung von Alaun und Kochsalz zu, welche man vorher mit heißem Wasser bereitet und dann auf 50° C abgekühlt hat, und arbeitet das Ganze gut durch. Zu dieser Arbeit bedient man sich vielfach des Walkfasses, was auch Zeitersparnis bedeutet. Das Eigelb wird mit wenig lauwarmem Wasser angerührt, durch ein Sieb gegeben und dann ebenso zu dem Brei gegeben. Die zum Gerben bereite Gare soll eine Temperatur von etwa 35° C haben. Die Gare wird durch kräftiges, etwa einstündiges Walken den Fellen einverleibt, wozu meist kubische oder sogenannte Polygonwalkfässer ihrer besonders starken Wirkungsart wegen verwandt werden. Nachdem die Felle die Gare aufgenommen haben, streift man sie vielfach flach auf Haufen, beläßt sie zuweilen auch über Nacht in niederen Bütten. Bei der französischen Gare kommen die Felle sofort zur Trocknung.

Zum Trocknen werden die Felle mit dem Narben nach innen von Hand zusammengestreift und alsdann mittels Klammern an Stricken aufgehängt. Als sehr zweckmäßig hat sich die sogenannte Kanaltrocknung erwiesen, bei welcher die nassen Felle nach und nach dem heißen Luftstrom näher gebracht und sehr rasch getrocknet werden, ohne dadurch Schaden zu leiden. Unter anderen ist die Firma Benno Schilde in Hersfeld für die Herstellung solcher Trockenanlagen bekannt. In Frankreich werden die Felle vielfach auf Dächern durch die Sonne getrocknet. Das hat eine gewisse Bleichwirkung und ist auch gut für die Befestigung der Gerbung. Es muß nur besondere Vorsicht walten, solange die Felle noch ziemlich feucht sind. Bei vorgeschrittener Trocknung schadet auch die heftigste Sonnenbestrahlung nichts mehr. Die Leder schrumpfen durch die Trocknung nahezu hornartig hart zusammen und sollen in diesem Zustand, partienweise gebündelt, in ein luftiges, kühles Lager kommen. Sie erlangen in demselben wieder eine gewisse natürliche Feuchtigkeit und verbleiben hier längere Zeit. Es wird allgemein angenommen, daß eine mehrwöchige, ja besser noch mehrmonatige Lagerzeit die an sich unechte Gerbung mehr befestigt. Da nach Wilson die drei Valenzen des Aluminiums sich nicht so bereitwillig mit den Hautproteinen absättigen wie die des Chroms, weil das Aluminiumhydroxyd eine stärkere Säure ist als das Chromhydroxyd, so ist die Verbindung nicht so stabil wie beim Chrom. Beim Aluminium werden sich zunächst wahrscheinlich nur zwei Valenzen absättigen, während die dritte erst nach längerem Lagern folgt.

Nach hinreichender Lagerung kommen die Leder zum Stollen (Abbildung S. 98 u. 99). Man zieht sie zunächst durch Wasser, läßt sie einige Zeit durchziehen und gibt sie so in die Kurbelwalke, deren Arbeit die Feuchtigkeit sodann gleichmäßig verteilt und die Felle für das Stollen zweckmäßig vorbereitet. Man stollt sodann von Hand bzw. mit dem Knie oder mit der Maschine vom Kopf zum Schwanz und von der Mitte nach den Flanken zu. Dann wird getrocknet und anschließend in gleicher Weise, jedoch etwas leichter nachgestollt. Nach dem letzten Stollen zieht man die Felle über einen Bock nach den Flanken zu in breite Form.

Von da weg kommen sie in das sogenannte weiße Lager. Hier läßt sich die Beschaffenheit der Felle am besten beurteilen, so daß man sie je nach Größe und Stärke, Farbe und Narbenbeschaffenheit auswählen und bewerten kann. Da diese Auswahl sich den jeweiligen Bedürfnissen anzupassen hat, lassen sich für dieselbe keine bestimmten Richtlinien aufstellen. Während nach der alten Äschermethode sehr viele Felle festgestellt werden können, die zwar weich und zügig, dafür im Narben aber matt und glanzlos sind, kann man bei Beachtung der gegebenen Richtlinien ein Leder erwarten, das an Weichheit und

Zügigkeit diesem nicht nachsteht, dabei aber voller und griffiger ist und die oberste Narbenschicht noch besitzt, welche einen natürlichen Glanz hat und sich auch mit Anilinfarben mühelos gleichmäßig färben läßt.

Narbenbeschädigte Leder werden für Chair- und Mochaleder ausgeschieden, große und kräftige für Nappa- und Bekleidungsleder bestimmt.

Wenn eine Entfettungsanlage vorhanden ist, werden die Leder nunmehr entfettet; dafür ist jetzt der beste Zeitpunkt. Bezüglich der

Stollerei

Ausführung der Entfettung sei auf den betreffenden Abschnitt selbst verwiesen.

Die zum Färben bestimmten Glacéleder kommen nach einer nochmaligen, oft monatelangen Lagerung in die Färberei und werden dort zunächst mit Wasser und Salz im Walkfaß aufbroschiert. Dies verfolgt den Zweck, das Fell durch und durch zu erweichen und den nicht befestigten Gerbstoff herauszulösen. Nach gründlichem Broschieren gibt man den Fellen eine nochmalige Nahrung von Eigelb, in Wasser gelöst, wonach sie zum Färben auf die Platte kommen. Als Farbmittel kamen bisher fast ausschließlich Abkochungen von Farbhölzern bzw. deren Auszüge in Extraktform in Betracht, denen man eine Vorgrundierung mit einer aus Urin (oder Ersatzprodukten) bestehende

Stollerei

Beize vorangehen ließ und die durch die Lösung eines entsprechenden Metallsalzes getönt und fixiert wurden. Es ist nicht zu bestreiten, daß man nach diesem Verfahren gute Resultate erzielen kann. Es hat aber leider auch viele Nachteile.

Man hat es hier mit Naturprodukten zu tun, welche zum großen Teil von Übersee zu uns kommen und deren unbedingte Gleichmäßigkeit natürlich durch nichts gewährleistet ist. Je nachdem, ob die betreffende Pflanze in der Sonne oder im Schatten ihren Standort hatte, ist auch ihre Farbkraft verschieden. Diese erleidet beim Seetransport oft noch Einbuße. Auch kann die zur Entwicklung der Farbkraft notwendige Fermentation unregelmäßig erfolgt sein, zumal sie sich schwerlich kontrollieren läßt. Beim Abkochen beeinflußt die Kochdauer und Verdampfungsmöglichkeit sehr das Ergebnis und erfordert die größte Aufmerksamkeit, ohne die Gewißheit zu geben, stets gleichbleibende Abkochungen zu erhalten. Man ist so stets gezwungen, die Mengenverhältnisse der einzelnen Farbholzabkochungen untereinander jedesmal neu zu bestimmen. Da auch den erfahrensten Färbern die verschiedene Beleuchtung beim Mustern einen Streich spielen kann und frische Färbungen stets anders erscheinen als ältere, insbesondere wenn Eisen- oder Kupfersalze mit verwandt wurden, so ist das Arbeiten mit den Holzfarben infolge der Möglichkeit des Zusammentreffens widriger Umstände vielfach sehr unerfreulich und gibt immer wieder Anlaß zu Klagen.

Weshalb die Anilinfarben nicht schon längst zur allgemeinen Aufnahme gekommen sind, ist leicht erklärlich. Ihre Zahl war anfangs beschränkt und ihre besonderen Eigenschaften unbekannt. So konnte es geschehen, daß Farbstoffe für Zwecke verwendet wurden, für die sie gar nicht geeignet waren, was aber den Ruf der Anilinfarbstoffe herabsetzte. Wenngleich sich dies alles grundlegend geändert hat, so ist doch vielfach noch die Bezeichnung „anilingefärbt“ für den Laien gleichbedeutend mit schlecht und unecht gefärbt. Auch für Glacéleder galt es erst die richtige Auswahl unter den Anilinfarbstoffen zu treffen und Verfahren auszuarbeiten, die ihre Anwendungsweise ermöglichten. Wie bereits früher erwähnt, war ihrer allgemeinen Einführung besonders die Mißhandlung des Narbens in der Kalkwerkstelle hinderlich, weshalb sich die Holzfarben so lange behaupten konnten, da sie die Narbenfehler weniger hervortreten ließen.

Die Zahl der Anilinfarbstoffe ist aber so groß und ihre Eigenschaften sind so mannigfach, daß es nicht schwer ist, unter Berücksichtigung der Eigenart des Glacéleders die richtige Wahl zu treffen.

Nach den bisherigen Erfahrungen hat sich sowohl eine große Reihe von substantiven Farben wie auch von Säurefarben als sehr geeignet erwiesen, die für sich allein oder untereinandergemischt schöne und gleichmäßig gedeckte Färbungen ergeben. Von den Säurefarbstoffen eignen sich jene besonders gut, welche zu ihrer Entwicklung wenig oder gar keine Säure brauchen und leicht löslich sind. Von den substantiven Farbstoffen sind jene am geeignetsten, welche sich durch eine besonders gute Löslichkeit auszeichnen.

In solchen Fällen, in denen besonders lebhafte Töne gesucht werden, greift man zu basischen Farbstoffen. Sie sind für sich allein wie auch als Aufsatz für solche Färbungen brauchbar, die mit substantiven oder sauren Farbstoffen grundiert wurden. Die I. G. Farbenindustrie Aktiengesellschaft, Frankfurt a. M. bringt neben den Farbstoffen eine Beize unter dem Namen Tamol NNO in den Handel, welche die Anwendung der Anilinfarbstoffe auf Glacéleder erleichtert. Sie gibt die Möglichkeit, Anilinfarbstoffe an der Oberfläche des Narbens zu binden, ohne die Zügigkeit des Leders zu beeinträchtigen und ohne durchzuschlagen, wenn die Farbstoffe richtig ausgewählt wurden.

Die Zahl der verwendbaren Anilinfarbstoffe in allen Farbtönen ist so groß, daß es keinerlei Schwierigkeiten macht, irgendeinen Farbton herzustellen. Bekanntlich ist man bei den Holzfarbstoffen in dieser Beziehung sehr beschränkt. Da man bei den Teerfarbstoffen außerdem die Gewißheit des stets gleichbleibenden Farbtones und ebenso der Farbstärke hat, da ihre Herstellung unter ständiger wissenschaftlicher Nachprüfung erfolgt, so ist das Arbeiten mit denselben im Vergleich zu demjenigen mit Holzfarbstoffen nahezu mühelos. Man hat die Sicherheit, größere Mengen Leder stets gleichmäßig färben zu können, und kann einen einmal festgelegten Farbton nach den gemachten Aufzeichnungen stets leicht wiederholen.

Es ist selbstverständlich, daß auch hier Erfahrung und Anpassung an die jeweiligen Verhältnisse notwendig sind, um gute und schöne Färbungen zu erzielen. Es braucht nicht erwähnt zu werden, daß fast jedes Fell eine Aufgabe für sich darstellt, die etwa mit der Färberei der in sich einheitlichen Webwaren nicht verglichen werden kann. Es wird nicht zu vermeiden sein, daß Eigentümlichkeiten des Felles, Natur- oder Herstellungsfehler auftreten. Man hat aber in der großen Reihe der Anilinfarbstoffe manche von besonderen Eigenschaften und viele Möglichkeiten der Hilfe, so daß es nicht schwer fallen dürfte, das Richtige zu finden, wenn man sich dem Gebiet erst einmal einige Zeit praktisch gewidmet hat.

Die Ausführung des Färbens ist einfach, das Fell, welches wie vorgeschrieben aufbroschiert ist und eine Eigelbnahrung erhalten hat, wird mittels Hartgummi- oder Holzschlicker faltenlos auf die nach beiden Seiten abfallende Glasplatte ausgestreift, wonach man ein bis zwei sättigende Bürstenaufstriche einer Lösung von 10 g Tamol NNO pro Liter Wasser gibt. Sofort anschließend gibt man ein bis zwei gut sättigende Bürstenaufstriche einer geeigneten Farbstofflösung. Dann wird das inzwischen mit Flüssigkeit übersättigte Fell abgereckt, wonach man den Auftrag der Tamollösung und den der Farbstofflösung in gleicher Weise wiederholt. Dieses wird noch ein drittes Mal ausgeführt. In vielen Fällen erzielt man gute Ergebnisse, wenn man Beiz- und Farbstofflösung vereinigt aufträgt. Die Lösungen basischer Farbstoffe können jedoch nicht mit der Beize vereinigt werden.

Die Anzahl der notwendigen Aufträge ist verschieden. Bei hellen Tönen, bei welchen die Verteilung einer geringen Farbstoffmenge über die Oberfläche des Leders in Frage kommt, dürfte man, wie bei der Färberei mit Holzfarben, zur Ausgleichung der Färbung mehr Aufstriche benötigen als bei dunklen Farbtönen, bei welchen man mit stärkeren Farbstofflösungen arbeiten kann. Die Lösungen von Säurefarbstoffen egalisieren im allgemeinen leichter als diejenigen der substantiven und basischen Farbstoffe, sie schlagen aber auch häufig leichter durch. Die Zugabe von Säure unterbleibt gewöhnlich. Die Vorsicht gebietet, für jede Gruppe von Farbtönen besonders gezeichnete Bürsten zu halten. Auch ist es zweckmäßig, beim Färben nicht mit den Bürsten in das Vorratsgefäß der Farbstofflösung einzutauchen, sondern derselben mittels kleiner Holzschälchen kleine Mengen zu entnehmen und sie auf das Fell zu schütten, wo die Bürste sofort die Verteilung vornimmt. Die Technik des Färbens ist nach kurzer Übung leicht erlernbar; man hat natürlich dabei darauf zu achten, daß alle Teile des Felles gleichmäßig abgesättigt werden, so daß die Ränder und Klauen nicht weniger, der Kern andererseits zu stark gefärbt wird, wozu Unaufmerksamkeit leicht führen kann.

Man kann Farbstoffe gleicher Gruppen beliebig untereinandermischen, ebenso saure mit substantiven Farbstoffen. Basische Farbstoffe lassen sich jedoch nur unter sich kombinieren. Man erzielt aber häufig besonders satte und gedeckte Färbungen von guter Reibechtheit, wenn man sauer oder substantiv grundiert, einen basischen Aufsatz folgen läßt und zum Schluß nochmals sauer übersetzt. Über die in Betracht kommenden Farbstoffe sei auf den Abschnitt über die Farbstoffe verwiesen.

Nach beendetem Färben spült man mit klarem Wasser rein und reckt das Fell von der Fleischseite aus ab, worauf es getrocknet wird. Je schneller dies geschieht, um so besser ist es. Auch hierfür gibt die bereits erwähnte Kanaltrocknung die besten Ergebnisse.

Nach erfolgtem Trocknen überläßt man die Felle für einen Tag in einem kühlen Raum sich selbst, wodurch sie ihren natürlichen Grad von Feuchtigkeit wieder gewinnen. Das Durchziehen durch Wasser, Durchziehenlassen und Stollen erfolgt dann in gleicher Weise, wie es beim Zurichten zum weißen Fell bereits näher beschrieben wurde. Nach dem Trocknen und Nachstollen wird die Zurichtung des nach der Breite gezogenen Felles dadurch beendet, daß man es mit Hilfe eines schnell laufenden Plüschrades glättet und glänzt, wozu es bisweilen vorher mit Talkum oder pulverisiertem Karnaubawachs eingepudert wird.

2. Chairleder.

Dasselbe ist eine Abart des Glacéleders, welche dadurch gekennzeichnet ist, daß die Fleischseite (chair = Fleisch) besonders bearbeitet und zur Verwendung bestimmt ist. Es wird auch vielfach als „Suède" oder „Dänischleder" bezeichnet und dient hauptsächlich zur Herstellung von Handschuhen, sonst aber auch als Bekleidungs- und Hutleder, wie auch als Futterleder für bessere Lederwaren. Es wird sowohl einseitig wie auch zweiseitig (durch-) gefärbt. Vielfach wird der Narben, wenn auch nur teilweise, entfernt bzw. leicht aufgerauht. Ein Kennzeichen von gutem und schönem Chairleder ist dessen feiner, tuchartiger Griff und seine besonders satte Färbung.

Die Vorbehandlung und Gerbung ist der Glacélederherstellung ähnlich. Werden die Felle von vornherein auf Chairleder verarbeitet, so verwendet man ein dickeres Rohmaterial, wie z. B. arabische Ziegen. Auch arbeitet man im Äscher weniger auf Zügigkeit hin. In der Gare gibt man aus demselben Grund mehr Alaun und weniger Eigelb als bei den üblichen Glacéledern. Im übrigen ist die Bearbeitung bis zum weißen Lager genau wie bei Glacéleder. Leider ist eine so genaue Einstellung meistens nicht möglich, da ein großer Teil der zu Chairleder bestimmten Felle erst im zugerichteten Zustand aus den Glacéledern ausgeschieden wird, meist infolge von Narbenfehlern. Die weiß zugerichteten Felle werden zunächst mit Salzwasser aufbroschiert und kommen dann zum Schleifen. Dies geschieht im feuchten Zustand, weil in diesem die Fasern am kürzesten geschliffen werden können. Warmwerden oder Brennen der Schleiffläche ist durch öfteres rechtzeitiges Bespritzen mit Wasser zu verhüten. Durch das Schleifen, welches Übung und Erfahrung verlangt, ist mittels eines drehbaren künstlichen oder natürlichen Steines jede Unregelmäßigkeit der Fleischseite zu entfernen. Rückstände vom Entfleischen oder Aderreste müssen beseitigt, langfaserige Teile müssen kurzfaserig geschliffen werden. Nach beendetem Schleifen erhalten die Leder eine Nachgerbung mit Alaun und Salz, wenn notwendig auch unter Zusatz von Mehl und Eigelb, wie bei der ersten Glacégerbung, wonach man wieder trocknet und bis zum Gebrauch kühl lagert. Die weitere Bearbeitung besteht darin, daß man die Leder wieder wie bei Glacéleder aufbroschiert und im Anschluß daran wie diese mit der Bürste färbt. Es kommen hierfür sowohl das bereits bei Glacéleder beschriebene Verfahren mit Anilinfarben unter Mitverwendung von künstlichen Beizen in Betracht, wie auch das Verfahren mit sogenannten Schwefelfarbstoffen, welches besonders reibechte Färbungen ergibt.

Die Schwefelfarbstoffe, welche hierfür wie auch zum Färben von Sämisch- und Formaldehydleder in Frage kommen, sind in Wasser allein nicht löslich, wodurch Färbungen, welche mit denselben hergestellt wurden, gegen bloße Nässe unempfindlich und häufig sogar waschbar sind, wie z. B. Sämisch- und Formaldehydleder. Näheres über die Schwefelfarbstoffe findet sich in den Abschnitten „Sämischleder" und „Teerfarbstoffe".

Ohne eine Beize vorausgehen zu lassen, trägt man die kalte Schwefelfarbstofflösung durch mehrere, gut sättigende Bürstenstriche auf, wonach man auf der Platte, oder aufgehängt, einige Zeit (1—2 Stunden) verlüftet, ohne zu trocknen. Es ist dabei zweckmäßig, die Leder von der Rückseite aus durch Abrecken von überschüssiger Flüssigkeit zu befreien, um der Luft die Einwirkung auf die gefärbte Lederfaser zu erleichtern. Dann erst wird gut im fließenden Wasser gespült und, wenn eine Berichtigung oder Wiederholung der Färbung nicht notwendig ist, zur Erzielung guter Reibechtheit und zur Unschädlichmachung etwa verbliebener Schwefelnatriumreste mit einer Lösung von 1—2 g Chromkali oder Kupfervitriol pro Liter Wasser unter Zusatz von ca. 5 g Essigsäure 50 % nachbehandelt. Die Behandlung damit kann zweckmäßig wiederholt werden, wonach man wieder spült.

Die Nachbehandlung mit Chromkali liefert lebhaftere, jene mit Kupfervitriol stumpfere Töne. Im Anschluß an das Spülen empfiehlt es sich, die Leder mit einer Seifenlösung bzw. etwas Eigelb nachzufetten und dann zu trocknen.

Derartig mit Schwefelfarben gefärbte Leder können aber auch noch im nassen Zustande wie Glacéleder nach dem bereits beschriebenen Verfahren mit Anilinfarbstoffen nachgefärbt werden, wenn eine gewisse Schönung des Farbtones dies verlangt.

Nach dem Trocknen werden die Leder durch Wasser gezogen und einige Zeit durchziehen gelassen, wonach man sie in die Kurbelwalke gibt und kräftig durchkneten läßt. Dann wird von der Narbenseite aus gestollt und schließlich das tuchartige Aussehen der Fleischseite durch mehrstündiges Walken im trockenen Walkfaß erreicht. Weiter wird auf dem Bock nach den Flanken zu breit und glatt gezogen und getrocknet.

Die Fertigstellung geschieht unter Einstäuben von Talkum mit Bürste und Plüschrad. Zweiseitig, d. h. durchgefärbte Chairleder werden, wie Nappaleder, im Walkfaß gefärbt. Ein basischer Aufsatz kommt jedoch wie bei jenem meistens nicht in Betracht.

Bei durchgefärbten Chairledern wird besonders darauf geachtet, daß sie keinen hellen Schnitt zeigen, was durch Mitverwendung vegetabilischer oder synthetischer Gerbstoffe, z. B. Ordoval, und Anwendung besonders leicht löslicher Säurefarbstoffe, z. B. Erganonfarbstoffe erreicht wird. Ein großer Teil dieser Chairleder wird auch mittels Formaldehyd hergestellt, welche Gerbung im Abschnitt „Formaldehydgerbung“ ausführlich beschrieben ist.

Die Fertigstellung durchgefärbter Chairleder erfolgt in gleicher Weise wie bei den einseitig gefärbten.

3. Nappaleder.

Der Ursprung der Nappaleder wird auf die Stadt Napa in Kalifornien zurückgeführt, wo es auch heute noch erzeugt wird. Es kam ursprünglich dem Dongolaleder entsprechend auf den amerikanischen Markt und wurde wie dieses zur Herstellung von Handschuhen benutzt. Es wurde vor ungefähr 30 Jahren der bekannten Handschuhlederfabrik Emanuel Meyer in Berlin gesetzlich geschützt, hat aber inzwischen eine weite Verbreitung gefunden.

Man versteht darunter besonders kräftiges Glacéleder, mit vegetabilischen Gerbstoffen, besonders Gambir, nachgegerbt, braun und durchgefärbt. Es ist zäher, voller im Griff und widerstandsfähiger als gewöhnliches Glacéleder und wird deshalb besonders für Sporthandschuhe und Bekleidungszwecke verwendet.

Die Vorbehandlung und Gerbung ist diejenige der Glacéleder. Es werden dazu, wie dort bereits bemerkt, nur große und kräftige Felle ausgewählt, die möglichst gesund im Narben sind. Die Färbeweise wird verschieden gehandhabt.

Die Felle werden wie Glacé- oder Chairleder in bekannter Weise mit Salzwasser aufbroschiert, wonach sie nach einem Verfahren zunächst mit passenden, besonders leicht löslichen Säurefarbstoffen in einem Färbebad kalt durchgefärbt werden. Man gibt die Farbstofflösungen, denen man jedesmal eine kleine Gabe von Ammoniak voraufgehen läßt, nicht auf einmal, sondern auf mehrere Gaben verteilt, wodurch sich die Durchfärbung erleichtert. Nach zirka einstündiger Färbedauer gibt man, ebenfalls nach und nach, den Zusatz von 4 bis 6 % Gambir, eventuell unter Zusatz von Hämatin oder Gelbholzextrakt vom Gewicht der aufbroschierten Leder gerechnet, ebenfalls zirka 40° C warm, und läßt damit eine Stunde weiterlaufen, womit sich das Bad zum größten Teil erschöpfen dürfte. Man übersetzt sodann im frisch gestellten Bad durch halbstündiges Walken bei gleicher Temperatur mit einer geringen Menge basischer Farbstoffe, wonach man als sogenannten Abzug eine ebenfalls geringe Menge Chromkalilösung zufügt. Zum Schluß wird mittels Eigelb gefettet, abgereckt und getrocknet. Ein anderer Weg besteht darin, daß man die Gambirbehandlung und den Chromkaliabzug vorausgehen läßt und nur mit basischen Farbstoffen färbt.

Die weitere Zurichtung ist derjenigen des Glacéleders angepaßt.

Bei der Auswahl der Farbstoffe wäre zu beachten, daß man als Grundierungsfarbstoffe solche Säurefarbstoffe wählt, welche besonders gut löslich und deshalb gut durchfärbend sind. Außerdem wäre darauf zu sehen, daß die Tiefe des gewünschten Farbtones schon beim Grundieren getroffen wird, damit beim Übersetzen mit basischen Farben die Mitverwendung von Abdunklern unterbleiben kann, was die Schönheit und Lebhaftigkeit der Färbung sehr befördert. Die anzuwendenden Mengen Farbstoffe richten sich nach den Farbtönen, die erzielt werden sollen, und nach dem Gewicht und der Größe der zu färbenden Leder.

Da es sich gezeigt hat, daß nach vorstehenden Angaben hergestelltes Nappaleder nicht immer allen Anforderungen, besonders an Lichtbeständigkeit, genügte, besonders wenn es Bekleidungszwecken dienlich sein sollte, so ist man in manchen Fällen dazu übergegangen, die dafür bestimmten Glacéleder mittels Chrom nachzugerben, wozu in der Regel eine der bekannten Einbadbrühen verwandt wird.

Die Leder werden dann wie normale Chromleder entsäuert, mittels Emulsion gefettet und mit besonders lichtechten Säure- oder Anthrazenfarben gefärbt, wobei die Temperatur möglichst hoch gehalten wird. Die Färbungen werden dann zur Erhöhung der Wetterbeständigkeit mit Chromkali nachbehandelt, dagegen unterbleibt der Zusatz von Gambir oder anderer vegetabilischer Gerbstoffe, da durch deren Mitverwendung die Lichtbeständigkeit der Färbung beeinträchtigt wird. Die Zurichtung der chromgaren Nappaleder besteht gewöhnlich darin, daß man die an Stangen getrockneten Leder zunächst durch Einlegen in feuchte, saubere Sägespäne durchfeuchtet, über Nacht auf Haufen liegend durchziehen läßt und dann stollt. Danach wird flach auf Rahmen gespannt und getrocknet.

Die trockenen Leder werden dann nochmals leicht nachgestollt und die Zurichtung durch Bügeln beendet.

Eine wichtige Ergänzung der Färbung besteht bei den Bekleidungsledern in den sogenannten Deckfarben, welche in jenen Fällen zur Anwendung kommen, in welchen infolge geringwertigen Rohmaterials eine ganz gleichmäßige Färbung nicht zu erzielen ist oder gleichzeitig der Farbton leicht verändert werden soll.

Natürlich kommen für diesen Zweck nur wasserbeständige, unlösliche Deckfarben, z. B. die Echtdeckfarben neu der I. G. Farbenindustrie A.-G. in Frage.

In vernünftiger Weise angewandt, veredelt eine gute Qualität Deckfarben das Leder wesentlich. Wenn der Auftrag aber zu stark gegeben wird, erscheint das betreffende Leder auch dem Laien als dem sogenannten Wachstuch ähnlich, also als etwas Geringeres als Leder; zudem ist gewöhnlich die Ausdehnungsmöglichkeit der betreffenden Lackschicht geringer als die des Leders, so daß sie springt und abblättert.

Bei der Anwendung der Deckfarben verfährt man in nachstehend beschriebener Weise.

Die Leder werden zunächst in üblicher Weise gefärbt, aber möglichst ohne basische Farbstoffe, getrocknet, gestollt und im aufgespannten Zustand getrocknet. Es ist ratsam, besonders zügige Leder auch im ausgespannten Zustand mit den Deckfarben zu überspritzen. Das bisher vor dem Appretieren üblich gewesene Ausreiben zur Reinigung und Entfettung des Narbens mit Milchsäure wird zweckmäßig durch Verwendung von Brennspiritus 95 %ig ersetzt. An dessen Stelle kann auch das Lösungsmittel E 13 verwendet werden, von dem 100 bis 200 g pro Liter Wasser erforderlich sind, eventuell unter Zusatz von 50 ccm Ammoniak.

Bei fettarmen Ledern genügt ein Ausreiben mit verdünntem Ammoniak, etwa 50—100 ccm Ammoniak pro Liter Wasser.

Stark fetthaltige Leder werden zweckmäßig in normaler Weise im Entfettungszylinder entfettet.

Die Reinigung des Narbens soll sorgfältig und gründlich erfolgen, da von ihm die gute Bindung der Deckfarben mit der Oberfläche des Leders stark abhängt. Darauf ist ganz besonders zu achten, wenn Mineralöl mitverwendet wurde, welches gegenüber Kollodiumfilm wie eine Isolierschicht wirkt. Vor dem Überspritzen, welches mit den bekannten Druckluftpistolen erfolgt, müssen die Leder wieder trocken sein.

Die Echtdeckfarben werden, um sie gebrauchsfähig zu machen, durch einen Zusatz von zirka 50 % Brennspiritus (96 %) oder durch einen solchen von Lösungsmitteln wie Methylanon, E 13 u. a. verdünnt. Unter Umständen kann auch stärker verdünnt werden.

Nach dem Überspritzen, Ablüften und Trocknen werden die Leder vom Spannrahmen abgenommen und, wenn erforderlich, nochmals nachgestollt. Zum Schluß werden sie gebügelt. Bezüglich der Zusammensetzung geeigneter Mischungen wäre zu bemerken, daß die Echtdeckfarben gleich nach dem Abwiegen zusammengerührt und dann erst durch Hinzurühren der erforderlichen Spiritusmenge verdünnt werden sollen.

Wenn besondere Geschmeidigkeit verlangt wird, kann sie durch Zusatz von einigen Prozenten Elaol oder Rizinusöl verbessert werden; bei Zusätzen von 3 bis 5 % geht allerdings der Glanz der Echtdeckfarben stark zurück, was ja manchmal bei Bekleidungsledern nicht getadelt wird. Zur Verdeckung von Geruchspuren, die dem Leder etwa anhaften sollten, empfiehlt sich der Zusatz von zirka $^1/_2$ bis 1 % Birkenteeröl in zirka 10 % Lösungsmittel E 13 gelöst, zur Echtdeckfarbenmischung. Die Prozentangaben beziehen sich auf unverdünnte Echtdeckfarbe.

Der Schutzlack kann sowohl vor wie auch nach dem Auftrag der Echtdeckfarben aufgetragen werden. Er erleichtert bei Ledern, welche die Echtdeckfarben schwierig aufnehmen, deren Aufnahme durch den vorherigen schwachen Auftrag und verbessert, als Nachbehandlung, die Reib- und Wetterbeständigkeit der Färbungen.

Die Echtdeckfarben neu können für fast alle Arten von Leder

dienen, bei denen eine bessere Deckung und Gleichmäßigkeit der Färbung und gute Reib- und Wasserechtheit erzielt werden soll.

Die Echtdeckfarben neu — sinn- und sachgemäß angewendet — egalisieren ausgezeichnet, trocknen in kurzer Zeit und lassen sich nach Ablüften und Trocknen bügeln; sie sind gut reib-, wasser- und lichtecht; sie verändern nicht den Griff des Leders.

Es ist zweckmäßig, daß der Grundton des gefärbten Leders mit dem Ton der Deckfarbe übereinstimmt.

Vor dem Gebrauch sind die Deckfarben stets gut von Grund auf aufzurühren; bloßes Schütteln genügt nicht.

Beim Arbeiten mit denselben ist Feuer fernzuhalten; für gute Durchlüftung des Arbeitsraumes und Abzug der Dünste ist zu sorgen.

Als Anhaltspunkte für die Zusammensetzung von *Mischungen der gebräuchlichsten Braun-, Grün- und Modetöne* mögen folgende Anhaltspunkte dienen (in Gewichtsteilen gerechnet):

	Echtdeck-Gelb	Echtdeck-Braun	Echtdeck-Scharlach	Echtdeck-Bordeaux	Echtdeck-Rubin	Echtdeck-Blau-grünl.	Echtdeck-Blau	Echtdeck-Schwarz	Echtdeck-Weiß
Hellhavanna	66	—	30	—	—	—	—	4	—
Hellbraun rotstichig	20	80	—	—	—	—	—	—	—
Hellbraun grünstichig	55	—	40	—	—	—	—	5	—
Mittelbraun grünstichig	30	60	—	8	—	2	—	—	—
Mittelbraun rotstichig	20	—	75	—	—	—	5	—	—
Haselnußbraun	16	47	—	—	—	—	—	5	32
Orange	77	—	23	—	—	—	—	—	—
Rot	—	—	47	8	45	—	—	—	—
Mahagoni	—	—	25	70	—	—	—	5	—
Weinrot	—	—	—	—	83	17	—	—	—
Schokoladebraun hell	30	—	—	50	—	—	—	20	—
Schokoladebraun dunkel	—	—	—	66	—	—	—	34	—
Flaschengrün	59	—	—	—	—	—	41	—	—
Hellgrün	80	—	—	—	—	20	—	—	—
Russischgrün	65	—	—	—	3	—	32	—	—
London color	21	—	2,5	—	—	—	—	—	76,5
Beige	16	49	—	—	—	2	—	—	33
Grau	—	29	—	—	—	—	14	—	57
Hellblau	—	—	—	—	—	45	—	—	55
Violett	—	—	—	—	56	—	28	—	16

Durch einen Zusatz von geringen Mengen (zirka 5—10 %) Echtdeck-Weiß neu wird die Deckkraft der Echtdeckfarben gesteigert, ohne daß bei gedeckten Tönen diese geringen Prozentsätze Weiß sich bereits im Farbton erheblich bemerkbar machen würden.

4. Mochaleder.

Die Bezeichnung stammt aus dem Spanischen und bedeutet Hirschkuhleder. Bei dem Leder, welches — dem Mochaleder ähnlich — Ende des vergangenen Jahrhunderts in Amerika auf den Markt kam und unter dem Namen Moccoleder für Handschuhe rasch beliebt wurde, dürfte es sich zunächst um rein sämischgares Leder gehandelt haben. Die ersten Gerber, die sich mit seiner Herstellung befaßten, sollen der alten indianischen Bevölkerung Mexikos angehört haben. „Mocha" ist ein sehr weiches, volles tuchartiges Leder, dessen Tuchcharakter durch Abstoßen des Narbens im geäscherten Zustand oder durch Abschleifen im Verlauf der späteren Zurichtung erzeugt wird. Die Faserung der Narbenseite ist natürlich sehr viel geschlossener als diejenige der Fleischseite, so daß der erzielte Plüsch meistens feiner ist als bei Chairleder.

Im allgemeinen werden zur Herstellung von Mochaleder dick- und grobnarbige Lamm- und Zickelfelle und Felle von Kreuzungen zwischen Ziege und Schaf, wie sie in Nordafrika heimisch sind, auch Schaf- und Hundefelle, zuweilen sogar Kalbfelle verwendet. Bezüglich der Behandlung in der Wasserwerkstatt gilt das für Glacéleder Gesagte. Wenn die obere Narbenschicht (obere Papillarschicht) ähnlich wie bei Sämischleder im gekälkten Zustand abgestoßen werden soll, so ist diese Narbenschicht durch verlängertes bzw. verstärktes Äschern dazu vorzubereiten, weil sie sich nur in einem Zustand abstoßen läßt, welcher der Auflösung nahe ist. Es liegt auf der Hand, daß dazu nicht unbedingt ein drei- bis vierwöchiges Äschern erforderlich ist, ohne welches man früher nicht auskommen zu können glaubte. Man kann mit Hilfe stärkerer Alkalien, wie Natronlauge, Schwefelnatrium u. dgl., eventuell unter Zusatz von Kalk und Koch- oder Glaubersalz eine dem Schwödebrei ähnliche Mischung bereiten, welche es ermöglicht, nach kurzer Zeit den Narben mühelos abzustoßen, ohne daß deswegen das ganze Fell durch allzulanges Äschern schaden zu nehmen braucht. Da durch Abstoßen eines Teils der Papillarschicht das Elastin zum großen Teil aus der Haut entfernt wird, so ist eine Enzymbeize (z. B. Oropon) nicht erforderlich. Man beizt nur mit Kleie oder entkälkt mit einer schwachen Milchsäurelösung, etwa 0,75 % Milchsäure aufs Blößengewicht 35° C eine halbe Stunde.

Als Gerbung wendet man meistens eine Glacégerbung an. Diese wird, sofern man erst im weißgaren Zustande zu schleifen wünscht (also den Narben nicht schon von der Blöße abstößt), mit einer Gare ausgeführt, deren Alaunlösung durch Soda basisch gemacht, abgestumpft wurde, um die Narbenseite fest und leicht schleifbar zu machen. Das Schleifen geschieht, wie bei Chairleder beschrieben, am besten im feuchten Zustand und erfordert besondere Übung, um eine möglichst gleichartige Oberfläche zu erzielen. Im Interesse der gleichmäßigen Farbe wird dann das geschliffene Leder ebenso wie bei Chairleder mit einer Glacégare nachgegerbt und getrocknet. Zum Färben wurden früher fast ausschließlich Holzfarben, mit Metallsalzen getönt und befestigt, verwendet. Sie lassen sich in den meisten Fällen durch passende Anilinfarbstoffe ersetzen, sofern vegetabilische Gerbstoffe oder ihnen ähnliche Hilfsmittel, z. B. Tamol, mit verwendet werden.

Man hat auch die Chromgerbung für die Herstellung von Mochaleder mit herangezogen und, wie nicht zu verkennen ist, mit Erfolg. Die Beständigkeit der meisten glacégar gegerbten Felle wird durch eine leichte Chromnachgerbung wesentlich verbessert. In gleicher Weise kommt die Formaldehyd- und Sämischgerbung zur Mitverwendung teils vor, teils nach der Glacégerbung, ja sogar ganz ohne diese vorangehen zu lassen.

Entscheidend für die Wahl des geeigneten Verfahrens ist die Natur des Rohmaterials. In vielen Fällen dürfte es von Vorteil sein, wenn die an sich unechte Glacégerbung durch eine mit- oder nachfolgende Chromgerbung etwas, aber nicht allzusehr verändert wird. Das einfachste Verfahren ist hierbei, der Gare 0,25—0,5 % Chromgerbesalz oder abgestumpften Chromalaun zuzurühren. Bei Handschuhen ist nämlich die Festigkeit der Gerbung gar nicht so sehr erwünscht, während sie andererseits bei Bekleidungsleder gern gesehen wird. Die ergänzende Sämischgerbung oder die Fettung mit Eigelb sollten mit Maß zur Verwendung kommen, wenn der Plüsch des Leders tuchartig und kühl und nicht speckig glänzend werden soll.

Die Fertigstellung der gefärbten Mochaleder ähnelt in manchem derjenigen der Chairleder.

Um besonders volle Farbtöne zu erhalten, werden die Leder manchmal nach vorhergehendem Auftrocknen wiederholt gefärbt. Da dieselben durchgefärbt sein sollen, ähnlich wie Nappaleder und ein großer Teil der Chairleder, so wird im Walkfaß gefärbt, wobei man kalt färbt und leichtlösliche, gut durchfärbende Säurefarbstoffe verwendet. Man trocknet langsam, was für das Durchziehen der Farben ebenfalls günstig ist, und lagert dann im kühlen Raum. Sodann wird in üblicher Weise durchfeuchtet, gestollt, getrocknet und nachgestollt. Dann wird die Plüschseite mittels feinem Bimsstein leicht und unmerklich aufgerauht und durch Bürsten und Dollieren auf dem Plüschrade die Zurichtung beendet, wobei die Mitverwendung von Talkum u. dgl.

die Geschmeidigkeit des Griffes verbessern hilft. Wenn die Leder gleich nach Beendigung des Färbens mit verdünntem Glyzerin nachbehandelt werden — eventuell auch mit starker Kochsalzlösung —, so behalten sie durch die vermehrte Anziehungskraft von Feuchtigkeit den bei ihnen vielfach geschätzten kühlen Griff.

5. Dongolaleder.

Das Dongolaleder hat in seiner Herstellungsweise eine gewisse Ähnlichkeit mit Nappaleder; es wurden dazu aber im allgemeinen nicht, wie bei Nappa, Schaf- und Ziegenleder, sondern Kalbfelle, Rind- und Roßhäute verarbeitet. Dongola war eine Verbesserung des alaungaren Kalbkidleders, welches, seiner Empfindlichkeit gegen Feuchtigkeit wegen, durch die Dongolaleder verdrängt wurde, bis es mit dem Aufkommen der Chromgerbung zunächst mit dieser verbunden und schließlich durch sie ganz ersetzt wurde.

Der Name der nordafrikanischen Provinz Dongola dürfte durch die von dort stammende Rohware übernommen worden sein.

Die Dongolagerbung ist eine Verbindung der Alaungerbung mit vegetabilischer Gerbung entweder in der Art, daß man

die Felle zunächst alaungar machte und dann mit Katechu oder Gambir nachgerbte, oder daß man

die beiden Gerbungen gleichzeitig anwandte, oder

die vegetabilische Gerbung der Alaungerbung vorausgehen ließ.

M. A. V. Newton empfahl für 100 Kalbfelle von je 4 kg Grüngewicht die Bereitung nachfolgender drei Gerbbrühen:

a) 10 kg Kalialaun und 5 kg Kochsalz werden in 60 l Wasser aufgelöst.

b) 50 kg Katechu oder Würfelgambir in 200 l Wasser.

c) 2 kg schwefelsaure Tonerde und 14 kg Kochsalz, in 60 l Wasser gelöst.

Man vermischt zunächst 12 l der Lösung a), 20 l der Lösung b) und 15 l der Lösung c) in einem hinreichend großen Geschirr, am besten einer Haspel, und verdünnt mit Wasser von zirka 30° C. Die Felle werden nunmehr eingebracht und zirka 1 Stunde gehaspelt. Wenn die Brühe erschöpft ist, wird im vorstehenden Verhältnis nach und nach zugebessert, bis die völlige Durchgerbung am Schnitt zu erkennen ist. Über die erforderliche Zeitdauer lassen sich bestimmte Angaben nicht machen, da dies von der Stärke der Rohware und davon abhängt, wieviel Zeit die Leder täglich gehaspelt werden. In jedem Fall ist es vorteilhaft, die Temperatur auf zirka 30° C zu erhalten und zum Anfang mit schwächeren Brühen zu arbeiten, um ein Zusammenziehen des Narbens zu verhindern.

Die Beendigung der Gerbung kann in warmer Katechu- oder Gambirbrühe erfolgen; wonach man die Leder einige Zeit flach auf Haufen gut zugedeckt lagern läßt. Es empfiehlt sich nicht, die Felle über Böcke zu hängen. Die den Fellen zuträgliche Gerbbrühe wird dadurch veranlaßt, aus dem Kern nach den unten hängenden Flanken zu rinnen, so daß die durch die Lagerzeit beabsichtigte Befestigung der Gerbung nur den Flanken zugute kommt, die ohnehin weich werden. Der Kernteil der Leder wird durch den eigenen Druck desselben von der Gerbbrühe stark entblößt, so daß man mit der Lagerzeit gewöhnlich das nicht erreicht, was man damit bezweckte. Das beste ist, wenn man die Leder in nicht zu hohen Haufen flach lagert.

Im Anschluß daran werden die Leder ausgepreßt und dann gleichmäßig gefalzt. Dann wird mit Emulsionen von sulfonierten Ölen gefettet.

Das Schwärzen erfolgt auf der Tafel mittels Bürste und kann sowohl das Blauholz-Eisenverfahren wie auch dasjenige mit Anilinfarben angewendet werden, wobei es vorteilhaft ist, mit der Lösung eines Nigrosins oder Säureschwarz zu grundieren und mit einem basischen Lederschwarz zu übersetzen. Dann wird ausgereckt, mit rohem Leinöl leicht abgeölt, abgelüftet, nachgesetzt und fertiggetrocknet.

Die weitere Zurichtung richtet sich danach, ob die Leder glatt oder genarbt, matt oder hochglänzend verlangt werden, und wird dementsprechend ausgeführt.

Die mattglatten Leder werden nach dem Trocknen gebügelt oder glattgewalzt und bekommen dann auf dem Narben den Auftrag einer Fettmischung, die sich aus ungefähr gleichen Gewichtsteilen Degras, Talg und Wachs zusammensetzt, welche man einziehen läßt und dann über Nacht zwischen glatten steifen Pappdeckeln preßt, am besten hydraulisch. Die aus der Presse kommenden Felle werden dann noch mit Flanellappen abgewischt und sollen ein tiefes Schwarz, einen schönen Mattglanz und vor allem einen sehr molligen Griff haben. Der Glanz läßt sich durch Erhöhung der Wachsmenge vermehren.

Die auf Hochglanz bestimmten Felle werden in üblicher Weise mit verdünntem, leicht mit Nigrosin angefärbtem Blut appretiert und mit der Maschine glanzgestoßen.

6. Alaungares Leder für Sattlerzwecke.

Dieses aus Rind- und Schweinshäuten zubereitete, auch „ungarisches Leder“ genannte Leder wird sowohl braun wie auch schwarz in den Handel gebracht.

Es kann nach verschiedener Weise hergestellt werden, je nachdem es heller oder dunkler, fest oder weich und geschmeidig verlangt wird.

Die Leder werden gewöhnlich zuerst mit schwachen vegetabilischen Gerbbrühen angefärbt, sodann alaungar gemacht und zum Schluß mehr oder minder stark gefettet.

Handelt es sich um Leder zur Verwendung für Riemen und Geschirre, so muß es natürlich zäh und fest sein und muß Witterungseinflüssen standhalten. Demgemäß gestaltet man die Vorbehandlung und achtet darauf, daß sowohl beim Wässern wie auch beim Entfernen der Haare mittels Schwitzen, Schwöden oder Äschern kein Substanzverlust eintritt, was die Vorbedingung für die Festigkeit ist.

Die Haut muß sowohl vom Narben wie auch von der Fleischseite gut reingemacht sein, wenn sie zur Gerbung kommt. Sehr vereinzelt hat sich noch das alte Verfahren erhalten, wonach die Haare nicht durch die übliche Weise entfernt werden, sondern mittels scharfer Messer, ähnlich dem Rasieren. Es wird behauptet, daß die Festigkeit des Leders durch die Erhaltung der Oberhaut größer ist, was allerdings eine irrtümliche Annahme sein dürfte.

Ebenso gibt es für die nun folgende Gerbung verschiedene Anwendungsarten.

Vielfach wird nur rein alaungar gegerbt, mit vorausgehendem Schwellen. In anderen Fällen läßt man der Alaungerbung ein kurzes Anfärben mit stark färbenden Gerbstoffen, wie Quebracho, Fichte, Hemlock u. dgl. vorangehen, oder läßt diese Behandlung der Alaungerbung folgen. Es darf als sicher angenommen werden, daß die Verbindung mit vegetabilischen Gerbstoffen ein wetterbeständigeres Leder erzielen läßt als die bloße Alaungerbung. Auch dürfte die Nachbehandlung mit vegetabilischen Gerbstoffen vorzuziehen sein, da sie schneller und zuverlässiger ausführbar ist.

Zum Schwellen wird gewöhnlich eine gärende Kleienbeize verwendet, welche man zunächst schwach, dann nach und nach stärker gibt, unter Zusatz von Milch- oder Essigsäure. Nach vollendeter Schwellung wird gespült, von anhängender Kleie rein gestrichen und zum Gerben gebracht.

Man rechnet im allgemeinen für 100 kg Blöße:

10—12 kg Alaun,
6—8 kg Kochsalz,
150 kg Wasser 30° C warm.

An Stelle des Alauns kann auch schwefel- oder essigsaure Tonerde treten, wenn das hierbei etwa mit vorhandene Eisen nicht stört.

Das althergebrachte Eintreten mit den Füßen hat natürlich längst dem Einwalken mittels Kurbelwalke und Walkfaß weichen müssen, welche allein in Betracht kommen.

Nach vollendeter Durchgerbung werden die Häute auf der Tafel glatt ausgestoßen, an Stangen hängend abgelüftet und sodann nachgesetzt. Dann wird getrocknet. Dann werden die Leder durchgefeuchtet und gereckt, was sowohl mit Hilfe der Reckbank oder auch mittels Maschinen erfolgen kann.

Es folgt nunmehr die Behandlung mit Fett, wozu gewöhnlich Rindstalg verwendet wird, der im geschmolzenen Zustande auf beide Seiten des glatt ausgebreiteten trockenen Leders aufgestrichen wird, wonach man die gefetteten Leder im warmen Raume auf Haufen schichtet und durchziehen läßt. Wird das Leder in Einzelfällen steifer verlangt, so verwendet man Verbindungen von Talg mit Stearin oder Paraffin; wird das Leder schwarz verlangt, so wird es zunächst mit heißer Blauholzbrühe unter Sodazusatz kräftig ausgerieben und anschließend mit Eisenvitriollösung geschwärzt, welch letzteres zweckmäßigerweise durch ein basisches Lederschwarz, in kochendem Wasser gelöst, ersetzt wird.

Zum Schluß wird noch mit Leinöl abgeölt oder, wenn Glanz erwünscht ist, mit einer Lösung von Schellack in Alkohol geglänzt, welche Lösung mit einem spritlöslichen Nigrosin angefärbt wurde.

In etwas anderer Weise wird in Ungarn weißgares Kalbleder für Sattlerzwecke bearbeitet. Es hat in dem viel Landwirtschaft und Pferdezucht betreibenden Lande für die Geschirrsattlerei seine besondere Bedeutung.

Das zur Anwendung kommende Verfahren gibt dem Leder ein schönes Aussehen und eine gegen das gewöhnliche Alaunleder verbesserte Wasserbeständigkeit, kann aber natürlich auch auf anderen Häute- oder Fellarten angewendet werden.

Die Ausführung ist die folgende:

Nach dem üblichen richtigen Weichen und Strecken kommen die Felle in den Äscher, für den gewöhnlich das sogenannte Dreiäschersystem gebraucht wird. Bei demselben kommen die Felle zuerst in einen schon zweimal gebrauchten Äscher, in dem sie unter täglichem ein- bis zweimaligem Aufschlagen 2 Tage verbleiben. Dann kommen sie in einen nur einmal gebrauchten Äscher, woraus sie nach weiteren 2 Tagen in den frisch gestellten Äscher kommen. Der dann dreimal gebrauchte Äscher wird entleert und als frisch gestellter Äscher wieder Äscher Nr. 3. Die auf diese Weise hergestellte regelmäßige Reihenfolge läßt, wenn einigermaßen gleichartiges Rohmaterial verarbeitet wird und auf Beibehaltung gleichmäßiger Temperatur im Winter und Sommer geachtet wird, am ehesten ein gleichbleibendes Ergebnis erwarten.

Man rechnet durchschnittlich mit 3—6 % Weißkalk, vom Gewicht der gesalzenen Häute gerechnet; wozu man $^1/_{10}$—$^1/_2$ % Schwefelnatrium kristallisiert rechnet, zuweilen auch mehr, um die Äscherwirkung zu beschleunigen. Beim Löschen des gebrannten Kalkes liefern 10 kg gebrannter Kalk ungefähr 30 kg gelöschten Kalk.

Nach dem grundreinen Enthaaren und Entfleischen wäscht man die Felle gründlich in fließendem, am besten warmem Wasser, wonach sie, verfallen gestrichen und dann mittels Oropon gebeizt werden.

Es folgt sodann der Pickel, welcher sich für 100 kg Blöße aus 100 l Wasser, 8—10 kg Kochsalz und 1½ % Salzsäure zusammensetzt und worin man die Felle eine Stunde laufen läßt.

Man bereitet sich inzwischen die Gerbbrühe, indem man der Lösung von zirka 12 kg schwefelsaurer Tonerde in 60 l Wasser nach dem Erkalten die Lösung von 12 bis 13 kg Soda kristallisiert in 60 l Wasser langsam nach und nach zugibt.

Die Felle kommen vom Pickelfaß ohne weiteres ins Gerbfaß und laufen zunächst mit 3 kg Kochsalz und 1 kg Glaubersalz in 60—70 l Wasser zunächst eine halbe Stunde, wonach man nochmals die Lösung von 4 kg Kochsalz folgen läßt. Dann erst nach einer halben Stunde gibt man die oben beschriebene Tonerdelösung nach und nach in mehreren Gaben zu und walkt damit noch zirka 3—4 Stunden. Über Nacht kann man die Felle in der Brühe lassen.

Sie kommen dann, ausgestreift, zum Trocknen, was zweckmäßig in einem luftigen Raum erfolgt. Dann werden die Leder durchfeuchtet und mit der Maschine gleichmäßig gefalzt.

Es folgt sodann das Fetten im Walkfaß, welches mit zirka 3—5 % sulfoniertem Klauenöl u. dgl. erfolgt, häufig unter Zusatz von weißer Marseiller- oder Kernseife. Nach dem Fetten wird das Fell vom Narben aus zweimal ausgesetzt und mit einem Brei, bestehend aus 2 Gewichtsteilen Glyzerin in 4 Teilen Wasser und mit so viel Talkum verrührt, daß das Ganze eine breiartige Beschaffenheit zeigt, eingelassen.

Nach dem Trocknen durchfeuchtet man mittels warmen Wassers und läßt im zusammengerollten Zustand über Nacht durchziehen.

Dann wird gestollt, was eventuell nach dem Trocknen wiederholt wird; das Trocknen erfolgt, um den Ledern gute Form zu geben, auf Rahmen. Zum Schluß werden die Leder noch pantoffelt, gebügelt und mit Talkum nachgepudert.

Es ist vorteilhaft, zwischen der Gerbung und der Weiterverarbeitung eine Lagerpause von einigen Wochen einzuschalten.

Wenn eine besonders weiße Farbe des Leders angestrebt wird, so wird der Tonerdelösung, welche zum Gerben verwendet wird, ein Zusatz von Zinkvitriol gegeben, wodurch auf der Hautfaser kohlensaures Zinkoxyd niedergeschlagen wird.

Diese Weißfärbung läßt sich auf narbengebufften Ledern besonders bemerkbar gestalten, so daß man, wie bei Sämischledern u. dgl., den Narben im geäscherten Zustand bereits entfernt, wenn der Zweck der Leder es wünschenswert macht. Soll die Fleischseite der Leder diesem Zweck dienen, so ist sie entsprechend sauber zu entfleischen.

7. Sämischleder.

Den Namen leitet man neuerdings von dem holländischen Wort „seem" = weich ab. Früher vermutete man, daß er von dem französischen Wort „chamois" = Gemse herstammte, weil die Gemsenfelle vorzugsweise sämischgar gegerbt werden. Außer diesen werden die Felle von Rehen, Hirschen (Wildleder) und Renntieren, sowie auch von Schafen (Fensterleder), seltener von Kälbern der Sämischgerbung unterworfen; in gewissem Umfange auch die Felle kurzhaariger Pelztiere, wie Maulwurf u. dgl.

Das Sämischleder, welches auch vielfach als Waschleder bezeichnet wird, da es sich unbeschadet waschen läßt, wird für Handschuhe und Bekleidungsstücke, besonders Lederhosen und -westen verwendet und stellt gewöhnlich ein narbenloses, sehr weiches, tuchartiges Leder dar.

Wie bereits in einem früheren Abschnitt erwähnt, darf angenommen werden, daß die Sämischgerbung eine der ältesten Arten der Lederbereitung darstellt. Das den rohen Fellen vielfach anhaftende Naturfett dürfte ihr allzu hartes Auftrocknen verhindert haben, so daß der Versuch einer Verwendung anderer Fette und Öle bzw. Trane nahegelegen haben kann.

Über die geschichtliche Entwicklung der Sämischgerberei ist Genaues nicht bekannt. So wie sie heute ausgeführt wird, ist sie schon Jahrhunderte bekannt und ergibt, was besonders hervorgehoben zu werden verdient, eine der echtesten Gerbungen.

Es eignen sich zu ihr, wie Fahrion festgestellt hat, nur wenige oxydierbare Fette, wie Eigelb, Butter, Rapsöl, vornehmlich die Trane. Die Eigenschaft der Oxydationsfähigkeit beruht auf dem Gehalt an ungesättigten Fettsäuren. Für die Sämischgerbung kommen nun die ungesättigten Fettsäuren in Frage, welche mehr als eine Doppelbindung enthalten, und zwar um so mehr, je mehr solcher Doppelbindungen sie aufweisen. Fette und Fettsäuren, die nicht bei Zimmerwärme oxydieren, wirken nicht gerbend. Die trocknenden Öle und Trane enthalten Fettsäuren mit zwei bis vier Doppelbindungen und nehmen infolgedessen leicht den Sauerstoff der Luft an, wobei die Doppelbindungen in einfache Bindungen übergehen. Das sogenannte Ranzigwerden der Butter rechnet ebenfalls hierzu. Von den Tranen kommen besonders Dorschlebertran, Robben- und Waltran in Betracht.

Talg, Schweine- und Pferdefett, Klauenöl sowie Mineralfette kommen nicht in Frage, sie wirken fettend, aber nicht gerbend. Das gleiche gilt von nicht trocknenden vegetabilischen Fetten, wie Rizinusöl, Olivenöl, Kokosnuß- und Palmkernöl, Kakaobutter u. dgl. Hingegen steht der Mitverwendung trocknender vegetabilischer Fette, wie Leinöl, Mohnöl und Sojabohnenöl, nichts entgegen. Da jene Fette ebenso, wie sie aus der Luft Sauerstoff aufnehmen, auch Jod aufnehmen, so bezeichnet man die Menge Jod, welche von 100 g Fett gebunden werden kann als Jodzahl. Jene Fette, deren Jodzahl viel unter 100 liegt, gehören zu den nicht trocknenden Fetten, diejenigen, deren Jodzahl 130 übersteigt, gehören zu den trocknenden Fetten. Diese Bewertung hat für den Gerber deshalb eine Bedeutung, weil durch die steigende Jodzahl die steigende Gerbwirkung festgestellt und somit bewertet werden kann.

Um die Erforschung des Wesens der Sämischgerbung hat sich besonders Fahrion verdient gemacht. Er behauptete, daß die Sämischgerbung durch eine chemische Verbindung der oxydierten Fettsäuren mit der Hautsubstanz zustande kommt, wobei letztere als Base fungiert. Zum Beweis zeigte er durch Versuche (die für die Sämischgerbung recht bedeutsam geworden sind), daß man die Gerbung ebenso erzielt, indem man statt der Fette die daraus hergestellten Fettsäuren verwendet; außerdem, daß man die Gerbung dadurch beschleunigen kann, daß man den gerbenden Fettsäuren nicht nur Gelegenheit gibt, sich durch den Zutritt des Sauerstoffs der Luft zu oxydieren, sondern daß man durch Hinzufügung von Trockenstoffen (wie z. B. leinölsaurem Mangan), die als Sauerstoffüberträger wirken, die Oxydation katalytisch beschleunigt. Die Bindung der oxydierten Fettsäuren an die Hautfaser wurde durch Behandlung mit Fettlösungsmitteln nachgewiesen, wobei sich nur ein Teil des Fettes (überschüssiges) herauslösen läßt und das Leder unverändert bleibt.

Im Anklang an die auf Seite 152 dargelegte Ansicht bezüglich der atmosphärischen Einflüsse auf die Gerbung stellte auch Fahrion, abgesehen von der Notwendigkeit der Luft (Sauerstoff) eine gerbungbeschleunigende Wirkung des Lichts fest. Ein Unterschied in der Auffassung besteht nur insofern, als der erwähnte Praktiker die atmosphärischen Einflüsse auch für die Sämischgerbung für wesentlicher hält als die Wirkung der Fettsäuren.

Andere Theoretiker nehmen an, daß sich bei der Oxydation Aldehyde bilden und diese gerbend wirken. Somit wäre die Sämischgerbung mit der Formaldehydgerbung verwandt. Dies ist zwar bisher nicht bewiesen, die Praxis, d. h. z. B. die Echtheit der Gerbung, das Verhalten der beiden Lederarten während der Färbung u. a. m., deutet aber auf einen Zusammenhang hin.

Bei aller Bedeutung, welche die Versuche Fahrions für die Praxis gehabt haben, sind (wie man sieht) auch in der Theorie der Sämischgerbung noch Unklarheiten, wozu auch die gehört, daß die Gerbung nur im Augenblick der Oxydation der Fettsäuren (statu nascendi), nicht aber durch oxydierte Fettsäuren stattfindet. Wenn man aber die Theorie Fahrions zunächst als richtig unterstellt, so verläuft die

Gerbung folgendermaßen: Zunächst umhüllen sich die Hautfasern mechanisch mit einem oxydierfähigen Fett. Hiernach findet hauptsächlich durch den Hinzutritt des Sauerstoffes eine langsame chemische Verbrennung (Oxydation) von ungesättigten Fettsäuren, welche im Fett (meist Tran) enthalten sind, statt, wobei gleichzeitig die chemische Vereinigung mit der Hautfaser eintritt. Diese Verbrennung geht rascher und vollständiger vor sich, wenn die Fette einen gewissen Gehalt an freien, ungesättigten Fettsäuren haben, d. h. also ranzig sind. Die durch das Ranzigwerden des Fettes aus dem Glyzerin desselben sich bildenden Aldehyde unterstützen die Gerbung. Damit das Ranzigwerden erfolgen kann, ist die Gegenwart von Wasser erforderlich, was bei den gerbfertigen Blößen ja ohne weiteres zutrifft.

Bei der Ausführung der Sämischgerbung unterscheidet man zwei Methoden, die „deutsche" und die „französische".

Bezüglich des Weichens und Äscherns der Felle sei auf den Inhalt der Abschnitte Glacéleder bzw. Mochaleder verwiesen, da sich die Arbeitsweise damit deckt. Auch bei Sämischleder wird die obere Narbenschicht im geäscherten Zustande abgestoßen oder, in Einzelfällen, besonders bei kräftigen Schaffellen, abgespalten. Während die Narbenseite der Schaffelle, auch „fleur" oder „skiver" genannt, mit vegetabilischen Gerbstoffen gegerbt und für sogenannte Hutschweißleder u. dgl. verwandt wird, kommt der Fleischspalt zur Sämischgerbung.

Über die Zweckmäßigkeit, die Blößen zu entkälken oder nicht, herrschen verschiedene Auffassungen. Nach Klenow (Colleg. 1926, S. 201) erklärt sich die Verschiedenheit der Auffassung offenbar aus den verschiedenen Säuregehalten der Trane. Danach wäre die Säurebestimmung ebenso wichtig für die Bewertung eines Tranes wie die Jodzahl, und — praktisch ausgedrückt — die Entkälkung um so notwendiger, je schwächer der Tran sauer ist.

Die teils ganz, teils nicht entkälkten Blößen werden durch Pressen oder Auswinden möglichst gut entwässert und kommen dann zur Gerbung.

Nach der „deutschen" Methode, dem F ä r b e n i n d e r B r u t werden die ausgewundenen Felle zunächst mit Dorsch- oder Robbentran beiderseitig gut eingeschmiert, wonach sie in die Hammerwalke kommen. Man rechnet dabei mit etwa ½ kg Tran für ein mittelgroßes Schaffell. Durch das Walken emulgiert, verbindet sich das Fett mit dem noch im Fett vorhandenen wenigen Wasser und gelangt damit in das Innere des Felles. Man walkt 8—10 Stunden lang und hängt die Felle sodann zum Durchwärmen in einen geheizten Raum. Warm geworden, legt man sie auf Haufen, manchmal in Kisten, vor allem gut zugedeckt, wodurch sich die Felle selber noch weiter erwärmen. Man verhindert durch öfteres Umlegen, daß die Temperatur über 40° C steigt, weil die noch rohen Teile der Haut darunter leiden und in gewissem Sinne verbrennen würden. Das Walken, Erwärmen im warmen Raum und Selbsterhitzen auf Haufen wird so lange wiederholt, bis die Gerbung beendet ist, was sich daran zeigt, daß sich die auf Haufen liegenden Felle nur mehr schwer erwärmen. Die Leder sind im Verlaufe der Gerbung braungelb geworden und verbreiten einen durchdringenden, von den entstandenen Aldehyden stammenden scharfen Geruch.

Die „französische" Methode unterscheidet sich von der „deutschen" dadurch, daß die Felle mit einer geringen Menge Robben- oder Waltran bespritzt und dann nur kurze Zeit, etwa 3 Stunden gewalkt werden. Sie werden dann aufgehängt und der Luft und dem Licht ausgesetzt, bis das Fell äußerlich zu trocknen anfängt, dann wieder mit etwas Tran bespritzt und gewalkt und das Ganze so oft wiederholt, bis das ganze Fell mit Tran vollständig durchdrungen ist. Dieser Vorgang dauert bis zu einer Woche. Dabei ist zu beachten, daß man anfänglich nur kurze Zeit walken kann, da die Felle sich nicht erhitzen dürfen, und daß gleichzeitig eine gewisse Feuchtigkeit erhalten bleibt, was dadurch erreicht wird, daß man die Felle in niedrigen Haufen gestapelt über Nacht gut zudeckt. Ähnlich wie bei der „deutschen" Methode werden (besonders bei sehr dicken Fellen) die Felle am Ende der Gerbung auf Haufen gelegt (in Brut), wo durch Selbsterhitzung die Verbrennung und Bindung der Fettsäure vollendet wird. Auch hier ist die größte Sorgfalt bei Regelung der Wärme erforderlich, damit nicht einesteils Teile der Felle verbrannt werden, während gleichzeitig andere Teile derselben kalt und ungegerbt bleiben.

Man kann nach beiden Methoden gute Leder erzeugen, doch liegt es klar auf der Hand, daß der Vorgang, einmal richtig erkannt, sicherer gestaltet und abgekürzt werden kann. Es liegen dafür ja auch schon besonders in Verbindung mit der chemisch verwandten Formaldehydgerbung erfolgversprechende Verbesserungen vor. Die richtige Regelung der Wärme und das langsame, gleichmäßige Verdampfen des im Felle befindlichen Wassers sind neben dem guten Tran die Kernpunkte zum Gelingen. Die Auswahl des Tranes bzw. die Mischung mehrerer geeigneter Arten ist von wesentlicher Bedeutung.

Nach der Gerbung werden die Felle zirka eine Woche in einem sehr warmen Raum aufgehängt und dann eine Reihe von Wochen auf dem Speicher gelagert. Nach dieser Zeit werden sie in warmem Wasser eingeweicht, worauf die zurückgebliebenen Narbenreste durch Abstoßen (Streichen) entfernt werden. Dann muß der Überschuß an Tran, der angewandt wurde, um größtmögliche Sättigung zu erzielen, beseitigt werden. Zu diesem Zweck werden die Felle in eine warme

Soda- oder Pottaschebrühe eingeweicht, worauf sie ausgewunden oder ausgepreßt werden. Die ausgepreßte, sehr fette Emulsion gibt unter der Bezeichnung Moellon ein sehr gutes Lederfett. Das Waschen der Leder wird sodann unter Zusatz von Soda, Ätznatron oder Borax so lange fortgesetzt, bis sich nur noch eine schwache milchige Brühe ergibt, wonach die Felle ausgestreift oder ausgewunden und dann getrocknet werden. Die dünner werdenden Fettbrühen werden durch Ansäuern mit Schwefelsäure zur Ausscheidung des Fettes in Form von Fettsäuren gebracht, welche gesammelt und in geeigneter Weise nachbehandelt unter dem Namen Degras ebenfalls ein wertvolles Lederfett ergeben. In den Fällen, in welchen man schon die erste Emulsion durch Ansäuern ausscheidet, die auch Weißbrühe oder Urläuter genannt wird, ergibt sich ebenfalls Degras.

Nach dem Trocknen werden die Leder nach ihrer Beschaffenheit und entsprechend ihrem Verwendungszweck ausgewählt, wonach sie zunächst gestollt und weich gemacht, meistens auch geschliffen werden. Für viele Zwecke werden sie sodann gebleicht, welches mit Hilfe der altbekannten Rasen- oder Sonnenbleiche erfolgen kann, wobei sie auf dem Rasen liegend oder im Freien auf Stangen hängend immer wieder mit Wasser angefeuchtet werden.

Die sogenannte chemische Bleiche erfolgt mit verdünnter Wasserstoffsuperoxydlösung oder durch abwechselnde Behandlung mit Kaliumpermanganat und Bisulfit. Durch das Bestreichen mit der Lösung des Permanganats bildet sich Manganoxyd, welches das Leder zunächst dunkelbraun erscheinen läßt, aber leicht auswaschbar ist. Dann wird gut gespült. Durch die Anwendung der leicht angesäuerten Bisulfitlösung wird die Bleichwirkung vollendet. Man verwendet beispielsweise Lösungen von 5 g Kaliumpermanganat bzw. Natriumbisulfit pulv. im Liter Wasser. Der Auftrag erfolgt am besten mittels Bürste auf die zu bleichende Seite und wird so lange wiederholt, bis der Bleicherfolg genügt. Wird im Bade gebleicht, was auch ausführbar ist, so werden naturgemäß zwar beide Lederseiten gebleicht, die Lederqualität aber gemindert, da durch Bildung des Manganoxyds Gerbstoff beseitigt wird. Es empfiehlt sich deshalb nur einseitig durch Auftragen der Flüssigkeiten mit der Bürste zu bleichen. An die Stelle des Bearbeitens mit flüssiger schwefliger Säurelösung kann auch die Behandlung mit schwefliger Säure in der sogenannten Schwefelkammer erfolgen, indem die feuchten, vorher mit einer Lösung von Permanganat vorbehandelten, gespülten Felle in einer luftdichten Kammer aufgehängt werden, in der, nachdem sie gut verschlossen, Stangenschwefel verbrannt wird.

In allen Fällen werden die Leder nach dem Bleichen gut in fließendem Wasser gespült. Die für Weiß bestimmten Leder werden dann getrocknet, gestollt und fertig geschliffen.

Bei den für farbige Zwecke ausgewählten Ledern hat man sich in der Auswahl der Färbemethoden den Ansprüchen anzupassen, welche an die Leder gestellt werden. Bekanntlich wird Sämischleder auch als Waschleder bezeichnet, was es als wünschenswert erscheinen läßt, daß sich nicht nur die ungefärbten, sondern auch die gefärbten Leder, besonders die daraus gefertigten Handschuhe waschen lassen.

Die früher gebrauchten farbigen Erden, wie Ocker, Rötel, Umbra u. dgl., in schleimigen Bindemitteln aufgeschwemmt und mit der Bürste aufgetragen, können natürlich hier nicht befriedigen.

Auch die Holzfarbstoffe genügen den höher gestellten Anforderungen nicht mehr, wenngleich sie das manchmal etwas lose Ledergefüge geschlossener gestalten können. Man hat es aber schwer, mit denselben immer wieder die gleichen Töne zu erreichen. Die Farbhölzer sind, wie bereits bemerkt, gewachsene Naturprodukte, welche entsprechend den Wachstumsbedingungen verschieden und schwer nachzuprüfen sind. Ihre Färbungen halten den verschiedenen Einflüssen, die in Betracht kommen, selten gut stand, insbesondere läßt die Waschechtheit sehr zu wünschen übrig.

Hier zeigt sich die Überlegenheit der künstlichen Farbstoffe besonders. Es gibt in der großen Reihe derselben eine besondere Gruppe, diejenige der Schwefelfarbstoffe, welche nur in Schwefelnatriumlösung löslich sind, in gewöhnlichem oder Seifenwasser aber nicht. Da kein vernünftiger Mensch daran denkt, seine Handschuhe mit einer Schwefelnatriumlösung zu waschen, so bleibt die Färbung derselben beim einfachen Waschen mit Seifenwasser unberührt. Im Gegensatz zu den Holzfarbstoffen ist man hier in der Auswahl der Farbtöne unbeschränkt.

Um das Leder zum Färben vorzubereiten, wäscht man es zunächst in lauwarmem Wasser, am besten unter Zusatz von ½ bis 1 % Borax gut aus und spült in klarem Wasser nach, um die Reste nicht gefestigten Tranes oder etwa vorhandene Säure bzw. Soda zu entfernen. Solange das Waschwasser stark milchig erscheint, zeigt dies, daß das Leder noch auswaschbare Stoffe enthält, die die Lederfaser umhüllen und die, selbst ungebunden, als Farbstoffträger nicht geeignet sind. Die Farbstofflösung wird mit kochendem weichem Regen- oder Kondenswasser bereitet. Man löst zunächst die erforderliche Menge Schwefelnatrium auf. Das Farbstoffpulver wird in die kochende Schwefelnatriumlösung eingerührt und damit gut durchgemischt. Man seiht dann durch ein Haarsieb oder Baumwolltuch durch. Metallsiebe und Gefäße aus Kupfer sind nicht verwendbar, da diese angegriffen werden. Am besten eignen sich emaillierte Gefäße. Wird im Walkfaß gearbeitet, so sind die Metallköpfe und Schrauben im Innern durch Bleikappe versenkt anzubringen und die Abnutzung des weichen Bleis durch darüber geklemmten schützenden Holzdeckel zu verhindern. Da die Färbung mit Schwefelfarben stets kalt erfolgt, verfährt man in der Weise, daß man die Lösung in nur einem Teil des zur Verfügung stehenden Wassers kochend bereitet, um nach erfolgter Lösung durch den restlichen Zusatz kalten Wassers abkühlen zu können. Unmittelbar vor Gebrauch kann man zum Schutze des Leders noch etwa $^1/_{10}$ % der Farbstoffmenge an Formaldehyd 40 %ig und $^1/_5$ % an Seife zusetzen, welch letztere vorher in Wasser gelöst wurde. Das Färben kann sowohl in der Mulde wie auch im Walkfaß oder mittels Bürste erfolgen, letzteres besonders, wenn eine ungefärbte Rückseite verlangt wird. Die Färbung kann erforderlichenfalls wiederholt werden. Bei hellen Tönen empfiehlt sich ein etwas größerer Zusatz von Schwefelnatrium und von mehr Seife, wodurch das Aufziehen des Farbstoffes durch das Leder verzögert und dadurch gleichmäßigeres Färben erreicht wird. Man färbt durch Aufbürsten oder halbstündiges Walken. Dann wird zunächst von der Rückseite aus ausgereckt oder abgequetscht und dann, ohne zu trocknen, einige Stunden der Luft ausgesetzt. Dies hat den Zweck, eine Befestigung des Farbstoffes an die Hautfaser herbeizuführen, die durch den Sauerstoff der Luft erfolgt. Das Schwefelnatrium hat dann seinen Dienst als Farbstoffträger getan und muß alsdann durch gutes Waschen in fließendem Wasser beseitigt werden. Wenn es im Leder verbliebe, würde es die Lederfasern mürbe machen und schwächen. Es wäre auch die Ursache, daß bei etwaigen Wiederholungen der Färbungen der Farbton statt dunkler immer heller würde, weil durch die Anreicherung des Schwefelnatriums im Leder der Farbstoff in Lösung gehalten würde und statt befestigt herausgelöst würde.

Man kann die Färbungen sodann noch mit Metallsalzlösungen nachbehandeln, wodurch ihre Echtheit, besonders die Waschechtheit wesentlich verbessert wird, außerdem etwa verbliebene Schwefelnatriumreste unschädlich gemacht werden. Man verwendet Lösungen von zirka 1 bis 5 g Chromkali oder Kupfervitriol bzw. Nickelammonsulfat pro Liter Wasser, jeweils unter Zusatz von ungefähr 5 ccm Essigsäure 50%ig. Kupfervitriol stumpft den Farbton etwas ab, Chromkali macht ihn lebhafter und Nickelammonsulfat verändert ihn fast gar nicht. Sowohl beim Färben wie auch beim Nachbehandeln überschreitet man 25° C nicht. Zum Nachbehandeln genügt ein viertelstündiges Walken, doch kann dies auch durch einige Bürstenaufstriche erfolgen. Dann wird wieder in reinem Wasser gut gespült und sodann durch Waschen mit Seife, Eigelb oder Urläuter (Afterlauge) dem Leder etwas Fett zurückgegeben, welches ihm mit Rücksicht auf das bessere Färben vorher entzogen worden war. Dies Nachfetten erfolgt natürlich erst dann, wenn feststeht, daß eine Wiederholung der Färbung nicht erforderlich ist. Sodann wird ausgequetscht, glattgestrichen und getrocknet.

Dann wird in üblicher Weise gut weich gestollt und mit dem Plüschrad die Zurichtung beendet. Wenn nötig, kann auch mit nicht zu warmem Eisen gebügelt werden.

In solchen Fällen, in denen die Färbung mit Schwefelfarben durch Nachfärben mit Holzfarben oder Anilinfarbstoffen geschönt werden soll, kann sich dies sofort an das Spülen anschließen. In umgekehrter Reihenfolge zu arbeiten, empfiehlt sich nicht.

Zum Nachfärben in lebhaften Tönen, allerdings nicht in gleicher Waschechtheit, eignet sich das sogenannte Tamolverfahren. Es gibt an sich ähnliche Resultate wie das Verfahren mit Holzfarbstoffen, ist aber einfacher und zuverlässiger. Außerdem ist man durch die größere Farbstoffauswahl in den Farbtönen unbeschränkt. Das Verfahren erlaubt aber auch die Mitverwendung von Holzfarbstoffen, wenn diese aus bestimmten Gründen beibehalten werden sollen. Man gibt zunächst eine Vorbehandlung mit 10 g Tamol NNO im Liter Wasser, welcher Lösung gegebenenfalls der Zusatz der Farbholzabkochung gegeben werden kann. Anschließend daran färbt man entweder durch halbstündiges Walken oder durch Aufbürsten mit den Lösungen passender substantiver oder Säurefarbstoffe bzw. Mischungen solcher. In vielen Fällen ist es zweckmäßig, die Farbstofflösung nicht auf einmal zu geben, sondern in der Weise, daß man sowohl die Tamol- wie auch die Farbstofflösung in drei Teile teilt und dieselben dann abwechselnd und aufeinander folgend mit je einviertelstündiger Walkdauer gibt. Man kann aber auch die Tamollösung mit der Lösung des substantiven oder Säurefarbstoffes vereinigen, um die Färbeweise zu vereinfachen und kann, wenn sie mit verwendet werden sollen, auch die entsprechenden Farbholzabkochungen hinzufügen. Im Anschluß an die Färbung empfiehlt es sich, mit der Lösung eines Metallsalzes, wie z. B. Bichromat oder Kupfersulfat, leicht nachzubehandeln, diese kann aber auch der zusammengesetzten Tamol-Farbstoff-Farbholzlösung zugefügt werden. Auch diese Färbung kann erforderlichenfalls mehrmals wiederholt werden, außerdem ist daran anschließend noch ein Übersetzen mit basischen Farbstoffen ausführbar.

8. Formaldehydleder.

Obgleich Formaldehyd, in Lösung auch Formalin oder Formol genannt, schon über 60 Jahre bekannt ist, so wurde doch seine Verwendungsmöglichkeit zum Gerben erst in den letzten Jahren des vorigen Jahrhunderts erkannt. Anregung dazu gab die desinfizierende, konservierende Wirkung des Formaldehyds auf Haut.

Grundlegend für die Einführung der neuen Gerbungsart waren die Versuche von Ditner und die Patente von Payne und Pullmann.

Die letzteren verwandten zuerst Formaldehyd in schwach alkalischer Lösung zum Gerben und waren wohl auch mit die ersten, die das Formaldehydgerbverfahren zuerst in England (Godalming) und dann auch in Frankreich zur Anwendung in der Praxis brachten. Später erhielt R. Combret ein Patent auf ein Gerbverfahren unter gleichzeitiger Verwendung von Formaldehyd und Säure. Außerdem wären die amerikanischen Patente von Dolley und Grank zu nennen, bei denen die Vorgerbung mit Gambir durch eine Nachbehandlung mit Formaldehyd befestigt wird.

Zur Aufklärung der Formaldehydgerbung haben die Untersuchungen von Paul von Schröder, Abegg, Meunier, Seyewetz, Fahrion, Möller, Kohnstein und Stiasny beigetragen. Sie alle waren sich bei dieser Gerbungsart darüber einig, daß hier ein chemischer Vorgang vorliegt, wenn auch in Einzelheiten die Anschauungen darüber voneinander abweichen.

Es wurden bei diesen Untersuchungen eine ganze Reihe von besonderen Eigenschaften des Formaldehyds gefunden, die sich aus dessen großer Reaktionsfähigkeit erklären. So fand Kohnstein, daß sich eine nur mit Formaldehyd gegerbte Blöße unter Druck wieder von Formaldehyd befreien und dann in Leim verwandeln ließ. Dies trat aber nicht ein, wenn die Formaldehydgerbung bei Gegenwart von Alkalien vor sich ging. Leimleder von Häuten, die mit Formaldehyd konserviert waren, ist denn auch minderwertig, weil es sich vermutlich infolge der Zusammenwirkung des Kalkes mit Formaldehyd nicht zu Leim verkochen läßt. Fahrion stellte fest, daß man mit Formaldehyd allein kein brauchbares Leder herstellen kann. Eine weitere Erkenntnis war, daß man mit Formaldehyd Schwellungen fixieren kann, was unter anderem bei der Sohllederherstellung benutzt wird. Auch stellte man fest, daß man Formaldehyd als Hilfsmittel zur Beschleunigung der Aufnahme von vegetabilischen Gerbstoffen und Chrom benutzen kann. Er erhöht dabei die Echtheit der Gerbung. In der Chromgerbung spielt Formaldehyd eine Rolle zur Erzielung eines zarten Narbens wahrscheinlich in der Weise, daß dieser fixiert und so durch die Chromgerbung nicht mehr verzerrt werden kann. Bei der Reduktion von Bichromat mit Zucker bilden sich, wie Procter erkannte, in der Gerbbrühe Aldehyde.

Vielfach werden glacégare Lammfelle gut aufbroschiert, erhalten dann eine kurze Behandlung mit Formaldehyd unter allmählicher Zugabe von Natriumbikarbonat und anschließend eine Gare mit Eigelb. Derart behandelte Leder sind gegen höhere Temperatur und Waschen mehr geschützt als gewöhnliches Glacéleder.

Leder, welches nach dem reinen Formaldehydgerbverfahren hergestellt wird, hat große Vorzüge, da es weich, weiß und waschbar ist. Es ähnelt in seinen Eigenschaften sowohl dem alaungaren wie dem

Sämischleder und kann fast überall da zur Verwendung gelangen, wo solche Leder sonst gebraucht werden. Die Vorarbeiten sind die gleichen, wie sie für Sämischleder üblich sind, als dessen Ersatz es hauptsächlich dient. Wie bei diesem, wird gewöhnlich der Narben der Wildfelle im geäscherten Zustand abgestoßen oder bei Schaffellen abgespalten.

Die Gerbung erfolgt im Walkfaß, in welches man — auf 100 kg gebeizte Blößen gerechnet — 50 kg Wasser von zirka 35° C gibt. Man setzt das Faß in Bewegung, fügt durch die hohle Achse eine Lösung von 4 kg Formalin 40%ig, 3 kg Kochsalz und 50 l Wasser 35° C zu und läßt etwa eine Stunde laufen. (Die Firma Röhm & Haas, Darmstadt, empfiehlt, diesem Vorgang eine Behandlung mit einem Schutzöl Lipon BG vorausgehen zu lassen.) Dann bereitet man eine Lösung von 2 kg Natriumbikarbonat in 20 l Wasser 35° C und gibt diese ebenfalls, und zwar geteilt in 3—4 Teile in halbstündigen Abständen durch die hohle Achse ins Faß. Der erste Zusatz hat den Zweck, das Bad in einen leicht alkalischen Zustand zu versetzen, in welchem die beste Gerbwirkung erzielt wird. Die weiteren Zusätze müssen es darin erhalten, weil während der Gerbung fortwährend Säure gebildet wird, welche die Gerbwirkung herabsetzt. Nach dem letzten Zusatz walkt man noch 3—4 Stunden. Das Ende der Gerbung erkennt man, wenn sich ausgepreßte Stücke nicht mehr blößenartig anfühlen und beim Auspressen trocken und weiß erscheinen. Wenn man nun die Felle über Nacht über einen Bock schlägt, so werden sie bis zum nächsten Tag wieder sauer, weil die Gerbwirkung weitergeht. Diese Säure wird am nächsten Tag neutralisiert und der überschüssige Formaldehyd in ein nicht gerbendes Salz verwandelt, indem man die Felle wieder ins Gerbbad zurückbringt, kurze Zeit walkt und noch 1 l Ammoniak zufügt. Zuweilen erfolgt diese Nachbehandlung auch mit etwa 4 kg Ammonsulfat in 120 l Wasser 40° C. Nach zweistündigem Walken mit Ammoniak bzw. Ammoniumsulfat ist die eigentliche Gerbung beendet, und es kann nach kräftigem Spülen gefettet werden.

Es wird mit etwa 2½ kg Schmierseife in zirka 50 l Wasser von 45 bis 50° C durch einstündiges Walken gefettet. Die Seife kann ganz oder teilweise durch sulfoniertes Rizinus- oder Klauenöl, z. B. Lipon K 2, ersetzt oder ergänzt werden. Außerdem findet Degras dafür Verwendung.

Die Leder werden im Anschluß daran getrocknet, mittels feuchter Sägespäne durchfeuchtet und gestollt. Sie haben nunmehr das Aussehen rein weiß gebleichter Sämischleder und können wie diese mit Schwefelfarben waschecht gefärbt werden. Bezüglich des Färbens sei auf den entsprechenden Abschnitt bei Sämischleder verwiesen.

Wenn waschbares Glacéleder oder solches Leder hergestellt werden soll, dem die Formaldehydgerbung allein nicht genügend Fülle verleiht, so schließt sich an die Nachbehandlung mit Ammoniak die folgende Arbeitsweise an. Man fügt zu einem neuen Bad, das mit 100 l Wasser im Walkfaß bereitet wurde, allmählich in kleinen Gaben 2 kg Natriumbisulfit (oder auch Essigsäure) gelöst in 20 l Wasser hinzu. Diese Menge Salz oder Säure dürfte ausreichen, um blaues Lackmuspapier leicht rot zu färben, wenn es zwischen dicke, angeschnittene Hautstellen gelegt wird. Eventuell muß man noch etwas mehr geben. Den so sauer gestellten Fellen gibt man eine Glacégare, worüber Näheres im Abschnitt Glacéleder nachzulesen ist.

Für Schlangenfelle wird besonders eine Gare mit Telaon G von Röhm & Haas und Eigelb empfohlen, weil dabei das Ankleben der Schuppen vermieden wird, doch ist diese Gare auch sonst an Stelle der Mehlgare zu verwenden. Eine andere Kombinationsform der Formaldehydgerbung besteht darin, daß man ihr eine schwache Chromgerbung vorausgehen läßt. Man verwendet dazu geringe Mengen Chromalaun oder basische Chromgerbesalze, die man anschließend mit Borax neutralisiert, worauf die beschriebene Formaldehydgerbung folgen kann. Dieses Verfahren kommt da in Frage, wo man ein Leder vom Charakter des Chromleders wünscht, das möglichst weiß sein soll. Solches Leder sollte nach Möglichkeit sofort anschließend an die Gerbung gefärbt werden, da eine Färbung, wenn das Leder erst einmal trocken war, in diesem Fall sehr schwierig ist.

Eine sehr wichtige Verwendung des Formaldehyds fand Stiasny, indem er es mit Phenolsulfosäuren kondensierte und damit die Grundlage für eine Reihe sehr wichtiger künstlicher Gerbstoffe schuf.

9. Japanleder.

Japanleder ist ein hervorragend schönes, weiches und doch festes weißes Rindleder von außerordentlicher Reißfestigkeit, welches dieser Eigenschaften wegen zur Herstellung von Gürteln, Sportschuhen, Hosenträgern, Bandagen usw. dient. Die Herstellung des echten Japanleders geschieht noch ganz handwerksmäßig. Sie erschien den Gerbereisachverständigen lange merkwürdig, da man sich nicht erklären konnte, wie ein so schönes Leder auf anscheinend primitive Weise und — den spärlichen Nachrichten zufolge — sogar ohne Verwendung von Gerbstoffen hergestellt sein sollte. Es führte zu allerlei Vermutungen, daß man nur einen Herstellungsort in Japan kannte. Dieser ist das Dorf Takagi-Hanada bei Himeji am Gebirgsflusse Ichikawa. Da die Häute viel im Flusse gewässert und gespült wurden, schloß man, daß das Wasser auf die Gerbung einwirken müsse, und zwar vermutete man zunächst, daß sich ein Alaunbecken im Flusse befinde und das Wasser somit alaunhaltig sei. Inzwischen haben Analysen des Wassers und des Leders (um welche Angelegenheit sich besonders Professor Päßler bemühte) dargetan, daß keinerlei Alaungerbung vorliegt. Man konnte aber auch schon ohnedies auf Grund der Mitteilungen, die über die Herstellung vorlagen, schließen, daß eine Alaungerbung nicht vorliegen konnte. Man kann nämlich nicht in ein und demselben Wasser die Haut zum Enthaaren bringen und auch gerben.

Gerade die Enthaarung durch Einhängen der Häute in den Fluß bildet einen wesentlichen Bestandteil des Herstellungsverfahrens. Sie wäre bei einem gerbstoffhaltigen Wasser nicht denkbar gewesen. Inzwischen liegen verschiedene klare Mitteilungen von Augenzeugen (Dr. Grasser,[1] H. W. Blancke) vor, wodurch das Herstellungsverfahren völlig aufgeklärt ist. Lediglich in der Theorie gehen die Anschauungen noch etwas auseinander.

Fahrion glaubte, daß das zur Verwendung gelangende Rapsöl (Rüböl) eine leichte Sämischgerbung bewirkt, wobei das Sonnenlicht, dem die Häute wochenlang ausgesetzt werden, den Oxydationsvorgang beschleunigt.

Eitner nahm im „Gerber“ 1907, S. 337 und folgende an, daß die Hautsubstanz durch die Einwirkung der Sonnenstrahlen ihre Quellfähigkeit verliert, d. h. die Fähigkeit, Wasser zwischen die feinsten Teile ihrer Substanz eindringen zu lassen, ähnlich, wie es zuweilen beim unrichtigen Trocknen von Rohhäuten an der prallen Sonne vorkommt. Er hielt das Zwischenschichten des Öles und das Stollen nur dienlich dafür, daß die Hautfasern isoliert bleiben und nicht zusammentrocknen. Demnach sprach er Japanleder nicht als eigentliches Leder, sondern nur als zugerichtete Blöße an.

Eine weitere Ansicht über Japanleder findet sich auf Seite 153. Die Rohware besteht zum Teil aus trockenen chinesischen und koreanischen, zum Teil aus frischen japanischen Rindhäuten. Die Arbeitsweise ist wie folgt:

Die Häute werden zunächst zum Weichen und Haarlockern in den Fluß Ichikawa eingehängt. Hierzu sind der Frühling und der Herbst die geeignetsten Zeiten, weil dann der Fluß das meiste Wasser führt und auch die mittlere Wasserwärme den Vorgang begünstigt. Man darf annehmen, daß das Wasser ziemlich weich ist, was vielleicht am ehesten erklärt, warum gerade in Takagi-Hanada das Japanleder so gut gelingt. (Wie man inzwischen weiß, wird Japanleder doch auch an einigen anderen japanischen Orten, jedoch nur in kleinem Umfang hergestellt.) Je nach der Temperatur des Wassers (und dem vielleicht wechselnden Gehalt an organischen Stoffen) verbleiben die Häute bis zur Haarlockerung ein bis vier Wochen ausgespannt im fließenden Wasser. Im Winter werden die Häute zum Teil auch durch Schwitzen

[1] Collegium 1927, S. 433—439.

haarlässig gemacht. Die geschilderte Enthaarungsweise ohne Chemikalien ist natürlich auf die Reißfestigkeit des fertigen Leders von hervorragendem Einfluß. Die Enthaarung und Entfleischung erfolgt mit der Hand. Die Verwandlung der Blöße in Leder beginnt durch eine Entwässerung der Haut durch Salz. Diese wird so ausgeführt, daß die Blöße mit Salz bestreut und dann stundenlang mit den Füßen getreten wird. Die so gewissermaßen gepickelten Blößen werden aufgespannt und an der Sonne so lange getrocknet, bis sie anfangen einen Salzbelag zu zeigen. Dieser Belag wird nun abgespült, was recht vorsichtig geschieht, damit nicht zuviel Salz entfernt und die Haut nicht zu feucht wird. Die so angefeuchtete Haut wird dann wieder gründlich durch Tretarbeit behandelt, nach einiger Zeit mit Rüböl eingeschmiert und dann kräftig weiter getreten, bis die verhältnismäßig geringe Menge Öl gleichmäßig in die Haut eingedrungen ist, was oft Tage dauert. Die Häute werden dann abermals aufgespannt und längere Zeit gesonnt. Hierbei verdunstet das Wasser, das Öl vermag immer tiefer einzudringen, und schließlich wird dadurch auch neben den sonst angenommenen Vorgängen die Oxydation des Öles begünstigt. Nach wochenlangem Sonnen werden die Häute wieder gestollt und nochmals gespült, um weiteres Salz zu entfernen. Schließlich werden sie leicht nachgeölt, weiter auf Holztafeln getrocknet und durch die Sonne gebleicht. Der ganze Arbeitsvorgang dauert angeblich ungefähr sechs Monate, kann also in dieser Form bei uns zur Nachahmung nicht empfohlen werden.

Das Leder ist sehr weich, reißfest, dauerhaft und von reinweißer Farbe, wenn es nicht feucht verpackt wurde. Auffallend für unsere Begriffe ist die sehr geschlossene Faserbildung der häufig an sich wenig lockenden Rohware, die Häute haben selten lose Flämen, was wohl in erster Linie auf das Fehlen des Äscherprozesses zurückzuführen ist. Die Leder werden für unsere Zwecke gewöhnlich noch von der Fleischseite aus bearbeitet, indem man sie mit einem Stärkekleister oder mit Caragheenmoosschleim unter Zusatz von Talkum einreibt und mit der flachen Hand oder mittels Handglas glättet. Die Fertigstellung nach dem Trocknen erfolgt gewöhnlich durch Einpudern mit Talkum, welches auch die durch feuchtes Einpacken entstandenen grauen, schimmeligen Ecken zu verdecken hat.

Neuerdings werden auch in Europa dem Japanleder ähnliche Erzeugnisse herausgebracht. Ob deren Herstellungsverfahren sich an das japanische anlehnt, ist nicht bekannt.

Jedenfalls ist es wohl denkbar, unter Hinzuziehung von Maschinen, durch geeignete Entwässerung und künstliche Bestrahlung ein dem japanischen Erzeugnis vollkommen ebenbürtiges Leder auf wirtschaftlichere Art herzustellen als im Ursprungsland.

Und so führen uns schließlich die japanischen Gerber mit ihrer scheinbar so primitiven Arbeitsweise noch dazu, Leder vollkommen ohne Gerbstoffe herzustellen, welches alle unsere jetzt bekannten Lederarten an Festigkeit und Haltbarkeit übertreffen mag.

10. Eskimoleder.

Nach einem Bericht von Roald Amundsen haben die Eskimos für die Zubereitung der Seehund- und Renntierfelle für ihre Bekleidung, Zelte und Kajakboote ihre besonderen Methoden.

Die Bearbeitung obliegt größtenteils den Frauen; die Felle werden nur für den eigenen Gebrauch fertiggestellt und bilden keinen Handelsartikel.

Das Fell wird gleich nach dem Abziehen so sauber wie möglich von Speck befreit, was mit dem „Olo", dem Frauenmesser, geschieht und wozu es flach über ein Stück Holz gebreitet wird. Dann wird die Fleischseite wiederholt gründlich durchgekaut und ausgesaugt, um die kleinen, verbliebenen Speckteile zu entfernen, die das Messer zurückgelassen hat. Die Felle werden dabei auch im wahrsten Sinne des Wortes „durch die Zähne gezogen", wobei neben die verdauende Wirkung des Speichels besonders die Stollwirkung hinzutritt. Man kann im Frühjahr viele Eskimofrauen Felle kauen sehen.

Das Fell wird dann mit dem Haar nach außen zusammengerollt, in ein anderes Fell, gleichfalls mit dem Haar nach außen, eingerollt und einige Zeit im Warmen gelagert, also geschwitzt, wie unser Gerberausdruck dafür lautet. Sobald das Fell haarlässig ist, werden die Haare abgekratzt, was gewöhnlich mit den Fingernägeln geschieht. Dann werden die Felle zusammengerollt im Schnee vergraben und gefrieren gelassen.

Zum Überziehen der Kajakboote werden sie im Frühjahr aufgetaut und im feuchten Zustand straff über die Gestelle gespannt. Durch das dann folgende Trocknen zieht sich die Haut zusammen, ist fast durchsichtig und von heller Farbe und stramm wie ein Trommelfell.

Einige Eskimostämme verwenden Urin bei der Behandlung ihrer Felle, andere nicht. Das Kauen der Felle ist aber allgemein üblich; Gerbmittel werden keine angewandt. Es erscheint nicht ausgeschlossen, daß, wie bereits bemerkt, der beim Kauen vorhandene Speichel verdauend auf die Eiweißkörper der Haut und damit gerbend wirkend, zumal der auf den Fellen haftende Tran in Oxydation übergehen und ebenfalls gerbend wirken kann.

Zur Verarbeitung als Wasserstiefel werden die Seehundfelle zunächst in schon beschriebener Weise abgespeckt und in der Wärme aufgetaut und geschwitzt. Die Frau krempelt dann ihr Beinkleid so weit wie möglich hinauf und benützt den rechten Oberschenkel als Unterlage zum Abschaben der Haare mit scharfen Messern, in ähnlicher Weise, wie wir den gepolsterten Baum als Unterlage benützen. Die Felle werden dann auf dem Schnee ausgebreitet und getrocknet. Es erscheint nicht ausgeschlossen, daß durch die Einwirkung des Sauerstoffes auf den Tran der Felle teilweise eine Art Sämischgerbung eintritt, die durch das häufige Kauen unterstützt wird.

Als Zeltdecken werden teils abgeschabte, teils behaarte Seehundfelle verwendet, die in vorbeschriebener Weise durchgekaut, im übrigen aber bloß aufgetrocknet werden.

Auf den Renntierfellen bleiben in den meisten Fällen die Haare erhalten, um sie als Decken und ähnliches verwenden zu können. Bei jenen, welche wasserdicht und gegen den Schnee schützend sein sollen, wendet man bloß gewöhnliche Trocknung an, wobei die Haut allerdings hart wird. Die Felle, welche der Eskimo für Unterkleider relativ weich und geschmeidig haben will, wickelt er sich, nachdem sie abgespeckt und durchgekaut sind, für eine Nacht um den bloßen Leib. Darüber deckt er sich dann mit seinen üblichen Bettdecken, Haare nach innen, zu und wiederholt dies eventuell mehrere Nächte. Dann läßt er das Fell zusammengerollt gefrieren. Sache der Frau ist es sodann, das Fell durch Stollen mit Schulterknochen von Renntieren weich und geschmeidig zu machen, worin sie abends von dem Mann unterstützt wird.

Die auf diese Weise durch den Wärme- und Gefrierprozeß und das Stollen während des Trocknens bearbeiteten Felle sollen sehr weich sein, aber leicht Feuchtigkeit aufnehmen und darum nur zur Unterkleidung geeignet sein.

Es steht wohl kaum zu befürchten, daß diese Verfahren, die in ihrer Primitivität kaum überboten werden können, auch bei uns Eingang finden, da unsere Frauen anderes „durch die Zähne zu ziehen“ wünschen als rohe speckige Tierfelle.

11. Transparentleder.

Das Transparentleder ist, wie das Pergament, eigentlich kein Leder, sondern reingemachte, sonst rohe Haut.

Bekanntlich gilt es als Erfahrungsgrundsatz, daß die Haut um so zäher ist, je weniger die Hautfaser durch den Bearbeitungs- und Gerbvorgang verändert wurde. Dies trifft bei Transparentleder in weitestem Maße zu, da man hierbei die rohe, von Fleisch, Fett und Haaren reingemachte Haut so lange mit Glyzerin behandelt, bis sie von diesem völlig durchdrungen ist und auch im trockenen Zustand die notwendige Geschmeidigkeit für die verschiedensten Zwecke besitzt.

Glyzerin ist ein Alkohol, der an der Luft nicht verdunstet und deshalb das damit behandelte Leder stets feucht hält; es durchdringt die

Haut leicht, ist sehr beständig und trocknet nicht ein. Es eignet sich dadurch sehr gut dazu, die rohe Haut in ihrem natürlichen feuchten Zustand zu erhalten, in dem sie am zähesten ist. Dadurch und weil keine Gerbstoffe in die Haut eingelagert werden, ist die fertige Ware durchsichtig, wie ihr Name besagt.

Es findet als Näh- und Binderiemen wie auch als Schlagriemen seine hauptsächlichste Verwendung; außerdem zu technischen Zwekken, in der Spielwarenindustrie, beim Sattelbau u. a. m. Je nach dem Zweck, dem es dienen soll, wird es mehr oder weniger fest hergestellt. Während es z. B. bei Sattelböcken steif und sehr wenig geschmeidig sein darf, müssen Nähriemen weniger steif und mehr geschmeidig sein, welche Ansprüche bei Schlagriemen am höchsten gestellt sind.

Der Unterschied liegt, neben der Wahl des Rohmaterials, in dem schwächeren oder stärkeren Einlassen von Glyzerin. Je kräftiger die Haut gewählt wird und je weniger Glyzerin sie erhält, um so fester und steifer ist natürlich das sich ergebende Transparentleder, das andererseits um so weicher ausfällt, je schwächer die Haut ist und je mehr sie mit Glyzerin durchtränkt wird.

Das Schwergewicht liegt somit in der Auswahl gesunder Rohware, und daß ihre guten Eigenschaften möglichst voll erhalten bleiben. Wie Wilson in seinem lesenswerten Buche[1] ausgeführt hat, trägt schon die Konservierung der rohen Haut sehr viel dazu bei und er schlägt vor, sie statt mit Kochsalz mit Glaubersalz einzusalzen, um sie schon vom Schlachten weg vor Fäulnis zu bewahren. Da der sehr einleuchtende Vorschlag leicht auszuführen ist, wäre zu wünschen, daß er allgemein bekannt und befolgt würde. Im allgemeinen wählt man für den Zweck als Transparentleder gerne frische oder frisch gesalzene Rinderhäute, die von großer Fläche, aber nicht zu kräftig sind; Stierhäute werden dafür gewöhnlich nicht gewählt. Altgesalzene, stark entwässerte oder trockene Häute scheiden gewöhnlich auch aus. Frisch aus dem Schlachthaus kommende Häute geben die besten Ergebnisse. Man wässert nicht mehr als notwendig, um Blut, Salz und Schmutz zu entfernen und die Haut in den Zustand zurückzubringen, in dem sie im lebenden Zustand am Tier war. Um hierbei die Ausdehnung schädlicher Mikroben zu verhüten, wird eine geringe Zugabe von Chlor, in Form von Chlorkalk, zum Weichwasser vorgeschlagen, welches dadurch steril wird. Ein sehr bemerkenswerter Vorschlag besteht darin, die gewässerte Haut zu entfleischen; die noch nicht geschwellte, also stärkere Haut widersteht der Beanspruchung durch die Maschine besser als im späteren, geschwächten Zustand. Außerdem vollzieht sich der Äschervorgang auf der gereinigten, ausgeglichenen Haut besonders gleichmäßig.

[1] Wilson-Loewe. Die moderne Chemie in der Lederfabrikation. Leipzig 1925.

Das Äschern im Walkfaß läßt am sichersten die größte Schonung der Hautsubstanz erwarten, da es am leichtesten überwacht werden kann. Je kürzer die Zeit, in der man sowohl Haarlässigkeit wie auch Schwellung zur Bearbeitung der Fleischseite erzielt, um so geringer sind die Fehlerquellen. Die Grubenäscherung ist ungleichmäßig wirkend und unübersichtlich; bei den Hängeäschern wird die Haut zu sehr angestrengt. Das gleiche gilt auch von der Haspel, die sowieso bei Rindhäuten kaum in Gebrauch ist. Beim Äscherwalkfaß ist die Wirkung am schnellsten zu erzielen; der langsame Gang und die hinreichende Brühenmenge verursachen, daß in der Hauptsache die Brühe bewegt, die Haut aber in keiner Weise beansprucht wird. Wichtig ist natürlich die Ermittlung der richtigen Menge des zu verwendenden Alkalis, z. B. Schwefelnatrium, von dem im allgemeinen 4—6 % verwendet werden, wenn man die sogenannten konzentrierte Marke zur Verfügung hat. Um die zu starke Schwellwirkung desselben zu vermeiden, gibt man einen Zusatz von 4 bis 8 % Koch- oder Glaubersalz gleich zu Beginn des Walkens.

Die geeignetste Temperatur liegt zwischen 22—26° C und sollte stets gleich gehalten werden. Ihre Bedeutung wurde bereits im Abschnitt „Glacéleder" erläutert. Außerdem liegt eine prüfbare, wichtige Maßnahme in der Gleichhaltung der Brühendichte. Sie wird durch die Menge der Flüssigkeit und durch Zusätze erreicht, welche die Wirkung des verwendeten Alkalis nicht beeinträchtigen. Die Menge der Flüssigkeit soll das Zwei- bis Dreifache des Gewichtes der Häute nicht übersteigen, die in derselben gut schwimmen und nicht im üblichen Sinne walken sollen. Dieses Walken, welches ein Mitnehmen der Häute durch die Umdrehung des Fasses, ein Fallen und Schlagen, und damit Hautverlust mit sich bringt, soll unbedingt vermieden werden. Man wird deshalb der Größe der Partie entsprechend große Walkfässer auswählen und nicht große und kleine Partien im gleichen Walkfaß äschern.

Als Hilfsmittel zur Gleichhaltung der Dichte dient ferner neben dem bereits genannten Koch- oder Glaubersalz in Auflösung befindliches Leimleder, welches, mit einer schwachen Chlorkalklösung steril gemacht, ein sehr günstig wirkendes Schutzmittel gegen Überäscherung ist, wie auch aus dem D. R. P. Nr. 341276 hervorgeht. Um bei der Kürze der Zeit die Wirkung raschmöglichst zu heben, kann man sich für diese Zwecke verkochtes Leimleder — d. h. Leim — bereithalten und bis zur Erreichung einer bestimmten Brühenstärke zugeben, die man mit einem der bekannten Dichtigkeitsmesser ermittelt.

Wer diesen Dingen nicht die ihnen gebührende Sorgfalt widmet, braucht sich nicht zu wundern, wenn seine sonst aufgewandte Mühe nicht belohnt wird. Alle späteren Arbeitsvorgänge, selbst der Gerbprozeß, treten an Wichtigkeit zurück, wie ja ein altes Gerberwort schon daran erinnert, daß „das gute Leder im Äscher gemacht wird".

Es ist eine nicht wegzuleugnende Tatsache, daß der Äscherprozeß aus Bequemlichkeitsgründen vielfach vernachlässigt wird. Der Aufenthalt in stets nassen, unfreundlich kalten Räumen, die Hantierung mit ätzenden Hilfsstoffen und der Geruch halten den nicht Verantwortlichen davon ab, sich dort nützlich zu machen. Die Verantwortlichen selber haben zu wenig Zeit, sich dort viel aufzuhalten, und so kommt es, daß gerade hier, wo die zuverlässigsten, besten Arbeitskräfte vorhanden sein sollten, man häufig den Ausschuß derselben vorfindet, der dazu vielfach noch ohne richtige Anleitung und Aufsicht ist. Die Kenntnis der richtigen Beurteilung der Blöße ist viel zu wenig verbreitet, und es ist deshalb schwierig, ihre minderwertige Bearbeitung festzustellen, ehe sie zur Gerbung gelangt. Diese verwischt alsdann viele Spuren. Die Folge ist, daß die Fehler erst in einem späteren Zeitpunkt der Bearbeitung wirksam werden und irrtümlich anderen Ursachen zugeschrieben werden, ohne daß sie dann sich beseitigen lassen.

Es kann darum nicht genug darauf verwiesen werden, den Äscherprozeß gründlichst durchzudenken und durch kleine Vorversuche das Zweckmäßigste für die örtlichen Verhältnisse ausfindig zu machen. Die Menge und Härte des Betriebswassers und die Beschaffenheit des jeweiligen Rohmaterials lassen allgemeingültige Vorschriften nicht zu. Es wäre durchaus falsch, wenn man einfach solche Vorschriften vom einen auf den anderen Betrieb übertragen wollte oder vom alten Grubenverfahren auf das Äschern im Walkfaß Schlüsse zöge.

Gewöhnlich werden für Transparentleder nur die Kernstücke verwendet; man trennt von ihnen die Flanken und Köpfe ab, sobald die Äscherung beendet und die Beurteilung der Haut erleichtert ist. Die Häute werden dazu in reinem, etwas warmem Wasser gehaspelt und, wenn etwas verfallen, mit dem Streicheisen oder Glättstein rein gemacht. Dienen die Häute Näh- oder Binderiemenzwecken, so trennt man meistens die Hals- und Flankenteile nicht vom Kern ab.

Nunmehr wird die Haut in Rahmen gespannt, was mit Schnüren und Klammern erfolgen kann.

Die stramm gespannten Häute werden nunmehr in wagerechter Lage von der Fleischseite aus mit Glyzerin bestrichen und in wagerechter Lage in ein Gerüst eingelegt, welches den Durchzug frischer Luft gestattet. Dem Glyzerin werden gewöhnlich passende Anilinfarbstoffe und eine Kleinigkeit Salizylsäure zugefügt. Die Farbstoffe werden je nach dem Farbton gewählt bzw. zusammengesetzt. Es sind sogenannte Säurefarbstoffe. Man verwendet davon ungefähr 1 Gewichtsteil auf 100 Gewichtsteile Glyzerin.

Der Zusatz von Salizylsäure erfolgt zur Verhütung von Fäulnis.

Sobald der Glyzerinauftrag eingezogen ist, wird er wiederholt; je öfter man ihn wiederholt, um so weicher wird das Leder. Das Glyzerin dringt mit dem Verdunsten des in der Haut befindlichen Wassers vor, dessen Platz es einnimmt und behält.

Zum Anfärben des Glyzerins wurde früher vielfach Pikrinsäure verwendet, die dem Transparentleder eine eigenartige gelbe Farbe verlieh, die aber durch die viel einfacher anwendbaren und lichtechteren Anilinfarbstoffe ersetzt werden kann.

Maßgebend für die Zahl der Anstriche ist der spätere Zweck und die Beschaffenheit der zu bearbeitenden Haut. In vielen Fällen genügt ein ein- bis zweimaliger Anstrich, für Näh- und Binderiemen, die weich sein sollen, gibt man je nach der Dicke der Haut und der Stärke des Auftrages 5—6 Aufstriche. Es läßt sich während des Trocknens leicht beurteilen, wie stark und wie oft die Aufstriche wiederholt werden sollen, deren genaue Zahl und Art hier nicht festgelegt werden soll.

Im allgemeinen ist nur vor einem Zuviel zu warnen, da dies schwerer rückgängig gemacht werden kann als ein Zuwenig, besonders bei Schlagriemen.

Transparentleder wird durch die Behandlung mit Glyzerin nicht zu Leder und ist deshalb auch nicht dauernd gegen Fäulnis geschützt. In trockenen Räumen ist es aber unbegrenzt haltbar und zeigt hier Eigenschaften, die anderem Leder fehlen.

In anderen Fällen, besonders wenn es sich um nur sehr schwach mit Glyzerin imprägniertes Transparentleder handelt, versieht man es auch häufig mit einem gegen Feuchtigkeit usw. schützenden Sprit- oder Zaponlack oder Leinölfirnis, der es gleichzeitig verschönert und besonders bei Transparentleder angewendet wird, das für verschiedene technische Zwecke und für Spielwaren in Betracht kommt.

Eine Behandlung mit Gerbstoffen vermindert den Wert des Transparentleders, wird aber dennoch häufig mit Alaun ausgeführt, wodurch es seine Durchsichtigkeit verliert. Die Herstellung der Näh- und Binderiemen wird vielfach, wenn auch fälschlich, zur Transparentlederherstellung gerechnet.

In diesem Fall gibt man den in vorbeschriebener Weise in der Wasserwerkstelle behandelten, von Hals- und Flankenteilen befreiten Kernstücken eine Alaunsalzgerbung, der ein geringer Zusatz von Weizenmehl gegeben werden kann. Die Gerbung kann durch Einhängen oder Einlegen wie auch im Walkfaß, weniger gut in der Haspel erfolgen. Man verwendet für 100 kg Blöße 100 l Wasser, in dem ungefähr 15 kg weißer Kalialaun und 4 kg Kochsalz gelöst sind. An Weizenmehl kann man, am besten gegen Beendigung der Gerbung, ¼—1 kg zugeben. Die Temperatur der Gerbbrühe hält man zwischen 25—30° C. Beim Einlegen in die Gerbbrühe müssen die

Häute natürlich täglich mindestens zweimal aufgeschlagen werden, wobei die Brühe jedesmal gut aufgerührt werden muß. Die Brühe kann in diesem Fall auch einige Male benutzt werden, muß aber jedesmal mit etwa der Hälfte der oben angegebenen Mengen verstärkt bzw. nachgebessert werden. Die Gerbung ist natürlich im Walkfaß am schnellsten beendet und daran zu erkennen, wenn ein zusammengedrücktes Stück Leder in der Falte weiß erscheint.

Die Kernstücke werden dann abtropfen gelassen und an der Luft getrocknet. Man läßt sie dann einige Zeit in einem kühlen Raum lagern.

Danach durchfeuchtet man sie, indem man sie durch angewärmtes Wasser zieht und dann, auf Haufen liegend, über Nacht durchziehen läßt. Dann wird mit Hilfe geeigneter Maschinen vor- und nachgestollt und im Anschluß daran in Rahmen gespannt und getrocknet.

Es folgt jetzt das Einfetten oder Einbrennen, welches auf verschiedene Weise erfolgen kann. Man verwendet dazu heiß gemachten Talg, öfters auch in Verbindung mit Stearin oder Paraffin, womit die völlig trockenen Kernstücke entweder von Hand eingeschmiert und im heizbaren Walkfaß gewalkt oder durch Eintauchen „eingebrannt" werden. Es geschieht natürlich beides in entsprechend warmen Räumen. Beim Eintauchen (Einbrennen) kann man, um keine zu großen Gefäße verwenden zu müssen, die Kernstücke leicht zusammenrollen und mit einer Schnur umbinden, muß aber natürlich darauf achten, daß trotzdem alle Teile durchtränkt werden. Die Kernstücke müssen unbedingt trocken sein und werden deshalb vorher einige Zeit im warmen Raum nachgetrocknet, ehe sie zum Einbrennen gelangen.

Wenn die Kernstücke vor demselben in Rahmen gespannt getrocknet waren, wird ihre Zurichtung lediglich durch Einpudern mit Talkum beendet. Werden die Leder aber im heizbaren Schmierwalkfaß gefettet, so läßt man sie danach zunächst abkühlen, wonach man sie auf der Tafel glatt stößt und trocknet. Die Fertigstellung ist die gleiche wie die der eingebrannten Kernstücke. Die meist übliche Art des Fettens ist diejenige mit reinem Rindertalg; die Zusätze von Stearin bzw. Paraffin machen das Leder steifer.

In manchen Fällen werden die Nähriemen gefärbt verlangt. Es können hierzu alle für alaungare Leder brauchbaren Anilinfarbstoffe verwandt werden, insbesondere die Gruppen der substantiven und Säurefarbstoffe, welche gleich im Anschluß an die Gerbung, in ähnlicher Weise wie bei Glacéleder, unter Mitverwendung von Tamol zur Anwendung kommen. Man kann die Leder sowohl einseitig mit der Bürste wie auch beiderseitig im Walkfaß färben. Durchfärbung wird in den seltensten Fällen verlangt. Die Temperatur des Farbbades soll 35—40° C nicht übersteigen.

Die sogenannten Rawhide, Rawhideleather oder Rohhautleder stellen eine Form des Pergamentes dar, das sich nur in wenigem von diesem unterscheidet. Die Bezeichnung „Rohhautleder" ist ja eigentlich unrichtig gewählt, da rohe Haut kein Leder ist; der Begriff als solcher hat sich aber unter dieser Bezeichnung eingebürgert. Es findet für Treib- und andere Riemen Verwendung, die bekannten Rohhautzahnräder, die zusammen mit eisernen laufend einen geräuschlosen Gang sichern, werden aus ihm hergestellt, schließlich auch noch die zum Überziehen künstlicher Glieder und chirurgischer Instrumente erforderlichen Häute.

In vielen Fällen erfolgt die Bearbeitung in gleicher Weise wie beim Pergament, also ohne jegliche Gerbung; dies trifft besonders bei den Rohhautzahnrädern zu, die rohe Haut darstellen, welche in entsprechend vielen Lagen aufeinandergelegt, unter Zwischenschichtung von Klebmitteln, mit Luftdruck zusammengepreßt getrocknet werden. Ihre Härtung, welche durch Bestreichen mit Formaldehyd vorgenommen wird, erfolgt gewöhnlich erst nach erfolgtem Fräsen. Der auf solche Weise hergestellte Hautblock ist sehr fest und in gewisser Hinsicht zäher als Stahl und Eisen; er wird darum auch wie solches bearbeitet.

An Stelle der Behandlung mit Formaldehyd tritt häufig eine solche mit Alaunlösung, aber auch hier nur oberflächlich, so daß das Innere rohe Haut bleibt. Der Behandlung mit Formaldehyd ist aber in den meisten Fällen der Vorzug zu geben, da es die Haut gegen atmosphärische Einflüsse sicherer schützt als Alaun.

In einzelnen Fällen kommen auch ähnliche Verfahren wie bei der Bearbeitung von Transparentleder vor, indem die mit Formaldehyd oberflächlich behandelten Häute in Rahmen gespannt und mit Glyzerin behandelt werden. Die auf diese Weise hergestellten, meistens gefärbt verlangten Leder werden in gleicher Weise wie bei Transparentleder beschrieben, bearbeitet und verwandt. Sie sind aber mehr wie diese gegen Feuchtigkeitseinflüsse geschützt.

Diese Art Rawhide-Transparent kommt für technische Zwecke unter verschiedenen Phantasienamen in den Handel.

12. Pergament.

Der Ursprung desselben wird auf die Stadt Pergamon in Kleinasien zurückgeführt und sein Gebrauch ist schon Jahrtausende bekannt. Seine Bedeutung ist zwar mit Einführung der Buchdruckerkunst zurückgegangen, da es natürlich ausgeschlossen war, es in den riesenhaften Mengen zu beschaffen, welche die Verbreitung der Bücher erforderte. Trotzdem wird es noch in vielen Einzelfällen für wichtige Dokumente und zum Bucheinband gebraucht; für Trommeln, Pauken und ähnliche Instrumente ist es unentbehrlich, und bei Spielwaren und technischen Zwecken findet es auch noch mancherlei Verwendung.

Es ist verständlich, daß sich an seiner Herstellungsweise gegen früher wenig oder gar nichts geändert hat; sie verlangt nach einer entsprechenden Behandlung zur Beseitigung der Haare und gründlichem Reinmachen der Fleischseite nichts anderes, als ein Trocknen im aufgespannten Zustande, wobei die Fleischseite mit pulverisiertem Kalk und Kreide eingerieben und mit Bimsstein abgeschliffen wird. Die Kalkbehandlung zur Beseitigung der Haare ist die gleiche, wie sie in der Weißgerberei allgemein üblich ist, weshalb auf ihre Beschreibung verzichtet und auf die anderen Abschnitte darüber verwiesen wird.

Der sogenannte „Brunnenäscher", welcher im Anschluß an das Enthaaren gewöhnlich gegeben wird, besteht in einem zwei- bis dreiwöchigen Behandeln in einem reinen, schwachen Kalkäscher. Dieser soll die Haut besonders schwellen und lockern.

Es ist klar, daß dort, wo eine moderne Einrichtung vorhanden ist, das gleiche Ergebnis in viel kürzerer Zeit und weniger gefahrlos erreicht wird, wie dies bereits in den früheren Abschnitten erwähnt wurde.

Schwere Häute werden allgemein mit der Bandmesserspaltmaschine gespalten. Nach dem Äschern wird in fließendem Wasser gewaschen und dann mit passenden Klammern in Holzrahmen gespannt. Die Blößen müssen eine glatte, faltenlose Fläche bilden und werden dann zunächst abgelüftet. Noch feucht, werden sie von beiden Seiten mit Kalkpulver und Kreide bestreut und mit feinem Bimsstein glattgerieben. Dies Bestreuen und Bimsen wird im Verlaufe des Trocknungsvorganges noch mehrmals wiederholt und bezweckt, die Oberfläche weiß und glatt zu gestalten. Etwaige Ungleichheiten sind dabei zu beseitigen.

Während des Trocknens ist stets darauf zu achten, daß die Felle glatt und straff bleiben; man schützt sie dabei vor dem unmittelbaren Sonnenlicht und trocknet bei gutem Luftzug.

Das trockene Pergament wird dann mit scharfem Messer aus dem Rahmen geschnitten und ist damit für gewisse Zwecke, für Trommeln und Pauken, fertig; es stellt eine mattweiße, durchscheinende und zähe Membran dar, die, stark angespannt, den bekannten klaren Trommelton gibt. Auch für Bucheinbände, für die vielfach in gleicher Weise bearbeitete Schweinshäute verwendet werden, ist das Pergament damit fertig und wird mit der Narbenseite nach außen in Gebrauch genommen.

Schreibpergament, wie es für wichtige Urkunden, Diplome u. dgl. auch heute noch vielfach gebraucht wird, muß ganz besonders glatt geschliffen sein; es wird, um es ganz besonders weiß aussehend zu machen, mit Zinkweiß nachbehandelt, welches in wässeriger Eiweißlösung aufgeschlämmt, eingerieben wird. Man kann es nach dem Trocknen auch noch mittels Satinierwalzen besonders glätten.

Durchsichtiges Pergament, das sogenannte Ölpergament, wie es zur Anfertigung von Schreibblättern in Taschenbüchern verwendet wird, unterscheidet sich vom vorbeschriebenen dadurch, daß es mit Ölfarbe behandelt wird, nachdem es die vorbeschriebene Behandlung mit Zinkweiß erhalten hat. Man gibt vier bis fünf dünne Ölfarbenanstriche, mit dazwischenliegendem Trocknen und Schleifen, welches am besten mittels Bimssteinpulver mit einem Tuchballen erfolgt. Als Farbe kommt nur Zink- oder Permanentweiß in Frage, in hellem Leinölfirnis angerührt und leicht mit Ocker oder Ultramarin getönt, je nachdem, ob das Weiß mehr nach Elfenbein oder nach Milchweiß getönt sein soll. Nach beendetem Schleifen ist mit dem Tuch oder Filz glänzend zu polieren.

Beim sogenannten Kreidepergament wird die Ölfarbe durch Leimfarbe ersetzt, die man sich aus geschlämmter Kreide und Leimwasser bereitet. Um zu verhüten, daß es rissig und spröde wird, gibt man vor dem Auftrag der Grundfarbe einen Überstrich mit verdünntem Glyzerin.

13. Crownleder.

Der Ursprung dieser Lederart, die für Binde-, Näh- und Schlagriemen verwendet wird, führt man auf einen Württemberger namens Klemm zurück, welcher das Verfahren Mitte vorigen Jahrhunderts einem Engländer verkaufte, der es sich patentieren ließ und auch praktisch ausnützte. Von England aus verbreitete sich das Verfahren auch nach dem übrigen Teil von Europa; die erste Lederfabrik des Kontinents, welche nach dem Verfahren arbeitete, bestand ein Jahrzehnt später in Zürich.

Dem Leder wird ganz besondere Zähigkeit nachgerühmt, die es durch die Verbindung der Fettgerbung mit albuminösen Stoffen sowohl pflanzlichen als auch tierischen Ursprungs erhalten soll.

Die Patentschrift schreibt eine Behandlung der gehörig vorbereiteten Blößen mit einer Gare vor, die sich aus 28 Teilen Fett (?), 26 Teilen Mehl, 23 Teilen Rindshirn, 12½ Teilen Milch, 6½ Teilen Butter und 4 Teilen Salz zusammensetzt. Die entsprechend rein gemachten und abgelüfteten Blößen werden mit diesem Gerbebrei bestrichen und in einem heizbaren Walkfaß gewalkt. Dies wird je nach der Stärke der Leder nochmals wiederholt, bis die Leder gar sind.

Zur größtmöglichen Erhaltung der Hautsubstanz werden die Arbeiten der Wasserwerkstatt soviel wie möglich beschleunigt. Nach kurzem Wässern wird in üblicher Weise mit Hilfe von Kalk und Schwefelnatrium die Haarseite geschwödet, so daß die Häute schon nach wenigen Stunden durch Waschen in der Haspel enthaart und im Anschluß daran entfleischt und gestrichen werden können.

Sie kommen sodann zum Abfärben und Schwellen in eine Haspel, worin sie mit Hilfe einer aus vegetabilischen Gerbstoffextrakten bereiteten Brühe einige Stunden gehaspelt und durch den Zusatz von etwas Schwefelsäure (100 g für 100 kg Blöße) geschwellt werden. Die Häute werden dann gespült, abtropfen gelassen und zum Ablüften aufgehängt.

Ein anderer Gerbbrei als oben beschriebener besteht aus 15 Teilen Knochenfett, 3—5 Teilen Rindstalg, 5 Teilen Pferdefett. Darunter mischt man 5 Teile Salz und vereinigt das Ganze schließlich mit 22 Teilen Weizenmehl, wobei auf gute Durchmischung zu achten ist.

Die abgelüfteten Häute werden im warmen Raum von der Fleischseite aus mit dieser Gare bestrichen, die nach innen zu Packen zusammengeschlagen wird. Dieselben kommen dann ins heizbare, schnelllaufende Walkfaß und werden bei zirka 30—35 ° C so lange gewalkt, bis die Gare völlig aufgenommen ist. Sodann werden die Häute dem Faß entnommen, abgelüftet und das Bestreichen mit Gare und Walken eventuell so oft wiederholt, bis man sich durch Anschneiden der dicksten Stellen von der völligen Durchgerbung überzeugen kann.

Die Leder werden dann durch Ausrecken, Ablüften und Nachsetzen in glatte Form gebracht und getrocknet.

Die trockenen Leder werden pantoffelt, unter sich gezogen und zum Schluß mit Talkum eingepudert.

Das auf sehr einfache Begriffe aufgebaute Verfahren wird nur noch wenig ausgeübt; es hat seit dem Bekanntwerden der Chromgerbung an Bedeutung verloren. Abweichungen desselben gibt es insofern, als alle stark gefetteten halbgaren Leder dazu gerechnet werden können, die nur teilweise, oberflächlich, alaun-, formaldehyd- oder chromgar gemacht werden, um die Oberfläche gegen atmosphärische Einflüsse besser zu schützen, die aber im übrigen mit Fett, und zwar meistens mit Talg, gründlich durchgewalkt werden, wozu neuerdings auch vielfach sulfurierte Öle verwandt werden.

Der Bedarf nach solchen Ledern ist im allgemeinen gering, zumal die Bindung von Treibriemen auch vielfach mit Metallbindern erfolgt, die sehr einfach anzuwenden sind.

14. Darmleder.

Wenn dieses seiner Herkunft nach eigentlich nicht zum Leder gerechnet werden sollte, so muß man es doch, fertiggestellt, dazu zählen. Verschiedene Därme des Rindes, besonders der sogenannte Blinddarm, außerdem auch der Magen, sind aus einer Reihe übereinanderliegender Schichten bestehend, die sich voneinander trennen lassen und die, trotzdem sie sehr dünn sind, verhältnismäßig zäh sind und für manche Zwecke Verwendung finden.

Sie sind ungefähr 75 cm lang und 25 cm breit und dienen sowohl bei der Herstellung von Blattgold als sogenannte Goldschlägerhäutchen, als Verbindeleder beim Verpacken von Parfüm- u. dgl. Flaschen, zum Innenbezug von Behältern für chirurgische Instrumente und zur Herstellung der Ballonette bei Luftschiffen. Außerdem findet es zu Bekleidungszwecken, als sogenanntes pneumatisches Zephirleder bei Orgeln und Orchestrions, bei Gasmessern und anderen technischen Artikeln gute Verwendung.

Eine allgemein bekannte Bearbeitung besteht darin, daß man die in üblicher Weise rein gemachten Häutchen durch Kneten mit Eigelb behandelt und während des folgenden Trocknens wiederholt stollt. Vielfach ist der Eigelbgare eine gewisse Salzgerbung vorausgegangen, indem die Därme in Salzlake eingepökelt waren. Am besten lassen sich aber die frischen Därme verarbeiten und voneinander trennen.

Eine Reihe von Bearbeitungsverfahren ist, wie auch aus dem Abschnitt der Patentschriften ersichtlich, gesetzlich geschützt worden.

Das Färben der Leder — soweit dies erforderlich ist — richtet sich bei der Auswahl der Farbstoffe nach der Gerbung. Im allgemeinen werden schöne lebhafte Farbentöne verlangt, an die keine besonderen Echtheitsansprüche gestellt werden und die am einfachsten durch sogenannte Säurefarbstoffe erreicht werden. Die Farbstofflösung wird kochend bereitet und auf zirka 40° C abgekühlt angewendet. Man färbt zunächst ohne Säurezusatz und läßt diesen erst folgen, wenn bereits eine gewisse Gleichmäßigkeit der Färbung erreicht ist. Die verwendbaren Farbstoffe sind dieselben, wie sie bei glacégaren Ledern Verwendung finden.

Werden höhere Ansprüche hinsichtlich Wasser- und Waschechtheit gestellt, so muß die vorangegangene Gerbung dementsprechend gewählt werden, also Formaldehyd- oder echte Sämischgerbung. Anschließend können dann die für diese Leder in Betracht kommenden Schwefelfarbstoffe Verwendung finden. Diese kommen aber nicht in Betracht, wenn das Leder später mit Metallen zusammenkommen soll, z. B. in Behältern für chirurgische Instrumente, da dieselben durch die Einwirkung der Schwefelfarbstoffe anlaufen und unansehnlich werden können, wenn die Leder nach dem Färben nicht ausreichend gespült und von Schwefelnatrium befreit werden.

15. Fischleder.

Ein außerordentlich großes und noch sehr wenig bearbeitetes Rohstoffgebiet für die Lederindustrie sind die Meere. Während der Bedarf an Leder im Steigen ist, kommt die Rohware knapper an den Markt, was sich am deutlichsten durch den Vergleich von früheren und jetzigen Preisen zeigt. Dies rechtfertigt die seit längerer Zeit von Amerika ausgehenden Bestrebungen, die Häute von Fischen mehr als seither nutzbar zu machen.

Wenn auch das, was dabei beabsichtigt ist, zunächst nur organisierter Raubbau sein wird, so ist doch zu bedenken, daß das Größenverhältnis der Meere zum zivilisierten Festland derart ist, daß man vorerst von einer baldigen Erschöpfung dieser Rohstoffquelle nicht sprechen kann. Kommt Zeit, wird auch Rat kommen, und auf Grund von Erfahrungen wird man Wege finden, die ein Aussterben der wichtigen Arten verhindern. Es wird von den bisherigen Fängern der Großfische behauptet, daß durch Beseitigung gewisser, besonders gefräßiger Arten die Fischbestände eher zunehmen.

Die wichtigsten Arten von Fischhäuten, welche zunächst der Größe bzw. der Schönheit wegen in Frage kommen, sind die von Haien und von Rochen.

Hiervon läßt sich die Haut des Rochens aber nur zu einer Art Zierleder verarbeiten. Sie ist nämlich mit einem harten Schutzpanzer umkleidet, der die Ledererzeugung verhindert, dabei aber einen so großen Teil der Haut ausmacht, daß diese vernichtet würde, wenn man ihn entfernen wollte. Die Panzerung besteht aus in Reihen angeordneten perlartigen Körnern und einer gelben Perle in der Mitte der Haut. Die Häute haben eine Größe von $1\frac{1}{2}$ bis 2 Quadratfuß.

Die Häute von H a i e n lassen sich hingegen zu Zier- und Gebrauchsledern verarbeiten. Auch sind sie im allgemeinen größer. Angefangen von der Größe der Rochen werden sie bis $1\frac{1}{2}$ Quadratmeter groß. Während nun aber der Panzer der Rochen seiner Schönheit wegen nicht entfernt zu werden braucht, haben die Haie einen stachligen Panzer, weswegen die Haihaut bisher schon zu Schleifzwecken benutzt wurde und welcher beseitigt werden muß, wenn das Leder zu Schuhen oder Lederwaren verarbeitet werden soll.

Eigenartig — und in dieser Beziehung der Haut der Reptilien ähnlich — ist der Aufbau der Fischhaut. Sie besteht nämlich aus einem Gewebe mit Kette und Schuß, wie wir es vom künstlichen Gewebe her kennen. Hiervon kann man sich am besten bei der gegerbten Haihaut überzeugen. Dieser Aufbau verleiht wahrscheinlich der Haut eine außergewöhnliche Widerstandsfähigkeit, verhindert andererseits die Zügigkeit, die wir den Häuten der Säugetiere verleihen können. Die Fischhaut ist ähnlich geschichtet wie diejenige der Wirbeltiere, sie besteht aus einer schleimigen Oberhaut, der eigentlichen Lederhaut und dem Unterhautbindegewebe. Die Schuppen, hornartigen Körner oder Plättchen oder die Stacheln, welche bei den meisten Fischen die Haut umkleiden, gehören aber nicht der Oberhaut an wie etwa bei den Reptilien, sondern sind Teile der Lederhaut und lassen sich teilweise nur schwer entfernen, was besonders bei den stachligen Häuten der Haie so wichtig ist.

Die Häute kommen teils flach aufgetrocknet, teils gesalzen auf den europäischen Markt und werden nach verschiedenen Verfahren zu Leder verarbeitet.

Was nun die Arbeitsweise anbelangt, so hat zunächst die Weiche sehr vorsichtig zu erfolgen. Getrocknete Fischhaut erweicht nämlich im Wasser sehr schwer und geht leicht eher in Fäulnis über, als bis sie durch und durch weich geworden ist. Ein Grund mit hierfür dürfte der sein, daß die Häute vielfach in der prallen Sonne getrocknet werden, wodurch die Quellfähigkeit herabgesetzt wird. Die Fangstationen der Großfische liegen eben zumeist in tropischen Gewässern, und da dort rasch die Fäulnis eintritt, so macht man wohl von der Sonne einen etwas unsachgemäßen Gebrauch. Richtiger wäre es, wenn die Häute so schnell wie möglich eingesalzen würden, um sie weitestgehend zu entwässern und dann erst zu trocknen, aber auch hierbei möglichst nicht in direkter Sonnenglut, sondern bei gutem Luftzug. Es kommen aber jetzt auch schon große Mengen Rohhäute in den Handel, die nur stark gesalzen und somit am leichtesten wieder zu erweichen sind, außerdem aber auch Brüche ausschließen, die bei getrockneten Häuten so leicht auftreten. Solange man solche nicht zur Hand hat, weicht man die trockenen Rochenhäute in Wasser, das durch etwas kaustische Soda oder durch Arapali von Röhm & Haas angeschärft wurde. (Die Behandlung der Haihäute erfolgt in anderer, weiter unten beschriebener Weise.) Man weicht nur kurz, um hauptsächlich Fleischreste entfernen zu können. Die Körner erweichen sowieso nicht. Die Häute werden danach weniger einer Äscherbehandlung als vielmehr einer Bleiche unterworfen, um die Körner elfenbeinfarbig bis weiß zu bekommen. Man kann zwar einige Tage mit Kalk äschern, doch erscheint dies nicht unbedingt nötig. Wichtiger ist die Bleiche, welche im Anschluß an den Äscher mit Chlorkalk ausgeführt werden kann oder im Anschluß an die Weiche durch mehrmalige abwechselnde Behandlung mit Kaliumpermanganat- und Bisulfitlösung (siehe Seite 120). Man bürstet dabei das Bleichmittel mit einer kräftigen Wurzelbürste auf. Sind die Körner genügend gebleicht, so müssen die Häute gründlich gespült werden und sind dann zur Gerbung bereit (ohne daß man sie beizt).

Die Gerbung erfolgt zweckmäßig mit Formaldehyd, es kann aber auch eine Transparentgerbung mit Glyzerin angewandt werden. Die Färbung richtet sich nach der voraufgegangenen Gerbung. Da man im allgemeinen die Körner in ihrer Naturfarbe zu erhalten wünscht, so kommt meistens nur ein Einlassen in Frage, welches mit spritlöslichen Farben oder Deckfarben ausgeführt werden kann. Die Rochenhäute können auch lackiert werden, was ein besonders schönes Erzeugnis ergibt.

Die Behandlung der Haifischhäute ist eine ganz andere. Es gibt eine Reihe von zum Teil patentierten Verfahren, die sich mit der Entfernung der Haifischstacheln befassen. Das aussichtsreichste Verfahren dürfte aber sein, die Häute so wie sie sind, also trocken oder gesalzen, in außerordentlich starke Salzsäurelösungen einzubringen, die zur Verhinderung der Schwellung sehr hohe Mengen Neutralsalze enthalten. Die nötigen Gewichtsmengen müssen den Rohhäuten angepaßt werden. Ebenso ist der Zeit große Beachtung zu schenken, damit die Häute nicht länger als unbedingt nötig im Säurebad bleiben. Innerhalb weniger Stunden wird die Stachelschicht locker und kann dann mit einer Wurzelbürste (Gummihandschuhe) entfernt werden. Um die Säure zu entfernen und keine Schwellung auftreten zu lassen, werden die Häute nach der Bürstbehandlung in Salzlösungen eingebracht und zum Schluß mit Natriumbikarbonat neutralisiert. Durch die beschriebene Behandlung werden die Häute weich und sind zum Gerben bereit. Gegen eine Beize ist die Fischhaut sehr empfindlich.

Neben der Gerbung mit vegetabilischen Gerbstoffen, besonders mit Sumach, wird für die Fischhäute gerne die Formaldehydgerbung angewandt. Auf den diesbezüglichen Abschnitt sei verwiesen. Selbstredend läßt sich auch die Chromgerbung anwenden und die bekannten Kombinationen derselben mit anderen Gerbmitteln, je nachdem die Eigenschaften des Leders Abänderungen verlangen. Das Färben und Zurichten ist gleich wie bei den übrigen Lederarten. Die richtig bearbeitete Fischhaut ergibt ein Leder von hervorragender Geschmeidigkeit und großer Zähigkeit. Daher hat Fischleder in Amerika als Oberleder für Gebrauchs- und Luxusschuhe, als Möbel-, Portefeuille- und Bekleidungsleder weiteste Verbreitung gefunden, wird als Sattlerleder, für Treibriemen und Sohlen gebraucht und soll sich auch für sonstige technische Zwecke bereits bestens bewährt haben. Magen- und Darmhäute des Haies, selbst die Häute der noch ungeborenen Säugetiere unter den Fischen werden in gleicher Weise nutzbar gemacht.

Wenn erst die sachgemäße Vorbehandlung der Rohware in den Anfallgebieten als lohnend erkannt und durchgeführt sein wird, dürfte sich der Gerberei eine Rohstoffquelle erschließen, deren Ausmaße heute noch von den meisten verkannt werden.

16. Reptilienleder.

Nachdem die Reptilienhaut (besonders die des Krokodils) bereits für Koffer- und Portefeuillezwecke seit Jahren so eingebürgert ist, daß ungeheure Mengen Imitationen hergestellt werden müssen, um auch billigere Artikel in dieser Art liefern zu können, hat sich in letzter Zeit (obwohl auch hier die Ansätze Jahrzehnte zurückliegen) die Schuhfabrikation immer mehr mit dem Material beschäftigt und ganz entzückende Schuhmodelle herausgebracht. Die Allgemeinheit hält dies nur für einen Modevorgang, und es kann zutreffend sein, soweit es sich um Imitationen handelt. Die echte Reptilienhaut hat aber so eigenartige Eigenschaften, daß man sie aus diesem Grund bald aus den festen Bestandteilen, mit denen die Schuhmodekünstler arbeiten, nicht mehr wegdenken kann. Die oft unerhörte Pracht, welche die Natur z. B. auf den Schlangenhäuten so verschwenderisch hervorzaubert, muß ja den Schönheitssinn des Menschen ansprechen. Die ungeheure Mannigfaltigkeit der Muster und die vorzügliche Qualität und Haltbarkeit des richtig hergestellten Reptilienleders tun ein übriges für die Sicherstellung der Anwendung. Während z. B. Kalbleder während des Tragens im Narbenbild an Schönheit verliert, ist dies z. B. bei der Eigenart des Eidechsennarbens gar nicht möglich. Es scheint dazu, als ob Leder, bei dem die Rohfelle keine Haare hatten, infolge der dadurch bedingten größeren Geschlossenheit des Narbens einen schöneren Glanz hat und auch behält als unser übliches Leder. Die große Geschmeidigkeit gewisser Reptilienfelle und die Echtheit der Farbe der Zeichnungen sind weitere Vorzüge.

Bei der Neuheit dieses Industriezweigs scheint es angebracht, sich etwas mehr, als es eigentlich im Rahmen des Buches liegt, mit dem Rohmaterial zu befassen. Es kann dabei keine erschöpfende Darstellung gegeben werden, sondern es sind nur die Fellgattungen von gewisser technischer Bedeutung erwähnt.

Schlangenhäute.

Schlangen gibt es sowohl zu Lande wie in Flüssen und im Meer. Von diesen sind die letzteren diejenigen, welche am wenigsten auf den Markt kommen, so daß sie für die Technik noch keine Bedeutung haben. Das liegt an den Schwierigkeiten des Fanges. Die Häute der Süßwasserschlangen, die in Flüssen, Teichen und Seen leben, erfreuen sich dagegen bereits großer Beliebtheit. Diese Schlangen leben in großen Mengen auf den Malaiischen Inseln.

Die Karung (Acrochordus) ist dadurch gekennzeichnet, daß sie keine eigentlichen Schuppen hat, sondern daß die Haut eine körnige Oberfläche hat (derjenigen unseres Aals ähnelt). Für die Zeichnung dieser Schlange ist der breite, dunkle, über den Rücken verlaufende Längsstreifen charakteristisch.

Eine Süßwasserschlange, die aber auch im Meer zu leben vermag, ist die Kalimandsa (Chersidrus). Sie hat quer über den Körper laufende, unregelmäßige Streifen.

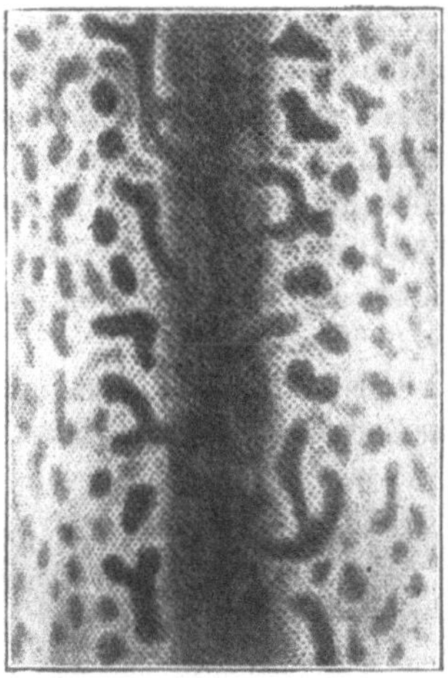

Karung

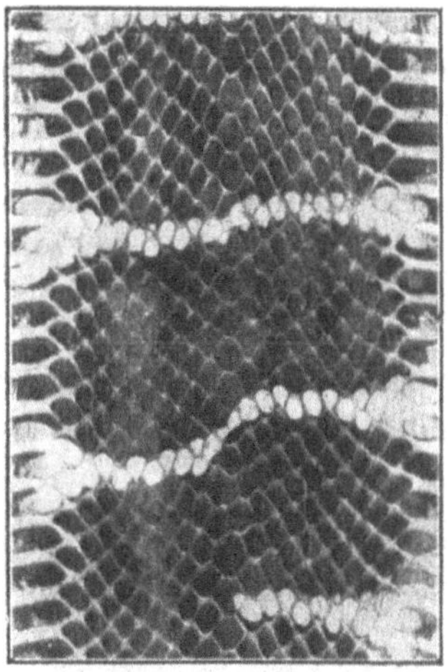

Kalimandsa

Landschlangen.

Bei den Landschlangen unterscheidet man zunächst die Pythons und Boas. Die ersteren finden sich in Afrika, Asien und Australien, die letzteren in Amerika. Wohl die gewaltigste Pythonschlange ist die Tigerschlange (Python molurus), 5--8 m lang. Es gibt hiervon wiederum Abarten in der Zeichnung. Die indische Tigerschlange hat

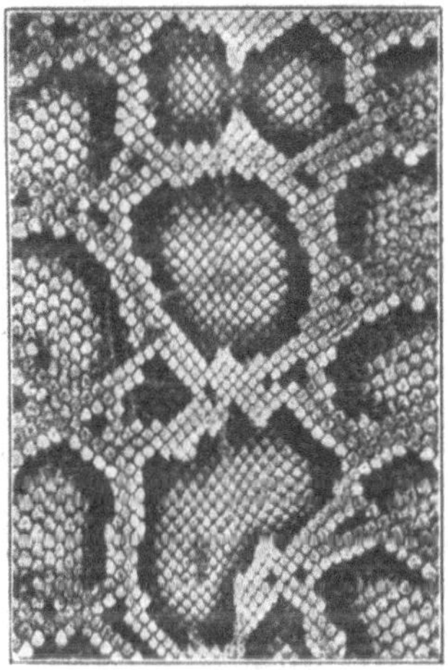

Tigerschlange

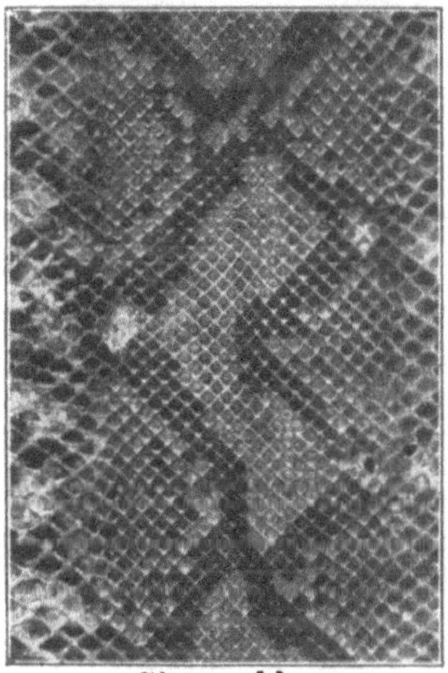

Gitterschlange

Anm.: Abbildungen zur Verfügung gestellt durch Herrn A. Berthoin, 6 Rue Clot-Bey, Grenoble, Importeur und Gerber von Reptilienleder jeder Art.

große, viereckige dunkelbraune Flecken. Eine Zeichnung, wie sie das umstehende Bild zeigt, kommt in Indochina und Java vor. Eine ähnliche Riesenschlange (bis 7 m lang) ist die in Indien, Indochina und auf dem Malaiischen Archipel vorkommende Gitter- oder Netzschlange (Python reticulatus). Die afrikanischen Schlangen zeigen nicht immer so schöne Zeichnungen wie die indischen und kommen im allgemeinen noch nicht so gut abgehäutet und konserviert auf den Markt wie diese.

Die Hieroglyphenschlange, auch Assala oder Tenne genannt, (Python Sebae) findet sich in der Äquatorgegend, auch in Abessinien.

Assala

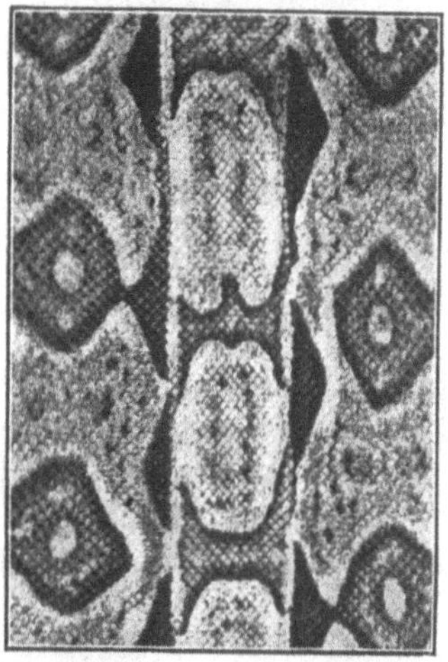

Boa constrictor

In Südafrika kommt mit zum Teil unregelmäßiger, verwaschener Zeichnung die Felsenschlange (Python Natalensis) vor.

Eine kürzere und untersetztere afrikanische Schlange ist die im Senegal und an der Goldküste vorkommende Königsschlange, auch Argus genannt.

Von den amerikanischen Schlangen ist die schönste die Riesen- oder Abgottschlange (Boa constrictor), auch Giboya. Sie kommt in Brasilien und Guayana vor. Sie ist erkenntlich an einer gezackten Längsbinde und drei dunklen Längsstreifen am Kopf. Länge 3—6 m.

Mit der Boa constrictor verwandt ist die Hundskopfschlange. Sie ist von blattgrüner Farbe und hat weiße Flecken.

Die größte amerikanische Schlange (7—8 m lang) ist die Anakonda, auch Cucuriubu, Eunectes murinus. Sie lebt zum Teil im Wasser und hat zwei Reihen großer, runder schwarzer Flecken.

Solche großen Schlangen sind natürlich für den Gerber nicht sehr praktisch. Abgesehen davon, daß die Haut sehr dick und schwer weich zu bekommen ist, haben die amerikanischen Boas auch eine zu große, ungünstige Zeichnung. In dieser Hinsicht sind die Pythons vorteilhafter. Felle von noch nicht ausgewachsener Boa constrictor können dagegen von unerhörter Schönheit sein, besonders wenn die natürliche Farbe erhalten bleibt.

Die bisher genannten Schlangen sind giftlos, auch stellt das Fleisch einiger derselben geradezu einen Leckerbissen dar. Dies in Verbindung mit der Größe, welche besonders nach dem Verschlingen der Beute oder eines Köders der Schlange eine gewisse Schwerfälligkeit verleiht und die Jagd leichter gestaltet, erklärt es wohl, daß diesen Tieren ziemlich viel nachgestellt wird und sie somit häufig auf den Markt kommen.

Es werden nunmehr einige Giftschlangen beschrieben.

Die Brillenschlange, auch indische Schildviper (Naja tripudians), hat keine besonders schöne Zeichnung, abgesehen von der brillenähnlichen Zeichnung am Kopf. Sie wird bis 2 m lang.

Die nordamerikanische Klapperschlange (Crotalus durissus), welche bis 1,5 m lang wird, zeigt unregelmäßige schwarze Querbinden.

In Südamerika findet sich eine Klapperschlange Cascavella, welche eine Reihe dunkler, weißgelb eingefaßter Rautenflecke zeigt.

In Surinam wird der gefährliche Buschmeister, 2 m lang, gejagt, welcher große schwarze Rautenflecke auf dem Rücken zeigt, die je zwei kleinere hellere Flecken einschließen.

Eine weitere, sehr gefährliche Schlange ist die in Süd- und Mittelamerika lebende, 2,5—3 m lang werdende Lanzenschlange (Trigonocephalus). Sie hat auf dem Rücken unregelmäßig getigerte Flecken und vom Auge zum Nacken verlaufende Streifen. Die Seiten sind zuweilen prachtvoll rot gefärbt.

Mit dieser Schlange verwandt sind die Schararaka (Trigonocephalus Jararaca) und die Labaria (Trig. atrox).

In Europa findet sich die Kreuzotter. Sie hat als Zeichnung ein dunkles Zickzackband. Da die Schlange nur 60—80 cm lang wird, ist sie für die Verarbeitung nicht sehr praktisch.

Krokodile.

Unter den Krokodilen unterscheidet man zunächst das Gangeskrokodil, auch Rüsselkrokodil oder Gavial genannt, welches über 6 m lang wird und im Ganges, Indus und Dschamma vorkommt, und das Nilkrokodil, welches 7 m lang wird und alle größeren Gewässer Afrikas bevölkert.

Die Krokodile Amerikas bezeichnet man als Kaimane oder Alligatore. Hiervon wird der Alligator oder Mississippi-Kaiman, der hauptsächlich in Florida angetroffen wird und einen hechtähnlichen Kopf hat, bis zu 4,5 m lang.

In Südamerika sind der Brillenkaiman, 3 m lang, und der Mohrenkaiman, 6 m lang, heimisch.

Eidechsen.

Eidechsen gibt es so zahlreiche, daß man schon an die 1900 Gattungen gezählt hat.

Für den Gerber sind der Größe wegen die wichtigsten die Warane (Varanidae), das sind Eidechsen, welche sich teils zu Wasser, teils zu Lande aufhalten. Der schönste Waran ist wohl der Bindenwaran (Varanus salvator), auch Kabaragoya, der in Indien und auf den Sundainseln angetroffen wird. Er wird bis 2 m lang und hat auf schwarzem Grund in Reihen geordnete, gelbe Ringe und längs des Halses eine weiße Binde.

In Senegal, Guinea, Ostafrika findet sich der gemeine Waran (Varanus niloticus). Er wird ebenfalls 2 m lang und hat auf dem Rücken schwarze Flecken, am Schwanz anfänglich schwarze, dann gelbliche Ringe.

Alligator

In Nordafrika lebt der Erd- oder Wüstenwaran. Er erreicht 1,5 m. Er hat auf dem Rücken viereckige Flecken. Der Schwanz zeigt mehrere gelbliche Querringe.

Ebenfalls große Eidechsen, jedoch mit gezahntem Kamm auf dem Rücken sind die in Zentralamerika vorkommenden Leguane (Iguanidae). Sie werden bis 1,6 m lang. Die Leguane können ähnlich wie das Chamäleon auch die Farbe verändern.

Das Chamäleon selbst, welches in großen Mengen in Brasilien, Nordafrika und Südspanien auftritt, wird nur 25—30 cm lang, wovon noch die Hälfte der Schwanz ausmacht.

Eine brasilianische Eidechse, die sich sowohl durch sehr schöne Zeichnung wie durch außerordentliche Verbreitung auszeichnet, ist das Teju (Tupinambis teguixin). Die Häute dieser Tiere kommen durchweg getrocknet in den Handel, bieten fabrikatorisch große Schwierigkeiten, geben jedoch bei entsprechender Bearbeitung ein Leder, das an Schönheit mit dem Bindenwaran (Javaeidechse) wetteifern kann.

Frösche.

Unter den Fröschen gilt der ostasiatische Wasserfrosch, bis zu 13 cm lang werdend, eine in der Lederwarenindustrie gerne angewandte Ledersorte, die sich vielfach durch eine besonders wirkungsvolle Naturzeichnung der Oberfläche auszeichnet.

Die Gewinnung der Reptilienhäute geschieht vielfach noch unter sehr schlechten Bedingungen. Die Häute werden beim Töten oder beim Abhäuten oft erheblich verletzt, was zum Teil durch die Gefahren erklärlich ist, welche die Jagd nach Reptilien mit sich bringt. Am sachgemäßesten für die Gewinnung der Haut scheint das Töten durch Erhängen zu sein, wie es z. B. in Südamerika an Kaimanen ausgeführt wird, die mit Ködern gefangen wurden. Schlangen scheint man neuerdings übrigens auch auf diese Art zu töten.

Da der Rücken von Krokodilen vielfach sehr große Erhöhungen hat, schwer zu verarbeiten und schließlich höchstens zu dekorativen Zwecken verwendbar ist, so öffnet man den Leib der Krokodile seitlich, um eine möglichst große Bauchpartie zu erhalten. Wenn die Eidechsen, besonders Leguane, einen zu hohen Kamm haben, können sie ebenfalls so aufgeschnitten werden. Größer ist der Gewinn an Haut allerdings, wenn man solche Eidechsen am Kamm aufschneidet, der dann aber verlorengeht. Im allgemeinen können Eidechsen am Bauch geöffnet werden, wobei die Rückenzeichnung schön erhalten bleibt. Schlangen werden meist in der Bauchlinie aufgeschnitten. Kleinere Schlangen können auch durch Umstülpen (nach Art des Abbälgens) abgezogen werden. Das Abhäuten von Schlangen ist ziemlich schwierig, weshalb gerade diese Häute oft beschädigt sind. Schlangen werden, abgesehen von der Schönheit der Zeichnung, nach Länge und Breite gehandelt. Die Breite soll mindestens 15—16 cm betragen, bei Breiten über 25 cm hinaus sind die Zeichnung und die Schuppen meistens schon zu groß. Für Eidechsen wird im allgemeinen eine Minimalbreite von 17 cm gefordert.

Leider ist die anschließende Konservierung meist recht schlecht. Die Fäulnis tritt nämlich in den Tropen viel rascher ein, und dies beachten die Eingeborenen nicht immer genug. Das Richtige wäre, die frisch abgezogenen Häute sorgfältig auf der Fleischseite zu salzen (wobei die Salzlake ablaufen muß) und sie dann flach aufgespannt, ohne die Fläche größer zu machen, als sie natürlicherweise ist, auf Lattengestellen luftig zu trocknen. Jedoch Salz ist nicht immer vorhanden, und so muß schon die Lufttrocknung genügen. Hierbei ist die Hauptsache, daß nicht in der grellen Sonne getrocknet wird. Die Sonnenstrahlen mindern nämlich die Fähigkeit der Haut, später im Wasser wieder aufzuquellen, stark herab. Es kann aber auch im Innern der Haut eine Verleimung eintreten, wenn das Äußere der Haut so rasch trocknet, daß das Wasser aus dem Innern nicht mehr entweichen kann und dann warm wird. Wenn dann später solche an der Sonne getrockneten Häute geweicht werden, fallen ganze Stücke heraus, oder auch die Haut weicht ungleichmäßig und wird an den zuerst erweichten Stellen bakteriell schon angegriffen, während die anderen noch hart sind. Erst wenn die Haut durch und durch trocken ist, darf sie verpackt werden. Wenn sie der Größe wegen nicht flach verpackt werden kann, sollte sie mit dem Narben nach innen aufgerollt, aber niemals gefaltet zum Verkauf kommen, um eine Beschädigung durch Bruch zu verhüten. Es kommen jetzt erfreulicherweise mehr und mehr richtig behandelte Felle in den Handel. Der Gerber tut aber doch gut, beim Einkauf recht vorsichtig zu sein, da man z. B. den Fehler des Sonnenbrandes den Fellen nicht ansehen kann.

Über die Gerbung und Färbung der Reptilienleder ist nichts Besonderes zu sagen. Das auf den Seiten 125, Gesagte kann auch hierfür gelten. Man wählt besonders für Schlangen und Eidechsen gerne die Formaldehyd-, die Alaungerbung oder eine Kombination von beiden, weil hierdurch die hübschen natürlichen Zeichnungen besser zur Geltung kommen als bei Gerbungen, welche färbend wirken.

Wesentlich ist bei der Reptilienlederherstellung die rasche Umwandlung von Haut in Blöße. Auch bei gutem Hautmaterial sollen Weiche und Äscher kurz sein. Eventuell kann die Weiche ganz wegfallen. Beim Äscher soll nur die oberste Schicht, die Hornschicht entfernt werden. Da die oberste Narbenschicht glänzend ist, so verwechselt man diese zuweilen mit der Oberhaut und äschert zu lange. Dadurch wird die Haut, besonders z. B. bei Alligatoren, in den Flanken so weich, daß man den Narben mit dem Daumennagel entfernen kann. Das muß natürlich unter allen Umständen vermieden werden.

Ein Äscher von 20 g Schwefelnatrium konzentriert und 15 g Kochsalz pro Liter. 2 Tage lang, ohne vorhergehende Weiche, dürfte im allgemeinen zum Ziele führen.

Die Oroponbeize ist für Eidechsen und Krokodile geeignet, für einige Schlangensorten aber nicht angebracht, weil die Zeichnung heruntergebeizt wird. Bei Eidechsen ist hingegen die Entfernung der Pigmentierung oft erwünscht. Wenn hierzu die Beize nicht ausreicht, so behandelt man die Felle gleich nach der Beize zirka $^1/_2$ Stunde lang mit einer mäßig konzentrierten Kaliumpermanganatlösung im Walkfaß, läßt die Brühe ab und behandelt mit einer verdünnten Bisulfitlösung nach. Darauf wird in Salzwasser gespült. Dann gibt man die Felle auf einige Stunden unter Verwendung von 60—80 g Neradol D pro Liter Wasser ins Walkfaß.

Anschließend kann man in üblicher Weise ausgerben, z. B. vegetabilisch mit Sumach oder auch weißgar mit einer Eigelbnahrung. Alkalische Formaldehydgerbung oder alkalische Fettemulsionen dürfen aber nicht angewandt werden, da synthetische Gerbstoffe dies nicht vertragen.

17. „Unechte" oder Pseudogerbungen.

Bereits im theoretischen Teil wurde erwähnt, daß die Wissenschaft einen Unterschied zwischen echter und unechter oder Pseudogerbung macht. Dabei ist entscheidend, ob das Leder sich in rohe Haut zurückverwandeln bzw. zu Leim verkochen läßt oder nicht.

Es wurde schon dargelegt, daß diese Unterscheidung vom praktischen Standpunkt aus (z. B. im Hinblick auf die Weißgerbung) nicht sinnvoll erscheint. Bei rein physiko-mechanischen Vorgängen kann aber auch der Praktiker den Ausdruck Pseudogerbung gelten lassen. Die einfachste Pseudogerbung in diesem Sinne ist diejenige mit Kochsalz.

Wenn man eine Blöße mit einer starken Lösung von Koch- oder Glaubersalz behandelt, so wird das in der Haut befindliche Wasser durch die Salzlösung verdrängt, so daß schließlich der Salzgehalt im Innern der Haut völlig gleich der sie umgebenden Lösung ist. Wird die Haut sodann langsam getrocknet, so verhindern die zwischen den Hautfasern sich ablagernden Salzkristalle ein Zusammenkleben der Fasern, die Haut bekommt ein weißes Aussehen und wird weich, wenn sie entsprechend gestollt wird. Wird dieser Zustand aufrechterhalten, so haben wir die reine Pseudogerbung vor uns. Das Salz läßt sich wieder vollständig auswaschen und das scheinbare Leder wird wieder rohe Haut.

In ähnlicher Weise wie mit Salz läßt sich auch mittels Pottasche und ferner mit Alkohol das Wasser aus der Haut verdrängen, so daß wenn man die Haut entsprechend mechanisch bearbeitet, und besonders wenn die Bearbeitung nach und nach stattfindet, man auch ein ähnliches Ergebnis erhält.

Während des Krieges stellte man im Anhydatleder ein Pseudoleder her. Wie aus den betreffenden Patentschriften zu ersehen ist, wurden hier nach der Wasserentziehung mittels Alkohol gelöster Asphalt, Paraffin, Zeresin u. dgl. zwischen die Hautfasern eingelagert. Die Anwendung des Glyzerins beim Transparentleder ergibt eine häufig angewandte Pseudogerbung.

Eine Einlagerung unlöslicher, nicht gerbender Stoffe wie beim Anhydatleder läßt sich mit Schwefel ausführen. Zwar ist es nicht üblich, sich dabei roher Haut zu bedienen. Es wäre aber möglich, solche zunächst mit einer starken Antichlorlösung (unterschwefligsaures Natrium) zu tränken und diese dann durch Säureeinwirkung zu zersetzen, so daß der sich zwischen den Hautfasern abscheidende Schwefel das Zusammentrocknen der Hautfasern verhindert und aufpolsternd wirkt. Das nach dieser Behandlung erzielte Pseudoleder kann weich und geschmeidig gestollt werden, hat aber durch den abgelagerten Schwefel den Todeskeim in sich, indem dieser der Bildung von Schwefelsäure und damit seiner Zerstörung Vorschub leistet.

Schließlich sei noch der mechanischen Einlagerung von Mehl, Kreide und ähnlichen Körpern Erwähnung getan, welche zwischen die Hautfasern eingewalkt, durch ihre Zwischenlagerung eine gewisse Pseudogerbung darstellen, gewöhnlich aber zur Unterstützung einer echten Gerbung angewandt werden, um dem Leder Fülle zu geben.

Aber auch wenn keinerlei Gerbstoff oder Einlagerungsmittel verwendet werden, besteht die Möglichkeit, durch atmosphärische Einflüsse bei gleichzeitiger mechanischer Bearbeitung etwas Lederartiges zu schaffen. Hierzu bringt die Hypothese eines Fachmannes, der zunächst nicht genannt sein möchte, vielleicht einige Anregungen.

Dieser bringt das Schicksal der Verhornung, welches die Haut schon erleidet, während sie noch das lebende Tier umkleidet, in Zusammenhang mit dem Gerbungsvorgang. Danach wären „Altern" und „Gerben" zwei Ausdrücke für denselben Vorgang. Er geht dabei von folgenden Erwägungen aus: Wir wissen, daß die Haut des neugeborenen Lebewesens zunächst sehr empfindlich ist. Sie reagiert, noch am lebenden Körper, leicht auf jeden Reiz, wird leicht verletzt und wund. (Wird sie gegerbt, so kann dies nur mit großer Vorsicht geschehen, denn alle dabei stattfindenden Einflüsse wirken heftiger als bei der Haut eines älteren Tieres.) Mit der Zeit aber, und je mehr die Haut äußeren Einflüssen ausgesetzt wird, wird sie widerstandsfähiger. So entsteht dann als Ergebnis eines Verhornungsvorganges die in Wind und Wetter gebräunte „lederne" Haut. Diese Verhornung spielt sich während des ganzen Lebens ab. Unaufhörlich wird die äußerste Hautschicht trocken und trockener, man möchte sagen, sie wird „übergerbt" oder „totgegerbt", bis sie schließlich abschuppt, oder bei der toten Haut während der Vorarbeiten zur Bereitung der Blöße, gleichzeitig mit den Haaren leicht von der Lederhaut losgelöst werden kann. Offenbar bringt der Einfluß der Atmosphäre bzw. der Strahlenwirkung in derselben diese Veränderung hervor. Wenn nämlich Haut oder Leder vor atmosphärischen Einflüssen geschützt wird, so tritt ein Stillstand in dem sonst stetig währenden Verhornungs- oder Alterungsvorgang ein. Als Beispiel sei hier des Bergmannes von Falun gedacht, dessen Leichnam in einer Grube eingeschlossen ein halbes Jahrhundert in Jugendfrische erhalten blieb, während seine Braut zur runzlichen Greisin ward. Als man diesen Leichnam aber zutage förderte, verlor er sehr schnell seine Weichheit, trocknete rasch ein, versteinerte darauf förmlich und zerfiel nach Jahrzehnten zu Staub. Ähnliches bemerkt man bei Mumien oder ledernen Gegenständen, die, nachdem sie vorher Jahrtausende überstanden haben, zerfallen, wenn sie der Atmosphäre ungeschützt ausgesetzt werden.

Andererseits wird der Mumifizierungsvorgang, dem Leichen unterliegen, die in Bleisärgen oder Bleikammern bestattet werden, sowohl der Luftabgeschlossenheit, wie aber auch gleichzeitigen Strahlungseinflüssen (Radiumemanation) zugeschrieben. Diese Leichname bleiben zwar nicht frisch, aber sie bleiben doch unter „Verlederung" erhalten.

Da nun durch Verhornung — Mumifizierung — eine größere Beständigkeit gegen Fäulnis erzielt wird, und diese Eigenschaft für den Begriff „Leder" so wichtig ist, so liegt es nahe, Verhornung und Gerbung miteinander in Beziehung zu bringen. Danach würde die Gerbung an der vom Tier losgelösten Haut das fortsetzen, was man vorher Verhornung nannte. Dies aber müßte dazu führen, einen Einfluß der Atmosphäre bzw. der Strahlung auch für das Gebiet der Gerbung anzunehmen.

Dieser Einfluß scheint sich zunächst in der Herabsetzung der Quellfähigkeit der Haut zu äußern. Auf diesen Vorgang scheint zuerst Eitner beim Studium der Japangerbung aufmerksam gemacht zu haben. Er nahm im „Gerber" 1907, Seite 337 u. f. an, daß die Hautsubstanz durch die Einwirkung der Sonnenstrahlen ihre Quellfähigkeit verliert, d. h. die Fähigkeit, Wasser zwischen die feinsten Teile ihrer Substanz eindringen zu lassen, ähnlich, wie es zuweilen beim unrichtigen Trocknen von Rohhäuten an der prallen Sonne vorkommt. Er hielt das Zwischenschichten des Öles und das Stollen nur dienlich dafür, daß die Hautfasern isoliert bleiben und nicht zusammen trocknen.

Bei dem Versuch, die atmosphärischen Einflüsse künstlich zu wiederholen, hat sich gezeigt, daß durch Entwässerung von roher, zum Gerben vorbereiteter Blöße mit Alkohol und anderen Mitteln, wie Kochsalz oder Pottasche, die der Blöße ursprünglich eigene Quellfähigkeit vermindert wird. Es tritt eine Wirkung ähnlich der Gerbung ein, obwohl keinerlei „Gerbstoff" angewandt wird, und die zur Entwässerung angewandten Hilfsmittel auswaschbar sind. Die verringerte Quellfähigkeit zeigt sich, einerlei, ob nach dem Entwässern getrocknet und dann gewässert, oder ob sofort anschließend an das Entwässern wieder gewässert wird. Natürlich bestehen stufenmäßige Unterschiede. Die Quellfähigkeit geht noch weiter zurück, wenn man nach der Entwässerung unter Walken das Leder in sauerstoffreichem, warmem Luftstrom trocknet und am stärksten, wenn dies bei Gegenwart ultravioletter Strahlen ausgeführt wird. Die vergleichende Prüfung auf Quellfähigkeit kann dabei durch kurzes, kräftiges Schütteln in verdünnter Natronlauge ausgeführt werden. Die Behandlung entwässerter Blößen — einerlei, ob sie mit Hilfe von Alkohol, Kochsalz oder Pottasche entwässert wurden — in künstlich erzeugten ultravioletten Strahlen ergibt ein dem Japanleder ähnliches Ergebnis. Es dürfte sich deshalb bei Japanleder um einen Einfluß der Atmosphäre handeln, der natürlichen ultravioletten Strahlen und des Sauerstoffs, und nicht nur, wie Fahrion annimmt (Seite 51 seines Buches), um eine schwache Sämischgerbung. Die von letzterem festgestellte Oxydation des Rüböles wird wohl gleichzeitig erfolgen, aber nicht die alleinige Ursache der Gerbung sein, nachdem es sich zeigt, daß ein dem Japanleder gleichwertiges Leder auch ohne Verwendung von Rüböl erzeugt werden kann, wie oben angegebene Versuche ergeben. Weiter haben Versuche gezeigt, daß sich solche Blößen, welche in entwässertem Zustand mit ultravioletten Strahlen behandelt wurden, sehr viel leichter mit $^{6}/_{12}$ basischer Chromsalzlösung durchdringen ließen als Blößen, welche in allgemein bekannter Weise gegerbt wurden. Als Einwand gegen die oben geäußerte Theorie besteht die Ansicht, daß die natürlichen ultravioletten Strahlen durch die dichten Luftschichten des Flachlandes, insbesondere der Industriestädte nicht durchzudringen vermögen, wenngleich ihre Wirksamkeit in der reinen, dünnen Luft der Bergeshöhen unbestritten ist. Demnach wäre es fraglich, ob es tatsächlich die ultravioletten Strahlen sind, die bei der Verhornung und Gerbung mitwirken. Diese Ansicht ist aber nicht bewiesen und wird wohl auch irrig sein. Der Einfluß der Strahlung wird im Tiefland nur langsamer, milder sein, wie er im Hochland andererseits so heftig ist, daß man Schutzmaßnahmen dagegen ergreift.

Wenn man nach Beispielen sucht, wo solche atmosphärischen Einflüsse mitspielen dürften, so können alle Fixierungen von Gerbungen dafür herangezogen werden. Es finden chemische Prozesse statt (z. B. Teilchenvergrößerung), die gerade durch die atmosphärischen Einflüsse befördert werden. Die alten Lohgerber sagten „Zeit und Loh' macht Leder“. Wie bekannt, wird der Gerbvorgang befördert, wenn lohgare Leder während der Brühengerbung täglich öfter „aufgeschlagen“ werden. Verschiedene Schnellgerbeverfahren beruhen darauf, daß die Häute abwechselnd in Gerbbrühe eingetaucht und dann wieder ausgepreßt werden. Der dabei durch die Saugwirkung eintretende atmosphärische Einfluß ist unverkennbar. Alaungare Leder läßt man zunächst an der Sonne trocknen und lagert sie zur Vervollständigung der Gerbung monatelang, ehe man sie weiter verarbeitet. Chromgare Leder, welche unmittelbar nach der Gerbung die „Kochprobe“ nicht bestehen, halten sie nach einiger Lagerzeit aus.

Viele Anzeichen deuten also darauf hin, daß sich durch die Atmosphäre beeinflußt Vorgänge abspielen, welche lebende Haut altern (verhornen), tote Haut gerben und Leder schließlich mürbe werden lassen, um so eher und stärker, je nachdem die Hilfsmittel gewählt werden. Wenn diese Auffassung mit in den Kreis der Betrachtung gezogen wird, so ändert sich vielleicht manches Bild. Die Erkenntnis könnte aber noch zu wesentlich besserer Beherrschung der Gerbung führen. So könnte man wahrscheinlich durch künstliche Einflüsse die Lagerzeit von Alaunledern abkürzen. Auch wäre z. B. denkbar, daß wir jetzt manchen Gerbprozeß so ausführen, daß wir die Wirkung atmosphärischer Einflüsse geradezu hemmen. Die Beurteilung von „Gerbstoffen“ und „Nichtgerbstoffen“ müßte dann sicherlich nach ganz anderen Gesichtspunkten erfolgen. Wenn man die Wirkung des Bromsilbers in der Gelatineschicht der photographischen Platte in gewissem Sinne mit der Wirkung der Gerbstoffe vergleicht, so könnten die Gerbstoffe als Vermittler dienen, um den ultravioletten Strahlen im Innern der Haut die gleiche Wirkung zu ermöglichen, wie außen.

Da die Gerbung auch bei scheinbarer Abwesenheit atmosphärischer Einflüsse (Strahlung) vor sich geht, so dürfte es notwendig sein, festzustellen, wie weit diese zurückgeschraubt werden können, um doch noch wirksam zu sein. Auch wäre eine Aufspeicherung von Energien in Gerbstoffen denkbar, die im Verlauf der Gerbung wirksam werden.

Dr. L. Mudlowicz, Berlin, fand nämlich, daß das Cholesterin der Haut durch ultraviolette Strahlen in seiner chemischen Struktur geändert wurde, und daß die Wirkung auch indirekt, also durch Bestrahlung der Hilfsmittel (Öl und Nahrungsmittel) eintritt.

Es wäre nur sehr zu wünschen, daß die Wissenschaft diese interessante Anregung eines Praktikers ernsthafter Prüfung unterzöge.

VI.

Neugestaltung der Ledererzeugung.

Infolge der Eigenart unseres Gewerbes hat sich der durch die Maschine herbeigeführte Übergang vom Handwerk zur Industrie nur langsam vollzogen. Die Gerber waren sehr konservativ. Der Krieg und die Jahre nachher haben aber auch hierin einen großen Umschwung gebracht, so daß man vielfach schon offene Türen einrennen würde, noch von der Notwendigkeit der Neugestaltung unserer Betriebe zu schreiben. Die Verhältnisse beschleunigen und vollenden

den Wandel von selbst. Wir müssen dem durch den Krieg geförderten „Zug der Industrie zum Rohstoff" etwas entgegensetzen, wenn wir die große Bedeutung unserer Industrie erhalten wollen. Das ist in erster Linie Qualität. Wir müssen aber dabei die Produktionskosten dauernd zu senken versuchen, denn der Wettbewerb und die Erzeugung sind gewachsen, der Inlandabsatz kann nur durch Anpassung an die geschwächte Kaufkraft gehoben werden. Wir müssen Fertigware ins Ausland ausführen, um Rohware kaufen zu können, von der wir bei weitem nicht genug haben, ganz zu schweigen von der Notwendigkeit gesteigerter Ausfuhr infolge der Reparationsverpflichtungen. Der Zwang, die Kosten zu senken, dabei aber die Qualität zu erhalten, führt ganz von selbst zur Modernisierung der Betriebe. Welche Wege sind nun hierzu gangbar?

Zunächst ist nach dem Grundsatz: „Teile und herrsche", eine noch größere Gliederung in unserer Industrie denkbar. Wohl sind unsere Werke der Art des Erzeugnisses nach weitgehend spezialisiert. Das Durcheinander von verschiedenen Erzeugungen schwindet mehr und mehr. Wer gutes Boxkalb machen will, läßt andere sich mit Chevreaux befassen. Es gibt Glacégerber, die nur Ziegenfelle, andere die nur Lammfelle verarbeiten. Die ungeheuren Unterschiede in der Rohware haben dazu geführt. Der Gerber sah ein, daß er sein Gebiet nur dann gut kennen kann, wenn er sich selbst Grenzen setzt. Einen Stoff wirklich zu beherrschen, ist besser, als alles wissen zu wollen. Innerhalb der Fabrikation ist aber eine noch größere Gliederung möglich. Zwar gehen hierin Großbetriebe (wie auch in der Art der Erzeugung) führend voran. Bei ihnen kann sich aber, je größer das Werk wird, eine gewisse Schwerfälligkeit herausbilden. Der Leiter kann das Ganze nicht mehr genug überblicken. Die Folge ist, daß die durch die Gliederung entstandenen Abteilungen „Staaten im Staate" bilden, deren Meister sich oft noch, da ihnen der Überblick und somit Weitblick fehlt, befehden. Daher wäre der Gedanke vielleicht nicht der schlechteste, daß einzelne Werke sich nur mit einem Teil der Fabrikation befassen. Auch hierin gibt es schon Vorläufer. Aber daß z. B. die Entwollung von Schaffellen schon so spezialisiert ist, ist doch mehr der Wolle als der Blöße wegen geschehen. Das gegerbte ostindische Schaf- und Ziegenfell, welches gewissermaßen ein Normalzwischenprodukt darstellt, müßte eigentlich in diesem Sinne anregend wirken. Es muß eine wirtschaftliche Schwäche darin liegen, daß bei der Eigenart unseres Rohstoffs die Verarbeitung von der rohen Haut bis zum fertigen Leder in einer Hand liegt. Bei der verhältnismäßig langen Fabrikationsdauer und dem hohen Wert der Rohware ist das Risiko natürlich äußerst groß. Durch die unvermeidlichen Konjunkturschwankungen können leicht empfindliche Verluste entstehen. Eine Aufteilung der Fabrikation müßte da eine merkliche

Entspannung herbeiführen. Doch das nicht allein — das Fabrikat müßte durch die Spezialisierung auch besser werden, gleichmäßiger ausfallen. Es leuchtet ein, daß man auf einem leichter zu überschauenden Gebiet genauere Arbeit leisten kann. Hierfür sind in zahlreichen Industrien Beispiele vorhanden, nur wir Gerber glauben nicht folgen zu können, weil wir es mit einem Naturprodukt zu tun haben. Es gibt aber jetzt schon ganz ausgezeichnete Zurichter lohgarer Leder, die von der Gerbung nur eine geringe, von Äschern und Beizen fast überhaupt keine Vorstellung haben. Darum ist deren Leder aber nicht schlechter. Kann man sich beispielsweise umgekehrt nicht einen Äscher- und Beizmeister vorstellen, der sich mit Gerbung und Zurichtung überhaupt nicht zu befassen braucht? Zu denken wäre also etwa an Fabriken für das Äschern von Ziegen- oder von Kalbfellen, ebenso wie es Fabriken für das Färben lohgarer Leder gibt. Man wird hiergegen einwenden, daß Blößenherstellung und Gerbung zusammenhängen müssen. Obwohl dieser Einwand durch den Hinweis auf das gepickelte Schaffell schon etwas entkräftet werden sollte, sagt man nämlich, daß man die Gerbung verändern müsse, je nachdem Äscher oder Beize ausgefallen seien. Gerade das sollte aber im Interesse eines guten und gleichmäßigen Fabrikats nicht sein. Und wenn man sich die gerbfertigen Blößen kaufen kann, wird es auch weniger nötig sein. Die Gefahr, die Ware nicht abgenommen zu bekommen, würde den Äscherbetrieb zwingen, eine gleichmäßige Ware zu liefern. Jetzt ist es oft so, daß in einem Werk mit soundsoviel Unterabteilungen zunächst ein Auge zugedrückt wird, wenn die Blöße nicht ganz entsprechend ist, und bei schlechtem Ausfall des Erzeugnisses eine Abteilung die Schuld auf die andere zu wälzen versucht. Eine solche Neugestaltung bringt natürlich neue Probleme mit sich. Solche sind z. B. das geeignete Konservieren von Blößen; die Erhaltung der Färbemöglichkeit, wenn man sich bei Gerbungsarten, bei denen man jetzt gleich nach der Gerbung zu färben gewohnt ist, einen weiteren Gliederungsabschnitt denkt; die Transportfrage u. a.

Hierfür sind aber schon viele Lösungen vorhanden, und wenn man sich erst stärker damit befaßt, werden weitere gefunden werden. Die Durchführung der Anregung bringt andererseits viele Vorteile. Es wird eben der Stillstand, der beim zu groß gewordenen Betrieb eintreten kann, vermieden. Dem kleineren und mittleren Betrieb wird eine wirkliche Existenzfähigkeit geboten, da die Gefahrmöglichkeiten verringert werden und der Betrieb modern sein und bleiben kann. Maschinen werden z. B. in einem solchen Spezialbetrieb viel besser ausgenutzt und können somit rascher erneuert werden. Mehrere kleine Betriebe zusammen können dann durch einen losen Verband (Einkaufs- oder Produktionsgemeinschaft) gemeinsam Rohware und Hilfsmittel einkaufen, ferner Maschinen für den gemeinsamen Bedarf, wie z. B. Meßmaschinen, Bandmesserspaltmaschinen, aufstellen oder Anlagen schaffen, wie z. B. zum Waschen und Trocknen von Haaren, oder eine Fachbücherei. So wird es auch den kleineren Betrieben ermöglicht, gemeinsam einen Chemiker oder Betriebsingenieur zu besolden.

Neben der Gliederung muß nämlich eine wissenschaftlichere Bearbeitung unseres Arbeitsgebiets einherschreiten. Die erstaunliche Entwicklung der chemischen Industrie, in der durch wissenschaftliches, d. h. methodisches Arbeiten so große Fortschritte erzielt wurden, sollte uns hierfür ein leuchtendes Vorbild sein. Aber dort mußten die Chemiker sich auch sehr spezialisieren, und in der Beziehung sind wir noch rückständig. Zwar haben unsere großen Unternehmungen Betriebschemiker, doch haben diese zumeist ein viel zu großes Arbeitsgebiet, so daß zu methodischer Versuchstätigkeit, die unsere Industrie weiter voran treiben würde, keine Zeit übrigbleibt. Die Ergebnisse der Forschungsstätten sowohl unserer eigenen Industrie, wie auch fremder Industrien, die unseren Verhältnissen angepaßt werden könnten, sind so große, daß sie jetzt nicht genügend praktisch nutzbar gemacht werden können. Hierin würde die vorgeschlagene Gliederung der Betriebe, wobei jeder sich nur mit einem Teil der Lederfabrikation befaßt, ebenfalls vorteilhaft wirken. Man erkennt allgemein die Vorzüge eines Facharztes an. Ebenso wirkt natürlich der Fachchemiker für den Spezialbetrieb. Es wird durch ihn eine genaue Betriebsprüfung ermöglicht. Dabei bleibt aber infolge der Gliederung Zeit, sich über alle Geschehnisse, die in das Fach schlagen, auf dem Laufenden zu halten, eigene Versuche vorzunehmen, somit auf den Betrieb, oder, wenn es sich um einen Verband von Betrieben handelt, auf diese befruchtend einzuwirken. Der kleinere Betrieb, oder besser das kleinere Gebiet, werden den praktischen Gerber und den wissenschaftlich gebildeten Mann eher zusammenführen, als es bisher geschah. Der Chemiker wird mehr mitten in der Arbeit stehen, stärker angeregt werden, praktischer handeln; der Praktiker wird den Erfolg wissenschaftlicher Arbeit besser sehen.

Dann wird gründlich aufgeräumt werden mit all dem nutzlosen Beiwerk, das oft guten Verfahren noch anhaftet, sie aber verteuert und schwierig gestaltet. Dann wird auch die Geheimniskrämerei verschwinden, die sehr kostspielig ist und den Fortschritt hemmt. Systematische Versuche, an denen mehrere teilhaben können, werden billiger und sicherer sein. So wird das Erzeugnis besser und gleichmäßiger werden. Der wirtschaftliche Erfolg wird nicht ausbleiben.

Außerordentlich nützlich ist zur Gewinnung für diese Ideen das Studium der einschlägigen Literatur aus anderen Industrien, wie sie in den Arbeiten des „Ausschusses für wirtschaftliche Fertigung“ enthalten ist, und von dessen Verlag, Berlin NW. 7, Sommerstraße 4a, zu beziehen ist.

VII.

Das Betriebswasser.

Die Beschaffenheit und Menge des zur Verfügung stehenden Wassers ist für die Herstellung von Leder eine Frage von ausschlaggebender Bedeutung.

In je größeren Mengen das Wasser vorhanden ist, frei von Beimischungen fremder Körper, um so leichter läßt sich mit demselben arbeiten. Das in der Natur vorkommende Wasser enthält aber gewöhnlich solche Beimengungen, je nach der Herkunft, und es ist deshalb eine dringende Notwendigkeit, sich immer wieder über seine Zusammensetzung zu unterrichten, wenn man sich vor Schaden bewahren will.

Bekanntlich beschreibt das auf der Erde befindliche Wasser einen gewissen ununterbrochenen Kreislauf:

„Vom Himmel kommt es,
Zum Himmel steigt es,
Und wieder nieder zur Erde muß es,
Ewig wechselnd.“

Goethe.

Was durch die Verdunstung der Gewässer als Wolke verdampft, kommt als Regen, Schnee, Hagel oder Tau wieder zur Erde und in die Flüsse und wird als Meteorwasser bezeichnet.

Dieses, welches ähnlich dem destillierten Wasser chemisch rein sein sollte, wird aber durch gas- und staubförmige Anteile der Luftschichten, durch welche es kommt, stark beeinflußt, ehe es zur Erde gelangt, besonders in der Nähe von großen Städten und Industrieanlagen.

Trotzdem wäre das Regenwasser in den meisten Fällen ohne weiteres brauchbar, wenn es in genügenden Mengen gesammelt werden könnte. Es wird von der Oberfläche der Erde aufgenommen und gelangt so in die Flußläufe, indem es mehr oder weniger lösbare Teile der Erde mitnimmt. Diesem Wasser sind gewöhnlich die der Atmosphäre entstammenden Verunreinigungen abfiltriert. Der Humusboden der Erdrinde, Sand und Lehm bringen aber chemische Umsetzungen zuwege, die verschiedenster Art sein können. Es gehen dabei allerlei Körper in dasselbe über, die aus der Erdschicht, aus Abwässern von menschlichen Wohnungen oder Fabrikanlagen stammen und in vielen Fällen eine starke Beeinflussung des Wassers hervorbringen. Nun tritt zwar in größeren Flußläufen wieder eine sogenannte Selbstreinigung ein, welche die darin lebenden Pflanzen und Fische verursachen, ferner sonstige Vorgänge physikalischer und chemischer Natur, die um so wirksamer sind, je stärker sie durch die Atmosphäre beeinflußt werden und je mehr Gelegenheit zum Absetzen suspendierter Anteile gegeben ist.

Das sogenannte Brunnen- oder Grundwasser, welches von unterirdischen Wasserläufen stammt und das man durch Anlegen (Bohren) von Brunnen erhält, zeigt oft Anteile der Gesteins- und Erdschichten, durch welche es gekommen ist. Wegen seiner Härte ist es vielfach weniger brauchbar für Gerbereizwecke. Diese Bestandteile, welche in Form von Koch- oder Glaubersalz meistens unschädlich sind, können aber, wenn es sich um größere Mengen Kalk-, Magnesia- oder Eisensalze handelt, sehr störend sein. Ihre Mengen bedingen die sogenannte „Härte" des Wassers, und zwar spricht man von „vorübergehender Härte", wenn sie durch einfaches Aufkochen des Wassers beseitigt werden kann, und von „dauernder Härte", auch „bleibender", wenn sie durch Kochen nicht aufgehoben wird. Bei der vorübergehenden, temporären Härte handelt es sich um doppeltkohlensaure Salze, welche durch das Kochen in die fast lösliche Form von einfach kohlensauren Salzen überführt werden. Die durch Kochen nicht lösliche Form dieser Salze sind schwefel-, salz- oder salpetersaure Verbindungen, welche die dauernde Härte verursachen. Die Gesamthärte setzt sich aus der Summe der vorübergehenden und dauernden Härtegrade zusammen.

Bei der Untersuchung des Wassers bei

1 deutschem	Härtegrad sind in	100 l	Wasser	1 g Ätzkalk	enthalten
1 französischem	„ „ „	100 l	„	1 g kohlens. Kalk	„
1 englischem	„ „ „	70 l	„	1 g „ „	„

Es entspricht demnach:

1 deutscher	= 1,25	englischer oder	1,79	französischer Härtegrad
0,8 „	= 1	„ „	1,43	„ „
0,56 „	= 0,7	„ „	1	„ „

Im allgemeinen kann gesagt werden, daß ein g u t e s T r i n k w a s s e r h a r t und demgemäß ein s c h l e c h t e s B e t r i e b s w a s s e r f ü r d i e G e r b e r e i ist.

Ein einfaches Verfahren zur Bestimmung der vorübergehenden Härte eines Wassers ist folgende:

Man gibt zu 100 ccm des zu untersuchenden Wassers 1—2 Tropfen einer Lösung von Metylorange, wodurch eine Gelbfärbung desselben eintritt. Man läßt sodann aus einem Meßröhrchen langsam nach und nach unter stetem Umrühren N/10 Schwefelsäure zutropfen, bis die Farbe des Wassers von gelb nach rosa umschlägt. Gegen weißes Papier gehalten, ist der Farbenumschlag leicht erkennbar. Man errechnet sodann durch Multiplikation der verbrauchten Schwefelsäuremenge in ccm mit 2,8 den vorübergehenden deutschen Härtegrad. Hat man beispielsweise 5 ccm Schwefelsäure N/10 verbraucht, um den Farbenumschlag dauernd zu gestalten, so ergibt die Multiplikation eine Härte von 14 deutschen Härtegraden, was natürlich für viele Zwecke in der Gerberei, besonders in der Wasserwerkstatt, zu viel ist.

An Stelle des Metylorange tritt bei genaueren Analysen reinste Alizarinpaste, welche von violett nach zitronengelb umschlägt, wobei man während der Untersuchung einmal aufkocht, ehe man fertig titriert.

Durch die Untersuchung des Wassers, die zweckmäßig öfter wiederholt werden sollte, vermag man zu unterscheiden, ob die Beseitigung der vorübergehenden Härte genügt bzw. welche Mittel angewandt werden sollen, um ein brauchbares Betriebswasser zu gewinnen.

Verunreinigungen organischer Natur lassen sich oft durch eine Rieselanlage, durch die oxydierende Wirkung der Luft, beseitigen.

Für die Zwecke der Wasserwerkstatt, in der hartes Wasser einen rauhen Narben verursachen kann, ist die Beseitigung der Härte des Wassers besonders wichtig. Diese Rauheit entsteht dadurch, daß sich durch das Zusammenkommen des Ätzkalkes der Felle mit dem doppeltkohlensauren Kalk des Wassers unlöslicher kohlensaurer Kalk bildet, so daß die Oberfläche des Felles mit einer nicht sichtbaren Kruste desselben überzogen wird, welche, wenn sie in irgendeiner Form mechanisch bearbeitet wird, die Ursache ist, daß mit ihr der an sie gebundene Teil des Narbens abgescheuert und dadurch wund wird. Dies tritt ein, wenn das Wasser 5° vorübergehende Härte und mehr hat. Da das Abscheuern des Narbens nur an den hervortretenden Flächen erfolgt, die bei der Äschergeschwulst der Felle besonders hervortreten, so bedeutet dies, daß nur sie eine gewisse Öffnung und Aufrauhung der Narbenfläche erfahren und sie dann zur stärkeren Aufnahme von Gerb-, Färb- und Fettstoffen befähigen, wodurch naturgemäß ein Unterschied mit den geschützt und gesund gebliebenen Vertiefungen des Narbens, z. B. in den Halsrunzeln, entsteht. Um dies zu verhindern, gibt es Mittel und Wege, die einfach anzuwenden sind.

Ein solches Mittel vor Gebrauch des Betriebswassers ist der Zusatz von klarem Kalkwasser, wodurch der darin befindliche, nicht sichtbare, unlösliche kohlensaure Kalk ausgeschieden werden kann, ehe man die Felle in das Wasser gibt.

Man bereitet sich dieses Kalkwasser, indem man eine beliebige Menge gelöschten Kalkes mit klarem Wasser verrührt und dann absitzen läßt. Der Ätzkalk löst sich bekanntlich nur in einem bestimmten Verhältnis in Wasser auf. Man erhält somit über dem Ungelösten — klares Kalkwasser von stets gleicher Stärke, welches man abschöpft oder abgießt. Man verrührt sodann den übriggebliebenen Kalkbrei wieder mit frischem Wasser, läßt absitzen, zieht das klare Kalkwasser wieder ab und wiederholt das Ganze mehrmals, so daß man von zirka 20 kg gutem Ätzkalk bei Verwendung weichen Wassers ungefähr 2000—3000 l klares Kalkwasser erhält, welches man zur Berichtigung des Betriebswassers sammelt.

Man verwendet von demselben für 1 Kubikmeter

bei 10°	vorübergehender	Härte	ungefähr	7 l	klares	Kalkwasser
„ 15°	„	„	„	10,5 l	„	„
„ 20°	„	„	„	14 l	„	„

Die Wirkung tritt um so schneller ein, je wärmer das Wasser ist, bei gewöhnlicher Temperatur über 10° C ist das Wasser nach ungefähr 10 Minuten gebrauchsfertig. Die Berichtigung des Betriebswassers ist um so empfehlenswerter, je empfindlicher der Narben der betreffenden Felle ist, und je wärmer das Wasser angewandt wird, z. B. zum Waschen vor der Beize. Da der Übelstand auch beim offenen Liegenlassen der geäscherten Felle an der Luft entsteht, so sucht man die Bildung kohlensauren Kalkes bzw. einer Kruste desselben an der Oberfläche der Felle, besonders im Narben, dadurch zu verhindern, daß man die zu bearbeitenden Felle in einer beiläufig 1 %igen Lösung technischen Glyzerins in richtig gestelltem, weichen Wasser behandelt, wonach ein Austrocknen der Oberfläche auch bei stundenlangem Hantieren an der Luft, z. B. beim Entfleischen und Spalten größerer Mengen, nicht mehr zu befürchten ist.

Ein weiteres Mittel, die mit Recht so gefürchteten Kalkschatten zu vermeiden, besteht im leichten Ansäuern des Betriebswassers mit solchen Säuren, welche leicht lösliche Verbindungen mit Kalk eingehen, wie z. B. Milch-, Oxal- oder Salzsäure, dagegen nicht Schwefelsäure. Alle diese Zusätze gibt man vor dem Einbringen der Felle in das Wasser, um das Ausscheiden der unlöslichen Kalkverbindung voraufgehen zu lassen. Gleichzeitig, also im Umsetzvorgang sie zuzugeben, ist schädlich, weil sich in diesem Falle die unlösliche Verbindung im vermehrten Maße an der Oberfläche der Felle bemerkbar machen würde. Ebenso ist es nachteilig, Gefäße mit weichem Wasser, in welches gekälkte Felle gebracht wurden, z. B. nach dem Entfleischen oder Spalten, mit hartem Wasser aufzufüllen.

Die Beachtung dieser Punkte ist deshalb so besonders wichtig, weil die bei der Nichtbeachtung entstehende nachteilige Wirkung gewöhnlich nicht gleich, sondern erst viel später, und zu einem Zeitpunkt erkannt wird, in welchem es für eine Abhilfe zu spät ist. Man darf sich nicht dadurch täuschen lassen, weil es „immer so gemacht wurde“. Die Ansprüche, die heute an die Schönheit des Leders gestellt werden, sind ungleich höher als früher, und die Zusammensetzung des Betriebswassers kann sich durch mancherlei Umstände stark verändert haben, ohne daß dies dem Verbraucher auffällt. Hier schafft nur die immer sich wiederholende Untersuchung des Wassers die notwendige Sicherheit.

Von besonders großer Bedeutung ist bekanntlich die Härte des Wassers auch für den Dampfkessel, dessen Lebensdauer und Leistungsfähigkeit durch die Härte des Wassers sehr beeinträchtigt werden kann.

Für bestimmte Zwecke, z. B. für das Färben, Fetten und Appretieren der Leder ist es zweckmäßig, sich durch das Auffangen des enthärteten Abwassers aus dem Dampfkessel oder der Heizanlage Kondens- oder destilliertes Wasser zu beschaffen. Es ist dabei allerdings darauf zu achten, daß dasselbe weder Öl noch Rost enthält. Man vermeidet dies, wenn man mehrere übereinander befindliche Gefäße mittels sogenannten kommunizierenden Röhren verbindet, wodurch man verhindert, daß das an der Oberfläche schwimmende Öl, welches von der Dampfmaschine stammt, mit überläuft, außerdem kann sich der oftmals in den Rohrleitungen gebildete Rost absetzen.

Das Wasser ist der Vermittler und Träger wichtiger Vorgänge bei der Lederherstellung und verdient eine Beachtung im weitesten Sinne. Es ist für die Gerberei etwa von ähnlicher Bedeutung, wie die Luft für das Leben des Menschen. Gerade, weil es so harmlos scheint und seine Unterschiede nicht leicht erkannt werden, ist es um so dringender notwendig, daß man es einer sachgemäßen und ständigen Prüfung unterwirft.

Die daran gewandte Mühe lohnt sich reichlich.

VIII.

Chemikalien, Farbstoffe, Fette und Öle.

Zu den wichtigsten Erfordernissen der Betriebskontrolle gehört eine möglichst umfassende Kenntnis der Hilfsstoffe, welche beim

Weichen, Äschern und Beizen,
Gerben mit verschiedenen Gerbstoffen,
Fetten und Imprägnieren,
Färben und Appretieren

Verwendung finden.

Wenn man die Eigenschaften eines Körpers wirklich kennt, so wird man dieselben auch wirksam und nicht sinnwidrig anwenden. Man wird nicht, wie das in manchen Rezeptchen zu finden ist, einer Appretur gleichzeitig Zusätze einverleiben, die sich gegenseitig schädigen oder ihre Wirkung aufheben, wie es z. B. die gleichzeitige Verwendung von Säuren und Alkalien, von sauern und basischen Farben u. dgl. ist.

Mit der guten Absicht allein tritt die erwünschte gute Wirkung nicht ohne weiteres ein. Man findet in solchen Rezepten auch oft ein und denselben Körper unter verschiedensprachlicher Bezeichnung, wie z. B. schwefelsaure Tonerde und Aluminiumsulfat.

Die Vielseitigkeit der Zusammensetzungen, die häufig auf Zufälle, selten auf wirklich systematische Forschung zurückgeführt werden

Natronlauge.

Spezifisches Gewicht bei 15°C (nach Lunge).

Grad Bé	Prozent Ätznatron	Gramm Ätznatron in 1 Liter	Grad Bé	Prozent Ätznatron	Gramm Ätznatron in 1 Liter
1	0,61	6	26	19,58	239
2	1,20	12	27	20,59	253
3	2,00	21	28	21,42	266
4	2,71	28	29	22,64	283
5	3,35	35	30	23,67	299
6	4,00	42	31	24,81	316
7	4,64	49	32	25,80	332
8	5,29	56	33	26,83	348
9	5,87	63	34	27,80	364
10	6,55	70	35	28,83	381
11	7,31	79	36	29,93	399
12	8,00	87	37	31,22	420
13	8,68	95	38	32,47	441
14	9,42	104	39	33,69	462
15	10,06	112	40	34,96	483
16	10,97	123	41	36,25	506
17	11,84	134	42	37,47	528
18	12,64	144	43	38,80	553
19	13,55	156	44	39,99	575
20	14,37	167	45	41,41	602
21	15,13	177	46	42,83	629
22	15,91	188	47	44,38	658
23	16,77	200	48	46,15	691
24	17,67	212	49	47,60	721
25	18,58	225	50	49,02	750

Anmerkung: Beim Spindeln mit dem Aräometer ist zu beachten, daß Verunreinigungen durch Kochsalz, Glaubersalz oder Soda das spezifische Gewicht wie Natronlauge erscheinen lassen. Natronlauge oder kaustische Lauge ist, wie bereits bemerkt, die wässerige Lösung von Ätznatron, welche, wenn die Frachtverhältnisse es erlauben, am besten als solche bezogen wird, da alsdann das Auflösen wegfällt. Natronlauge wirkt ebenso wie Ätznatron stark ätzend. Der kleinste Tropfen selbst sehr verdünnter Lauge ist für das Auge äußerst gefährlich.

muß, ist meistens kein Vorteil, viel eher ein Hemmnis für gute Ergebnisse. Je einfacher eine Mischung aufgebaut wird, um so sicherer können die Wirkung der Einzelbestandteile überwacht und Fehlerquellen gefunden werden.

Die hauptsächlichsten Hilfsmittel in diesem Sinne finden im nachstehenden eine das Wichtigste umschreibende Würdigung. Für eine noch eingehendere Behandlung muß auf die betreffende Sonderliteratur verwiesen werden.

Ätznatron, NaOH, Natriumhydroxyd, Natriumoxydhydrat, auch kaustische Soda genannt, kommt in Stücken oder Stangen oder auch in eiserne Trommeln eingeschmolzen in den Handel, ist weiß oder leicht gelblich gefärbt, sehr stark ätzend, geruchlos, leicht in Wasser und Alkohol löslich. Da es in geöffneten Behältern Kohlensäure aus der Luft anzieht und zerfließt, ist es möglichst unter Luftabschluß aufzubewahren. Die wässerige Lösung von Ätznatron bezeichnet man als Natronlauge und ihr Gehalt an NaOH läßt sich aus ihrem spezifischen Gewicht (durch Spindeln) ermitteln (s. Anmerkung). Die Handelsware enthält in der Regel 77—97 % reines Natriumhydroxyd.

Das Ätznatron findet neben seiner Verwendung zur Herstellung von Seife und sonstigen Zwecken Anwendung beim Enthärten von Wasser, sowohl zur Beseitigung der vorübergehenden, und nach Bildung von kohlensaurem Natrium auch der bleibenden Härte, ferner als Zusatz bei der Weiche von trockenen Häuten und Fellen (man rechnet auf 1 cbm Wasser zirka 1 kg Ätznatron), als Zusatz zum Äscher, um die Wirkung desselben zu verschärfen.

Arsenik. As_2S_5 Arsenpentasulfid, auch als rotes Arsendisulfid As_2S_2, Realgar und gelbes Arsentrisulfid As_2S_3 Auripigment im Handel. Der für die Technik in Betracht kommende rote Arsenik (auch Rotglas oder Gift) ist ein Gemisch dieser Verbindungen und hat einen Schwefelgehalt von etwa 36 %. Alle diese Stoffe sind in Wasser selbst unlöslich. Um roten Arsenik aufzuschließen, löscht man Ätzkalk und fügt, wenn der Brei etwa eine Temperatur von 50° C angenommen hat, das Arsenikpulver zu. Es bildet sich hierbei das für die Haarlockung wertvolle Kalziumsulfhydrat, ohne daß dabei Natronlauge entsteht. Arsen ist ein starkes Gift, von welchem schon geringe Mengen zum Tode führen.

Es wird wegen seiner antiseptischen Wirkung auch beim Konservieren roher Tierhäute benutzt, besonders in Ostindien, doch ist seine Verwendung nicht unbedenklich, weil es beim Versand und bei der Verarbeitung nachteilige Wirkungen hervorbringen und die Abwässerfrage schwierig machen kann.

Kalk, Brenn- oder Ätzkalk, CaO, Kalziumoxyd bildet harte, weiße Stücke. Man unterscheidet mageren und fetten Ätzkalk, wovon jedoch nur der fette für die Verwendung in der Gerberei in Frage kommt. Bei längerem Lagern zerfällt der Kalk durch Verbindung mit der Kohlensäure der Luft zu Kalziumkarbonat (Kreide).

Bringt man den Ätzkalk mit Wasser zusammen, so entsteht unter Wärmeentwicklung der „gelöschte Kalk“, CaOH, Kalziumhydroxyd. Dieser gelöschte Kalk enthält stets noch Beimengungen von Steinen und Sand, welche die Haut schädigen können, und welche daher möglichst durch Sieben zu entfernen sind. Außerdem soll man den Kalk nicht erst kurz vor Benutzung löschen, weil so zunächst noch ungelöschte Teilchen in die Schwöde oder den Äscher gelangen könnten. Gelöschter Kalk ist in Wasser schwer löslich. In 1 cbm löst sich nur etwa 1 kg. In dieser Stärke und frisch angesetzt — als Kalkmilch — benutzt der Gerber gelöschten Kalk nur zum Frischhalten von Blößen. Zum Äschern kommen stärkere Ansätze, gewöhnlich ungefähr 6 % vom Gewicht der geweichten abgetropften Haut in Frage. Hierbei befindet sich der gelöschte Kalk dann im Überschuß im Äscher. In dem Umfange, in dem die Haut aber Kalk aufnimmt, geht noch ungelöster Kalk in Lösung.

Eine frisch angesetzte Kalkbrühe wirkt nur milde schwellend und fördert die Haarlockung nur wenig.

Chlorkalk, $CaOCl_2$ Kalziumhypochlorit oder Unterchlorigsaurer Kalk.

Spezifisches Gewicht frischer wässeriger, aus gutem Chlorkalk bereiteter Lösungen bei 15° C.

(berechnet nach Lunge und Bachofen).

Grad Bé	Bleichendes Chlor	Grad Bé	Bleichendes Chlor	Grad Bé	Bleichendes Chlor
	Gramm pro Liter		Gramm pro Liter		Gramm pro Liter
1	3,9	6	25,5	11	50,9
2	7,9	7	30,2	12	56,8
3	12,1	8	35,2	13	61,6
4	16,8	9	39,7	14	66,8
5	21,1	10	45,0	15	72,0

Chlorkalk ist ein weißes, chlorartig riechendes Pulver, welches in der Luft Feuchtigkeit und Kohlensäure anzieht und teigig wird. Guter Chlorkalk enthält 35—39 % bleichendes Chlor.

Zur Herstellung von Chlorkalklösung reibt man 1 Teil Chlorkalk mit 3 Teilen Wasser zu einem ganz gleichförmigen Brei an, gibt nochmals 3 Teile Wasser zu, läßt absitzen und verdünnt die klare Lösung auf die gewünschte Stärke. Zum Bleichen ist nur eine klare, von

Klümpchen freie Lösung zu verwenden. Nach der Behandlung mit Chlorkalk müssen die Waren stets gründlich gespült werden.

Chlornatron, NaOCl, Natriumhypochlorit oder Unterchlorigsaures Natron. Eau de Labarracque.

Unterchlorigsaures Natron ist nur in Form seiner wässerigen Lösung bekannt, die durch Elektrolyse von Kochsalz oder durch Mischen von Chlorkalk und Sodalösung hergestellt wird.

Man teigt 100 kg Chlorkalk 33 %ig mit Wasser zu 400 l an, löst 60 kg kalzinierte Soda in 200 l kochenden Wassers, gibt 100 l kaltes Wasser zu, mischt diese Lösung mit dem Chlorkalkbrei durch halbstündiges Rühren und läßt dann über Nacht absitzen. Die klare Flüssigkeit wird abgezogen, der Niederschlag 4—5mal mit kaltem Wasser angerührt und damit die Lösung auf etwa 1500 l von 4—5° Bé gestellt. Um sie ganz von Kalk zu befreien, gibt man noch 1—2 kg Soda zu, welche den Rest des Kalkes als kohlensauren Kalk ausscheidet.

Unterchlorigsaures Natron bietet gegenüber dem Chlorkalk den Vorteil, daß es leicht in klarer, kalkfreier Lösung zu erhalten ist.

Ammoniak, NH_3 ist ein farbloses, stechend riechendes Gas. In der Gerberei bedient man sich seiner wässerigen Lösung, des Ätzammoniaks $(NH_4)OH$, Salmiakgeist, mit einem Gehalt bis zu 35 % NH_3. Ammoniak findet Verwendung beim Äschern, zum Neutralisieren von Säuren, zum Durchfärben von Leder, Löslich-machen von Schellack, Kasein u. a. Seine Anwendung ist vorteilhaft, da es sich, wenn überschüssig, verflüchtigt.

Im Äscher bildet sich durch den Fäulnisprozeß der Haut von selbst Ammoniak. Ammoniak wirkt auf Haut nur schwach schwellend, ein Prallwerden tritt nicht ein.

Spezifisches Gewicht bei 15° C (nach Lunge und Wiernik).

Spezif. Gewicht bei 15° C	Prozent NH_3	1 Liter enthält Gramm NH_3	Spezif. Gewicht bei 15° C	Prozent NH_3	1 Liter enthält Gramm NH_3
1,000	0,00	0,0	0,940	15,63	146,9
0,995	1,15	11,4	0,935	17,12	160,1
0,990	2,31	22,9	0,930	18,64	173,4
0,985	3,55	34,9	0,925	20,18	186,7
0,980	4,80	47,0	0,920	21,75	200,1
0,975	6,05	59,0	0,915	23,36	213,6
0,970	7,31	70,9	0,910	24,99	227,4
0,965	8,59	82,8	0,905	26,65	241,1
0,960	9,91	95,1	0,900	28,33	255,0
0,955	11,34	108,1	0,895	30,03	268,7
0,950	12,74	121,0	0,890	31,75	282,6
0,945	14,22	133,9	0,885	33,68	298,0

Soda, Na_2CO_3, Natriumkarbonat, erscheint in farblosen, monoklinen, wasserhellen Kristallen, die sich leicht und vollständig in Wasser auflösen, stark alkalisch reagieren und einen laugenhaften Geschmack besitzen. Durch Kalzinieren entsteht das wasserfreie Natriumkarbonat (kohlensaures Natron).

Die Solvaysoda, Ammoniaksoda zeichnet sich durch große Reinheit aus.

Spezifisches Gewicht von Sodalösungen bei 15° C (nach Lunge).

Grad Bé	Prozent Soda calc.	Gramm Soda calc. in 1 Liter	Grad Bé	Prozent Soda calc.	Gramm Soda calc. in 1 Liter
1	0,67	6,8	11	7,88	85,3
2	1,33	13,5	12	8,62	94,0
3	2,09	21,4	13	9,43	103,7
4	2,76	28,4	14	10,19	112,9
5	3,43	35,5	15	10,95	122,2
6	4,29	44,8	16	11,81	132,9
7	4,94	52,0	17	12,61	143,0
8	5,71	60,5	18	13,16	150,3
9	6,37	68,0	19	14,24	164,1
10	7,12	76,5			

Soda löst sich in Wasser am reichlichsten bei 32,5° C. 100 Teile Wasser lösen die folgenden Mengen reinen kohlensauren Natrons bei:

0°	5°	10°	15°	20°	30°	32,5°	34° und 79°	100°
7,1	9,5	12,6	16,5	21,4	38,1	59	46,2	45,1 Teile Soda.

Kalzinierte Soda kommt in verschiedenen Stärkegraden in den Handel, welche nach Prozenten reinen kohlensauren Natrons bezeichnet werden; die gebräuchlichsten Stärken sind 81 %, 88—95 % und 98 %. Solvay- oder Ammoniaksoda enthält 98—99 % Soda.

Die Angaben betreffend kalzinierte Soda beziehen sich auf die guten Sorten 95—98 %iger Soda, gleichviel welcher Fabrikationsart. 100 Teile guter kalzinierter Soda sind ungefähr 270 Teilen Kristallsoda gleichwertig.

Schwefelnatrium, Na_2S, Natriumsulfid, kommt in zwei Formen, als kristallisiertes und als konzentriertes Schwefelnatrium in den Handel. Kristallisiertes Schwefelnatrium bildet bräunliche, wasserhaltige Kristalle von etwa 33 % Gehalt an reinem Schwefelnatrium. Das konzentrierte Produkt wird gewöhnlich in einer Stärke von etwa 60 % geliefert. Es ist von grauer bis grauschwarzer Farbe und ist gewöhnlich in Fässern eingeschmolzen. Neuerdings bringt die A.-G. der Chemischen Produktenfabrik Pommerensdorf, Stettin, ein feinkristallisiertes, weißes Schwefelnatrium auf den Markt, das wegen seiner Reinheit sich besonders für die Lederindustrie eignen dürfte.

Schwefelnatrium ist in kaltem und warmem Wasser sehr leicht löslich. Es zieht aus der Luft Wasser, Kohlensäure und Sauerstoff an und zerfließt dadurch unter teilweiser Umwandlung in kohlensaures und schwefelsaures Natron, wobei es entsprechend an Wirkung verliert. Es ist daher möglichst in geschlossenen Gefäßen aufzubewahren und nicht allzu lange zu lagern.

Man benutzt Schwefelnatrium zum Schwellen von trockenem Hautmaterial in der Weiche (man rechnet auf 1 cbm Wasser etwa 1,5 kg kristallisiertes oder $^3/_4$ kg konzentriertes Schwefelnatrium) als Anschärfmittel des Äschers und zur Herstellung des Schwödebreies. Da durch Schwefelnatrium die Haare und die Oberhaut sehr rasch zerstört werden, so wird durch seine Verwendung die Gefahr, Hautsubstanz zu verlieren, sehr gemindert. Es entsteht somit bei richtiger Handhabung ein festes Leder. Auf der anderen Seite kann die stark schwellende Wirkung des Schwefelnatriums einen zu fest geschlossenen Narben ergeben, der sich im späteren Verlauf nicht gut färben läßt oder bei zartem Hautmaterial sogar den Narben verzerrt. Durch Zusatz von Kochsalz läßt sich dieser Übelstand mildern bzw. verhindern.

Durch Verbindung von Schwefelnatrium mit gelöschtem Kalk entsteht Kalziumsulfhydrat und Natronlauge, ersteres von haarlockernder, letzteres von schwellender Wirkung.

Ein weiteres wichtiges Verwendungsgebiet für Schwefelnatrium sind die Schwefelfarbstoffe, welche nur bei Gegenwart von Schwefelnatrium in Wasser löslich sind. Man erreicht damit besonders auf sämischgaren Ledern waschechte Färbungen, die gerade bei Handschuhledern geschätzt werden. Man löst die gleiche bis doppelte Gewichtsmenge kristallisiertes Schwefelnatrium vom Farbstoffgewicht in weichem, kochendem Wasser auf und rührt alsdann den Farbstoff in die kochende Schwefelnatriumlösung ein, wonach man abkühlt. Nach beendetem Färben und Fixieren durch entsprechendes Lüften muß das nur als Farbstoffträger benutzte Schwefelnatrium durch reichliches Spülen wieder entfernt werden. Wenn es im Leder verbleibt, kann es die Lederfaser schädigen. Außerdem ist zu beachten, daß beim Wiederholen des Färbevorganges statt dunkleren, sich hellere Färbungen ergeben, da durch Anreicherung von Schwefelnatrium im Leder der Farbstoff stärker als notwendig in Lösung gehalten wird.

Kochsalz, NaCl, Natriumchlorid.

Bemerkenswert ist, daß die Löslichkeit von Kochsalz bei allen Temperaturen ziemlich die gleiche ist. In den in der Gerberei vorkommenden Stärkeverhältnissen läßt sich der Gehalt einer Salzlösung durch Spindeln feststellen, wobei 1° Bé 1 % Kochsalz entspricht. Eine Kochsalzlösung von 5 Bé enthält demnach 50 g Kochsalz im Liter. Das zu technischen Zwecken in Frage kommende Salz ist vergällt (denaturiert). Dem angewendeten Vergällungsmittel ist besondere Beachtung zu schenken, je nach der beabsichtigten Verwendung. Eine Vergällung mit Soda ist z. B. nur bei der Häutefrischhaltung günstig, nicht aber bei der Gerbung. Eine Vergällung mit Glaubersalz ist dagegen allgemein günstig.

Das Kochsalz findet in der Gerberei wohl die weitgehendste Verwendung, und zwar zum Frischhalten der Rohhaut, beim Äscher, Pickel und bei der Gerbung.

Kochsalz hemmt alkalische wie auch saure Schwellung der Haut und verlangsamt die Gerbgeschwindigkeit, gestaltet so die Durchgerbung gleichmäßiger. Es kann zur Entwässerung roher Haut verwendet werden, womit eine Pseudogerbung verbunden ist, die als günstige Vorbehandlung und Erleichterung für eine folgende echte Gerbung dient.

Glaubersalz, Na_2SO_4, Natriumsulfat bildet in der wasserhaltigen Form große Kristalle, die Wasser anziehen und dann zerfließen. Außerdem befindet es sich wasserfrei als kalziniertes Glaubersalz im Handel. Glaubersalz löst sich ziemlich leicht, jedoch am besten bei 33° C, bei höheren Temperaturen sinkt die Löslichkeit wieder.

Glaubersalz kann ziemlich allgemein das Kochsalz vertreten, seine hemmende Wirkung ist jedoch noch größer als die von Kochsalz.

Spezifisches Gewicht von wässerigen Lösungen bei 15° C.

Proz. calc. Glaubersalz	Grad Bé	Spez. Gew.	Proz. calc. Glaubersalz	Grad Bé	Spez. Gew.	Proz. calc. Glaubersalz	Grad Bé	Spez. Gew.
1	1,3	1,0091	5	6,5	1,0457	9	11,9	1,0832
2	2,6	1,0182	6	7,9	1,0550	10	13,2	1,0927
3	3,9	1,0274	7	9,2	1,0644	11	14,6	1,1025
4	5,2	1,0365	8	10,5	1,0737	12	15,9	1,1117 gesättigt

Den Gehalt an kristallisiertem Glaubersalz findet man durch Multiplikation der vorstehenden Prozentzahlen mit $2^1/_4$.

100 Teile kalziniertes Glaubersalz sind gleichwertig 220 Teilen kristallisierten Glaubersalzes.

100 Teile Wasser lösen von kalziniertem Glaubersalz:

bei 0°	10°	15°	20°	25°	30°	33°	40°	103° C
5	9	13	19	28	40	50	49	42,6 Teile.

Glaubersalz soll nicht sauer sein (angefeuchtetes blaues Lackmuspapier nicht röten).

Oropon. Ein der Firma Röhm & Haas A.-G., Darmstadt, durch Patent geschütztes Beizmittel in Pulverform. Die wirksamen Bestandteile sind das Enzym der Bauchspeicheldrüse (Pankreatin) und Ammonsalze. Durch das Enzym wird Eiweiß und Fett gespalten. Das Ammoniumsalz (meist Ammoniumchlorid) ermöglicht durch Umsetzung die Bildung eines leichter löslichen Kalksalzes, als es das in der Blöße vorhandene Kalziumhydroxyd ist. Hierbei wird Ammoniak (am Geruch wahrnehmbar) frei. Oropon wird bei 32—34° C angewendet und gibt schon bei 300—500 g pro 100 kg Blöße vorzügliche Beizresultate.

Purgatol. Eine nach dem D. R. P. Nr. 222670 hergestellte künstliche Beize der Firma Dr. G. Eberle & Co., Stuttgart, in Syrupform, welche die Anhydride kalklösender organischer Säuren (Essig-, Milch-, Butter-, Propionsäure), sowie die Laktone und Laktide einiger Fettsäuren, namentlich der Milchsäure, enthält. Die milde Wirkung des Purgatols wird dadurch erklärt, daß sich die Verbindungen der Fettsäuren zunächst langsam zu freien Säuren spalten und mit dem Kalk vereinigen. Freie Säure kann erst am Schlusse auf die Haut einwirken, und zwar nur dann, wenn die Beize im Überschuß angewandt wurde.

Purgatol wird vielfach in Verbindung mit Oropon angewandt.

Weitere Kunstbeizen sind Esco, Erodin auf Bakterienwirkung beruhend u. a.

Schwefelsäure, H_2SO_4 ist eine starke, anorganische Säure, welche auf die meisten organischen Körper, unter anderem auch Leder, zerstörend, von gewisser Stärke ab sogar verkohlend, einwirkt. Dies ist auch der Grund, weshalb Leder, welches mit Hilfe von Schwefelsäure gebleicht wurde, nur eine geringe Haltbarkeit aufweist.[1]

Wenn man Schwefelsäure mit Wasser mischt, ist große Vorsicht geboten, da eine starke Wärmeentwicklung auftritt. Man tut deshalb am besten daran, die Schwefelsäure in das Wasser einzugießen, da das umgekehrte Verfahren gefährlich ist.

Schwefelsäure greift, mit Ausnahme von Blei, fast alle Metalle an und wird deshalb am besten in glasierten Tongefäßen aufbewahrt, kleinere Mengen in Glasflaschen.

Da sie stark hygroskopisch ist, d. h. Feuchtigkeit anzieht, so sollte die konzentrierte Säure stets gut unter Luftabschluß aufbewahrt werden.

Die Verwendung der Schwefelsäure in der Gerberei ist nicht sehr vielseitig; sie wird zuweilen zusammen mit Kochsalz beim Pickel, außerdem aber auch bei der Zubereitung von Chromgerbeextrakten durch Selbstreduktion des Bichromates verwandt. In der Färberei wird sie fast allgemein durch die auch im Überschuß nicht schädliche Ameisensäure ersetzt.

[1] Schwefelsäure von 97,70% hat das höchste, stärkere Säure ein etwas geringeres spezifisches Gewicht.

Spezifisches Gewicht bei 15° (nach Lunge und Isler).

Grad Bé	Prozent Schwefelsäure	Gramm Säure in 1 Liter	Grad Bé	Prozent Schwefelsäure	Gramm Säure in 1 Liter	Grad Bé	Prozent Schwefelsäure	Gramm Säure in 1 Liter
1	1,15	11	27	31,23	384	53	66,71	1054
2	2,20	22	28	32,40	402	54	68,28	1091
3	3,34	34	29	33,66	420	55	69,89	1128
4	4,39	45	30	34,91	441	56	71,57	1170
5	5,54	57	31	36,17	460	57	73,02	1207
6	6,67	71	32	37,45	481	58	74,66	1248
7	7,72	82	33	38,85	504	59	76,44	1293
8	8,77	93	34	40,12	523	60	78,04	1334
9	9,78	105	35	41,50	548	61	80,02	1387
10	10,90	117	36	42,93	572	62	81,86	1435
11	12,07	130	37	44,28	596	63	83,90	1489
12	13,13	144	38	45,61	619	64	86,30	1549
13	14,35	158	39	46,94	643	65	90,05	1639
14	15,48	169	40	48,36	669	65,1	90,40	1647
15	16,49	185	41	49,85	697	65,2	90,80	1656
16	17,66	199	42	51,15	721	65,3	91,25	1666
17	18,82	213	43	52,51	747	65,4	91,70	1676
18	19,94	227	44	53,91	775	65,5	92,30	1690
19	21,16	243	45	55,35	804	65,6	92,75	1700
20	22,45	261	46	56,75	833	65,7	93,43	1713
21	23,60	277	47	58,13	862	65,8	94,60	1739
22	24,76	292	48	59,54	893	65,9	95,60	1759
23	26,04	310	49	61,12	926	66[1]	97,70	1799
24	27,32	328	50	62,53	957	65,9[1]	99,20	1825
25	28,58	346	51	63,99	990	65,8[1]	99,95	1838
26	29,84	364	52	65,36	1021			

Schwefelsäure kommt gewöhnlich 66°ig in den Handel. Die sogenannte Kammersäure ist 50—53° Bé stark, die extra konzentrierte Säure ist 96—98 %ig. Die rauchende Schwefelsäure wird auch als Oleum bezeichnet.

Salzsäure, Chlorwasserstoffsäure HCl, die Auflösung des Chlorwasserstoffgases in Wasser, ist vielfach durch Eisen, Kochsalz, Schwefelsäure und Arsen verunreinigt. Sie wird beim Entkälken, Pickeln und zum Zweibad-Chromgerbe-Verfahren angewandt. Ihre Darstellung erfolgt gewöhnlich aus dem Kochsalz (Chlornatrium). Die wichtigste Handelsmarke ist 20°ige Salzsäure.

Ameisensäure, HCOOH, ist mit Wasser in jedem Verhältnis mischbar und wird in der Gerberei vielfach als vorteilhafter Ersatz für Schwefelsäure angewendet. Sie ist eine farblose, stechend riechende Flüssigkeit, die bei 100° C siedet, unter 0° C erstarrt, bei 8,5° C schmilzt und das spez. Gew. 1,227 hat. Die Säure kommt in ver-

Spezifisches Gewicht bei 15° C (nach Lunge und Marchlewski).

Grad Bé	Prozent Salzsäure	Gramm 20 gräd. Säure in 1 Liter	Grad Bé	Prozent Salzsäure	Gramm 20 gräd. Säure in 1 Liter
1	1,58	49	13	20,01	686
2	2,98	94	14	21,6	746
3	4,57	145	15	23,05	801
4	6,01	192	16	24,78	868
5	7,58	245	17	26,54	938
6	9,16	298	18	28,14	1002
7	10,60	348	19	29,95	1075
8	12,19	403	20	32,10	1163
9	13,61	453	21	33,65	1227
10	15,16	508	22	35,39	1301
11	16,81	567	23	37,23	1380
12	18,30	622	24	39,11	1462

schiedenen Stärken, meist als 80—85 %ige Ware von vorzüglicher Reinheit in den Handel. Ihr Verwendungsgebiet liegt beim Entkälken, Pickeln und in der Lederfärberei. Zur Fixierung von 2 Gewichtsteilen Säurefarbstoff genügt im allgemeinen 1 Gewichtsteil Ameisensäure 50 %ig.

Der Zusatz von Ameisensäure wird deshalb vorgezogen, weil ein etwaiger Überschuß dieser Säure verdunstet, während Schwefelsäure dauernd im Leder verbleibt und dieses schädigt.

Essigsäure, CH_3COOH, ist mit Wasser in jedem Verhältnis mischbar und kommt in den verschiedensten Stärke- und Reinheitsgraden in den Handel. Die technische Essigsäure wird zum größten Teil durch Destillation von holzessigsaurem Kalk mit Schwefelsäure erhalten. Sie kommt meist als 30, 50 oder 60 %ige Säure in den Verkehr. Die zirka 99 %ige Säure wird als Eisessig bezeichnet. In der Gerberei liegt das Hauptverwendungsgebiet im Enthärten des Wassers für Färbereizwecke.

Oxalsäure, $C_2H_2O_4$, oder Kleesäure kommt viel als saures, oxalsaures Kali, auch Kleesalz (giftig!) in den Handel. Dieses kristallisiert in weißen, undurchsichtigen Kristallen mit scharfsaurem Geschmack; es löst sich in kaltem Wasser nur schwer auf. Man verwendet es zur Beseitigung von Eisenflecken, zum sogenannten Bleichen bei Mitverwendung von Bleizucker und zum Enthärten des Betriebswassers beim Färben.

Milchsäure, $C_2H_4 \cdot OH \cdot COOH$. Diese kommt gewöhnlich technisch 50 %ig als gelblich gefärbte, syrupdicke Flüssigkeit in die Gerberei und wird sowohl zum Entkälken, wie auch zum Abreiben (Entfetten) der Narbenseite von Ledern gebraucht, welche appretiert werden sollen.

Sie ist eine organische Säure, welche durch ihr Quellungsvermögen gegenüber Blößen in der Kälte, bis zu 15° C, und durch ihr Entquellungsvermögen bei Wärmegraden über 37° C gekennzeichnet ist. Ihr besonders mildes Entkälkungsvermögen beruht auf ihrem Gehalt an Anhydriden, welche nichtquellend sind und langsam in die quellende Milchsäure übergehen. Der entstehende milchsaure Kalk ist leicht auswaschbar.

Alaune. Mit diesem Namen werden mehrere Doppelsalze bezeichnet, welche aus Schwefelsäure, Tonerde, einem Alkali und Wasser bestehen.

Der Kalialaun [$K_2SO_4Al_2(SO_4)_3 + 24\ H_2O$] ist kristallinisch, geruchlos und besitzt einen säuerlich-süßen und dabei zusammenziehenden Geschmack und wird schlechtweg als gewöhnlicher Alaun bezeichnet. Er verwittert an der Luft.

Ammoniumalaun [$(NH_4)_2SO_4 \cdot Al_2(SO_4)_3 + 24 H_2O$] gibt bei mäßigem Erhitzen sein Wasser ab und wird dann als gebrannter oder kalzinierter Alaun bezeichnet; er ist dann ungefähr doppelt so stark als die wasserhaltigen Kristalle.

Der gewöhnliche Alaun, welcher zirka 11 % Tonerde enthält, kann vielfach durch das einfache Aluminiumsulfat, die schwefelsaure Tonerde, ersetzt werden, welche in weißen, harten Stücken mit einem Tonerdegehalt von 15 bis 17 % Tonerde in den Handel kommt. Das wasserfreie Tonerdesulfat enthält zirka 30 % Tonerde.

100 Teile Wasser lösen bei:

10°	20°	30°	40°	70°	100° C
9,5	15,1	22	30,9	90,7	357,5 Teile Kalialaun
9,1	13,6	19,3	27,3	72	421,9 Teile Ammoniakalaun.

Man unterscheidet gewöhnlichen Alaun, römischen, kubischen, ungarischen Alaun; sie sind oft durch Eisen verunreinigt.

Der chemisch hergestellte Alaun ist meist von großer Reinheit; insbesondere ist er gänzlich eisenfrei im Handel zu haben.

Durch Abstumpfen mit Soda wird der basische, abgestumpfte oder „neutrale" Alaun erhalten, welchem die vorerwähnten römischen, kubischen und ungarischen Alaune ähnlich sind, deren Verunreinigung durch Eisen an der gelblichrötlichen Farbe erkennbar ist.

Chromalaun, Kalichromalaun, schwefelsaures Chromoxydkali, $Cr_23\ SO_4 \cdot K_2SO_4 + 24\ H_2O$, ist ein dem gewöhnlichen Alaun ähnlich zusammengesetztes Doppelsalz, welches an Stelle der Tonerde Chromoxyd enthält. Er bildet tief amethystrot durchscheinende, bei auffallendem Licht fast schwarz erscheinende Kristalle, die sich in kaltem

Wasser mit violetter Farbe lösen. Beim Erwärmen wird die Lösung grün.

Chromalaun wird bei der Darstellung gewisser Teerfarben als Nebenprodukt gewonnen.

Er findet seine hauptsächlichste Verwendung in der Chromgerbung.

Chromkali, Kaliumbichromat, rotes chromsaures Kali, $K_2Cr_2O_7$, bildet den Ausgangspunkt zahlreicher Chrompräparate und wird aus Chromeisen gewonnen. Es bildet wasserfreie, luftbeständige, morgenrote Kristalle, die bitter schmecken und sehr giftig und ätzend sind.

100 Teile Wasser lösen bei:

0°	10°	20°	30°	40°	50°	60°	70°	80°	90°	100° C
4,6	7,4	12,4	18,4	25,9	35	45	56,7	68,6	81,1	94,1 Teile $K_2Cr_2O_7$.

Der Chromsäuregehalt einer guten Ware beträgt gewöhnlich 67 bis 68 %.

Kaliumbichromat findet beim Zweibadprozeß der Chromgerbung die meiste Verwendung. Es kann, wenn durch Zusatz von Schwefelsäure die Chromsäure frei gemacht wurde, mit Hilfe organischer Substanzen zu einem sogenannten Einbad-Chromgerbeextrakt reduziert werden und findet auch in der Nachbehandlung von gefärbtem Sämischleder Verwendung, wenn dieses mit Schwefelfarben gefärbt wurde.

Chromnatron, doppeltchromsaures Natron, Natriumbichromat, $Na_2Cr_2O_7 + 2\,H_2O$, bildet zerfließliches, kristallwasserhaltiges Salz, welches ähnlichen Zwecken dient wie Kaliumbichromat, aber häufig stärker verunreinigt ist.

Eisenvitriol, Eisensulfat, $FeSO_4\,7\,H_2O$, kommt in grünen Kristallen in den Handel, die, wenn sie vor Luftzutritt nicht abgeschlossen werden, bald oxydieren und braun werden, wobei sich basisch schwefelsaures Eisenoxyd bildet. Eisenvitriol löst sich leichter bei Zimmerwärme, als heiß. Es wird als Abtönungs- und Schwärzmittel beim Färben mit Holzfarben, außerdem aber auch bei der Eisengerbung verwendet.

Kupfervitriol, Kupfersulfat, schwefelsaures Kupfer, $CuSO_4 5\,H_2O$, bildet blaue, durchsichtige Kristalle. 100 Teile Wasser von 100° C lösen 203 Teile Kupfersulfat. Es wird zuweilen durch Eisensulfat verunreinigt und hat im allgemeinen das gleiche Verwendungsgebiet wie dieses. Kupfervitriol findet auch zur Nachbehandlung von Färbungen Verwendung und trägt in einzelnen Fällen zur Erhöhung der Echtheit derselben bei.

Nickelammonsulfat, $NiSO_4 + (NH_4)_2SO_4 + 7\,H_2O$, bildet grüne, wasserlösliche Kristalle, die eine ähnliche Verwendung finden wie Kupfervitriol. Es wird seiner Beständigkeit gegen atmosphärische Einflüsse wegen dem Kupfer- und Eisenvitriol vielfach vorgezogen.

Titankaliumoxalat und Titanammoniumoxalat, wie auch oxalsaures Titanoxyd, werden zur Fixierung vegetabilischer Gerb- und Farbstoffe verwendet, um als Beize vor dem Überfärben mit basischen Farbstoffen zu dienen. Die mit den genannten Salzen erzielbare gelbe Eigenfarbe ist sehr lichtbeständig.

Borax, Natriumborat, $Na_2B_4O_7$, ist das Natriumsalz der Tetraborsäure und bildet farblose, glänzende Kristalle, die aber bald mit einer weißen Verwitterungsschicht bedeckt sind. Man unterscheidet zwischen gewöhnlichem, prismatischem, mit 10, und konzentriertem, oktaedrischem mit 5 Molekülen Kristallwasser. Der gewöhnliche Borax ist leichter löslich, 100 Teile Wasser lösen bei 90° C 120 Teile; der oktaedrische Borax bildet große, viel härtere Kristalle, die sich schwer in Wasser lösen.

Borax ist ein chemisch sehr milde wirkendes Alkali, welches besonders zum Entsäuern der Chromleder verwendet wird, seiner antiseptischen Eigenschaften wegen aber auch anderweitig Verwendung findet.

Natriumbikarbonat, doppeltkohlensaures Natron, $NaHCO_3$, ist ein schwach alkalisches Pulver von weißer Farbe, das als Entsäuerungsmittel für Chromleder Verwendung findet. Beim Erhitzen geht es in das weniger wirksame Karbonat über und wird deshalb zweckmäßig nur lauwarm gelöst und angewandt.

Schlämmkreide, kohlensaurer Kalk $CaCO_3$, kommt als weiches, in Wasser fast unlösliches, sehr fein verteiltes Pulver auf den Markt, welches fast ganz aus kohlensaurem Kalk mit geringem Gehalt an kohlensaurer Magnesia besteht.

Die Kreide darf keine harten, steinigen Stücke enthalten und soll in Salz- und Essigsäure ohne Rückstand löslich sein.

Magnesiumoxyd, gebrannte Magnesia, MgO, bildet ein weißes, amorphes Pulver, das zur Herstellung von Magnesiumsalzen und zum Abstumpfen von Säuren bei Vermeidung einer alkalischen Lösung dient.

Magnesiumchlorid, Chlormagnesium, $MgCl_2 + 6H_2O$, bildet zerfließliche, farblose Kristalle oder Kristallmasse. Es kann durch Behandlung mit absolutem Alkohol, in dem Chlormagnesium löslich ist, von Verunreinigungen befreit werden. Das Salz soll möglichst klar löslich und von neutraler Reaktion sein. Seiner hohen Löslichkeit wegen tut das Salz gute Dienste zur Vermeidung von Schwellung der Haut in starken Säurelösungen.

Magnesiumsulfat, Bittersalz, $MgSO_4 + 7\,H_2O$, bildet farblose Kristalle oder Kristallmehl und ist in Wasser sehr leicht löslich. 100 Teile Wasser lösen bei 100° C 672 Teile Bittersalz. Es hat seinen Namen von seinem stark bitteren Geschmack; es findet besonders als Beschwerungsmittel Verwendung.

Azeton, CH_3COCH_3, spez. Gew. 0,797, bildet sich durch die Oxydation des sekundären Propylalkohols und ferner, wenn essigsaure Salze der trockenen Destillation unterworfen werden. Azeton ist im rohen Holzgeist enthalten und wird auch künstlich dargestellt. Es ist eine farblose Flüssigkeit, welche wie Äther riecht und bei 56° C siedet. Azeton dient als Lösungsmittel und ist als solches mit anderen mischbar, auch mit Wasser.

Äther sind Anhydride der Alkohole. Der Äthyläther, Schwefeläther, $(C_2H_5)_2O$, ist eine farblose, leicht bewegliche neutrale Flüssigkeit von besonderem Geruch und Geschmack, welche einen Siedepunkt von 34,6 hat und sich mit Alkohol, aber nicht mit Wasser mischt. Er brennt mit leuchtender Flamme, ist sehr feuergefährlich und explosiv. Vielfach werden fälschlich Ester, z. B. Essigsäureäthylester als Äther bezeichnet. Auch der sogenannte Petroläther ist kein Äther im eigentlichen Sinne, sondern ein Kohlenwasserstoff sehr flüchtigen Charakters.

Alkohol, Äthylalkohol, C_2H_5OH, Weingeist, Spiritus, ist ein einwertiger Alkohol und dient als Lösungsmittel für Lacke, Harze, Fette, flüchtige Öle u. a., in Wasser nicht lösliche Körper. Der Wert weingeisthaltiger Flüssigkeiten hängt von ihrem Gehalt an Alkohol ab, und es ist daher von Wichtigkeit, die Menge desselben rasch und genau bestimmen zu können. Enthält der verdünnte Weingeist keinen Zucker oder andere Körper aufgelöst, so ermittelt man die Stärke desselben dadurch, daß man sein spezifisches Gewicht bestimmt. Der reine Äthylalkohol ist eine farblose, leicht bewegliche Flüssigkeit, fast geruchlos und brennend schmeckend. Sein spezifisches Gewicht ist bei 0° C = 0,80625, bei 15° C = 0,79367. Er siedet bei 78,4° C unter dem Normaldruck. Die Beachtung der Temperatur ist bei der Bestimmung wichtig. Viele Salze und Gase sind in Alkohol löslich. Er wird offiziell in Gewichtprozent, bisweilen auch in Volumprozent angegeben. Die Hauptverunreinigungen sind Wasser und Vergällungsmittel, mitunter auch geringe Mengen Säure und Wasserbadrückstand. Ebenfalls einwertig ist der Methylalkohol, CH_3OH. Holzgeist, welcher aber weniger verwendet wird, insbesondere nicht für Genußzwecke.

Zu den dreiwertigen Alkoholen gehört das Glyzerin.

Amylazetat, essigsaures Amyloxyd, Essigsäureamylester, $CH_3COO \cdot C_5H_{11}$, ist eine nach Bergamottbirnen riechende, farblose und neutral reagierende Flüssigkeit mit einem Siedepunkt von 139° C. Es ist mit Wasser nicht mischbar, dagegen mit Alkohol, Äther und Essigäther und dient als Lösungsmittel für Lacke und Zelluloid.

Ein wesentlich billigerer Ersatz hierfür ist das Butylazetat; es trocknet schnell.

Ähnlich wirkend ist das hochsiedende, langsamer verdunstende, gut ins Leder eindringende, auch nicht geruchfreie Anon, Zyklohexanon.

Benzin. Das gereinigte Benzin ist ein Gemisch verschiedener Kohlenwasserstoffe von verschiedenen Siedepunkten und spezifischen Gewichten. Je nach denselben bezeichnet man Leicht-, Mittel- und Schwerbenzin. Es gibt:

Leichtbenzin einen Siedepunkt von 10—70° C, spez. Gew. 0,61—0,67;
Mittelbenzin „ „ von 50—130° C, spez. Gew. 0,67—0,725;
Schwerbenzin „ „ von 120—200° C, spez. Gew. 0,725—0,780.

Mittelbenzin wird zum Reinigen und Entfetten von Leder verwendet, Schwerbenzin dient als Terpentinölersatz bei der Lackbereitung.

Benzol, auch Steinkohlenbenzin genannt, ist ein Kohlenstoff C_6H_6, welcher als Grundstoff einer großen Reihe aromatischer Verbindungen und Farbstoffe angesehen wird. Es ist eine bei 80,5° C siedende, farblose, leicht bewegliche Flüssigkeit, die leicht entzündlich ist und stark rußend brennt. Es löst Harz, Fett, Schwefel, Kautschuk und ist mit Alkohol, Äther und Chloroform mischbar. Sein spez. Gew. ist 0,885 bei 150° C. Die Handelsware enthält neben Benzol, Toluol, Xylol, Thiophen und andere ähnliche Körper und wird in 30, 50 und 90 %iger Ware unterschieden.

Tetrachlorkohlenstoff, Tetrachlormethan, CCl_4, ist eine chloroformähnlich riechende, betäubende, schwere und farblose Flüssigkeit vom spez. Gew. 1,629 und mit einem Siedepunkt von 77° C. Es ist fast unentzündlich und nicht explosiv, weshalb es vielfach Benzin und andere ähnliche Fettlösungsmittel verdrängt hat, deren Anwendung mit Feuersgefahr verbunden ist. Es greift Gußeisen an, weshalb man verbleite oder verzinkte Gefäße verwendet.

Tetrapol ist wasserlöslich und enthält Tetrachlorkohlenstoff, ist nicht brennend und enthält kein überschüssiges Alkali; es ist frei von Chlor und Wasserglas.

Tetralin, Tetrahydronaphthalin, $C_{10}H_{12}$, ist eine wasserhelle, beständige Flüssigkeit vom spez. Gew. 0,975 und vom Siedepunkt 206° C, bei einem Entflammungspunkt 78° C. Es brennt mit heller, nichtrußender Flamme und dient als Lösungsmittel für Lacke.

Trichloräthylen, C_2HCl_3, ist eine klare, leicht bewegliche Flüssigkeit von schwach chloroformartigem Geruch, mit einem spez. Gew. von 1,47 und einem Siedepunkt von 88° C. Es ist vollkommen neutral, weder feuergefährlich noch explosiv, und hat ein gutes Lösungsvermögen für Öle, Fette und Harze. Es ist völlig frei von Schwefel.

Perchloräthylen, C_2Cl_4, spez. Gew. 1,62, Siedepunkt 121° C, zeichnet sich gegenüber Trichloräthylen dadurch aus, daß es milder im Geruch ist, seine Verwendung ist gleich gefahrlos.

Dichloräthylen, $C_2H_2Cl_2$, ist das flüchtigste der Chlorderivate, mit einem spez. Gew. von 1,25 und einem Siedepunkt von 55° C. Es ist hinsichtlich seiner lösenden Eigenschaften sowohl dem „Tri" wie auch Äther ähnlich.

Terpentinöl ist eine wasserhelle, mit stark rußender Flamme brennbare, leicht bewegliche Flüssigkeit mit charakteristischem, angenehmen Geruch. Es gehört zu den sogenannten ätherischen Ölen und ist schon bei Zimmerwärme flüchtig. Sein Hauptbestandteil ist das Pinen, $C_{10}H_{16}$, das bei 155° C siedet. Es ist ein ausgezeichnetes Lösungsmittel für Wachse, Harze, Fette, Schwefel und Guttapercha und läßt sich mit Benzin, Äther, Schwefelkohlenstoff, auch Alkohol mischen. Es nimmt Sauerstoff aus der Luft auf und muß deshalb in gut verschlossenen Gefäßen aufbewahrt werden.

Blauholzextrakt. In dem Safte des Blauholzes befindet sich das den Farbstoff liefernde Glykosid, das in einen zuckerartigen Körper und das Hämatoxylin $C_{16}H_8(OH)_6$ gespalten wird, welch letzteres durch Oxydation weiter in das Hämatein $C_{16}H_6(OH)_6$ übergeht, das den eigentlichen Blauholzfarbstoff darstellt.

Die Blauholzextrakte kommen weniger in flüssiger, mehr in kristallähnlicher Form in den Handel und sind vor Gebrauch meistens durch Zusätze von Alkalien, am besten Ammoniak, zu neutralisieren, wenn sie zur vollen Auswirkung ihrer Farbkraft kommen sollen. Sie können durch Melasse und Gerbstoffe, besonders Quebracho verschnitten sein und sind zuweilen auch mit Hilfe von Anilinfarbstoffen geschönt.

Rotholzextrakt, Fernambuk- oder Brasilholz, auch Sapenholz genannt, enthält den unoxydierten Farbstoff Brasilin als Glykosid, der sich aber leicht abspaltet und zum eigentlichen Farbstoff, dem Brasileïn, oxydiert.

Die handelsüblichen Rotholzextrakte sind vielfach nicht regelrecht oxydiert und enthalten noch vielfach das gewöhnliche Brasilin, aus dem sich erst nach längerem Kochen mehr Brasileïn bildet.

Rotholz färbt Glacéleder sehr leicht durch, seine Färbungen sind nur von geringer Echtheit.

Das Sandelholz, auch unlösliches Rotholz genannt, kommt als Extrakt nicht in den Handel; der Farbstoff desselben heißt Santalin. Das Santalin bedarf zu seiner Wirkung der Oxydation nicht, man kocht das sehr fein gemahlene Holz zunächst etwa ¼ Stunde aus und färbt dann, ohne das Holz zu entfernen, damit weiter.

Gelbholzextrakt wird auch alter Fustik und gelbes Brasilinholz oder Kubaholz genannt. Der Farbstoff des Gelbholzes ist das Morin oder die Morinsäure. Außerdem enthält das Holz gerbsäureh Stoffe, von denen das Maklurin oder die Gerbsäure des Morins bekannt ist und die Reinheit des Farbtones beeinträchtigt. Mit Zinn erhält man einen rein kanariengelben Morinzinnlack mit grünlichem Schein.

Fisettholz, auch Visettholz oder junger Fustik, ist das Holz des in Südeuropa und Jamaika wachsenden Perückensumachs. Es enthält neben einem roten Farbstoff das Glykosid Fustin, aus dem durch Behandeln mit verdünnten Säuren der gelbe Farbstoff Fisetin abgeschieden wird. Dieser ergibt mit Aluminiumsalzen hellgelbe, mit Chromsalzen grüngelbe, mit Eisensalzen olivgrüne und mit Zinnsalzen orangefarbige Farblacke. Fisettholzextrakt kommt meist in flüssiger Form in den Handel, er wird nur in beschränktem Maß verwendet; vielfach wird fälschlicherweise alter Fustik als Fisettholz bezeichnet.

Gambir, auch Guttagambir oder gelber Katechu genannt, ist ein pflanzlicher Gerbstoffauszug, der aus den Blättern und jungen Trieben einer in Ostindien heimischen Pflanze gewonnen wird. Der in offenen Pfannen u. dgl. eingedickte Auszug wird nach hinreichender Erstarrung in würfelförmige Stücke geschnitten, die im Schatten getrocknet werden. Der sogenannte Blockgambir wird in Blöcke gepreßt, die in Matten eingenäht werden. Der Gehalt an gerbenden Stoffen ist, trotz starker Verunreinigungen, ein ziemlich hoher. Die Hauptbestandteile sind die Katechugerbsäure (Katechinanhydrid) und das Katechin (Katechinsäure oder Katechusäure) $C_{15}H_{14}O_6 + 4\,H_2O$. Von der ersteren enthält der Gambir etwa 33—47 %, von dem letzteren 8 bis 20 %. Bei trockener Destillation gibt der Gambir Brenzkatechin, weshalb man den Gerbstoff desselben zu den Brenzkatechingerbstoffen rechnet. Der Gambir ist ein sehr weichmachender Gerbstoff, der zu Kombinationsgerbungen vielfach Verwendung findet, z. B. besonders zur Erzeugung des Nappaleders aus Glacéleder.

Talkum, auch Federweiß genannt, ist gemahlener Speckstein oder Talk. Es ist ein fettig sich anfühlendes sehr feines Pulver, das vielfach Verwendung findet, um Leder einen besonders glatten Griff und ein schöneres Aussehen zu verleihen.

Seine Eigenschaft als Magnesiumsilikat hilft, daß es Fett gut aufnimmt und daher auch dazu dient, um Fettflecke aus Leder zu entfernen.

Talkum kann mit Anilinfarben beliebig gefärbt werden.

Wasserstoffsuperoxyd, H_2O_2, kommt gewöhnlich in farbloser, wässeriger Lösung in den Handel, welche durch Umsetzen von Bariumsuperoxyd oder auch Natriumsuperoxyd mit verdünnter Schwefelsäure bereitet wird. Die bleichende Wirkung des Wasserstoffsuperoxyds beruht auf einer Fähigkeit, Sauerstoff leicht abzugeben. Die Stärke der technischen Lösung wird gewöhnlich nach dem Volumen Sauerstoff, welche 1 Vol. derselben entwickelt, angegeben. Da 1 ccm 3 %ige Ware zirka 10 Vol. Sauerstoff entwickelt, entsprechen 3 Gewichtsprozente 10 Volumprozente.

Es ist im Dunkeln und kühl aufbewahrt am haltbarsten, besonders bei Gegenwart von etwas Säure. Beim Zusatz von Alkalien und in der Wärme wird Sauerstoff leicht abgegeben. Je reiner die Ware ist, um so besser hält sie sich; je mehr Verunreinigungen sie gelöst enthält, und besonders auch, wenn sie mechanische Fremdkörper, wie Korkstücke, Stroh, Sand u. dgl. enthält, zersetzt sie sich rasch.

Natriumsuperoxyd Na_2O_2, ist in Wasser nicht unzersetzt löslich. Es kommt als weißes bis gelbliches, an der Luft zerfließendes Pulver in den Handel. Es ist wegen Explosionsgefahr sorgfältig verschlossen aufzubewahren und besonders vor Verunreinigung und Berührung durch Stroh, Holz, Papier und ähnliche leicht entzündliche Körper zu schützen. In Wasser löst es sich unter Erhitzung und entwickelt beim Kochen Sauerstoff. Bei hinreichender Kühlung löst es sich in Wasser, welches Säure enthält, zu Wasserstoffsuperoxyd und dem entsprechenden Natronsalz, weshalb es vielfach an Stelle von Wasserstoffsuperoxyd zum Bleichen gebraucht wird. Es kommt mit einem durchschnittlichen Gehalt von 95 % Na_2O_2 auf den Markt. Bei trockener, vor Luftzutritt abgeschlossener Aufbewahrung ist es haltbarer als Wasserstoffsuperoxyd.

Natriumbisulfit, doppeltschwefligsaures Natron, $NaHSO_3$. Das saure, schwefligsaure Natrium kommt sowohl flüssig wie auch fest in den Handel. Die wässrige Lösung bildet eine farblose oder gelbliche (durch Spuren von Eisen gefärbte), stark nach Schwefeldioxyd riechende Flüssigkeit und ist bei einem Gehalt von zirka 24—25 % Schwefeldioxyd 38—40° Bé schwer.

Das feste Bisulfit enthält in der Regel 60—62 % SO_2. Letzteres kommt als trockenes, sandiges Kristallpulver in den Handel, das trotz seines hohen Gehaltes an SO_2 geruchlos und in trockener Luft völlig beständig gegen Oxydation ist.

Die bleichende Wirkung des Bisulfites wird erreicht, wenn durch leichtes Ansäuern die gebundene schweflige Säure in Freiheit gesetzt wird und sich durch den eigentümlichen Schwefelgeruch bemerkbar macht.

Kaliumpermanganat, übermangansaures Kali, Chamäleon, $KMnO_4$, bildet tiefviolettrote, nadelförmige Kristalle, die sich in Wasser mit tiefpurpurvioletter Farbe auflösen. Es ist ein starkes Oxydationsmittel und wird deshalb zur Oxydation schwefliger Säure beim Bleichen verwandt, speziell bei Sämischleder. Man behandelt die zu bleichenden Sämischleder zunächst mit einer Lösung von 5 bis 10 g Permanganat pro Liter Wasser, wodurch es eine dunkelbraune Färbung annimmt. Dann wird gespült und anschließend mit der leicht angesäuerten Bisulfitlösung gebleicht, wonach wieder gespült wird. Diese aufeinanderfolgende Behandlung wird so lange fortgesetzt, bis ein weiteres Aufhellen nicht mehr stattfindet. Zur Schonung des Leders arbeitet man am besten einseitig durch Auftragen mit der Bürste.

Formaldehyd HCHO, ist ein farbloses, stark die Schleimhäute der Augen reizendes, stechend riechendes Gas. Das in Wasser geleitete

Gasgemisch kommt als 40 %ige Lösung, auch Formalin oder Formol genannt, in den Handel und ist deshalb vor dem Verdunsten zu schützen.

Die Verwendung in der Lederindustrie ist eine vielseitige, als Desinfektionsmittel, beim Schwellen der Sohlleder mittels Säuren, zum Frischhalten von Appreturen, als Gerbmittel, unter Zusatz von Alkalien angewandt und schließlich als ein Ausgangsprodukt für die Herstellung synthetischer Gerbstoffe.

Wässerige Lösungen des Formaldehyds bei 18,5° C (nach Lüttke).

Prozent	Spezifisches Gewicht	Prozent	Spezifisches Gewicht	Prozent	Spezifisches Gewicht	Prozent	Spezifisches Gewicht
1	1,002	11	1,027	21	1,052	31	1,076
2	1,004	12	1,029	22	1,055	32	1,077
3	1,007	13	1,031	23	1,058	33	1,078
4	1,008	14	1,033	24	1,061	34	1,079
5	1,015	15	1,036	25	1,064	35	1,081
6	1,017	16	1,039	26	1,067	36	1,082
7	1,019	17	1,041	27	1,069	37	1,083
8	1,020	18	1,043	28	1,071	38	1,085
9	1,023	19	1,045	29	1,073	39	1,086
10	1,025	20	1,049	30	1,075	40	1,087

Glyzerin, $C_3H_5(OH)_3$, ist eine sich ölig anfühlende, süß schmeckende, farb- und geruchlose Flüssigkeit, ein Alkohol, der bei der Seifenherstellung als Nebenprodukt anfällt. Für die Gerberei ist die Eigenschaft des Glyzerins, nur langsam zu verdunsten, bedeutsam. Aus diesem Grund wird es bei der Herstellung von Transparentleder verwendet. Außerdem ermöglicht es das Wiederaufweichen vom Chromleder. Es findet auch bei der Herstellung von Appreturen und auch sonst in der Zurichtung noch Verwendung.

Anilin- oder Teerfarbstoffe.

Abgesehen von den Deckfarben (Pigmenten), die bereits im Abschnitt Nappaleder behandelt wurden, kommen für die Lederfärberei im wesentlichen, und eingeteilt nach dem chemischen Aufbau der Farbstoffe, fünf Farbstoffgruppen in Frage. Man unterscheidet: die basischen sauren, Alizarin-, substantiven und Schwefelfarbstoffe. Inwieweit diese für die einzelnen Gerbungsarten in Frage stehen, war bereits den einzelnen Abschnitten zu entnehmen. Hier sollen also nur noch die allgemeinen Eigenschaften beschrieben und die geeigneten Farbstoffe namentlich aufgeführt werden.

Alle künstlichen Farbstoffe sind Kohlenstoff- oder organische Verbindungen und werden aus Steinkohlenteerderivaten (z. B. Anilinöl) hergestellt. Es entstehen dabei zunächst gewisse Farbsäuren oder Farbbasen, die aber gewöhnlich nicht als solche, sondern in der Form von Salzen (also z. B. Natriumsalzen) in den Handel kommen.

Bei den basischen Farbstoffen ist der in der Verbindung wirksame Teil eine Farbbase. Um diese anwenden zu können, müssen die in diesem Buch behandelten Lederarten erst gebeizt werden. Dazu benutzt man besonders vegetabilische Gerbstoffe oder in Verbindung damit auch gewisse synthetische Gerbstoffe, wie z. B. Tamol. An ihre Stelle kann aber oft auch eine Vorfärbung mit sauren oder substantiven Farbstoffen treten. Bei allen diesen Vorbeizen tritt zwischen Beize und basischem Farbstoff eine Fällung ein. Diese läßt bei richtiger Arbeitsweise auf der Faser einen unlöslichen Farbstoff entstehen. Bringt man aber Lösungen von basischen Farbstoffen mit Lösungen von Gerbstoffen oder sauren oder substantiven Farbstoffen zusammen, so fällen sich diese schon in der Lösung gegenseitig aus und der Farbstoff wird unlöslich, bevor er sich auf der Faser niederschlagen konnte. Auch schon gegen hartes Wasser sind basische Farbstoffe empfindlich, weswegen man zum Färben am besten Regenwasser oder Kondenswasser verwendet oder das harte Wasser vorher mit geringen Mengen einer organischen Säure (z. B. Essigsäure) korrigiert. Die basischen Farbstoffe geben durchweg sehr lebhafte Töne und färben sehr deckend. Man muß aber beachten, daß sie sehr rasch aufziehen und somit leicht ungleichmäßige Färbungen geben. Auch sind sie im allgemeinen wenig lichtecht. Um die Vorteile der basischen Farbstoffe auszunutzen, färbt man die Leder gewöhnlich mit sauren, substantiven oder Schwefelfarben vor und übersetzt dann nur mit den schwachen Lösungen reiner (d. h. nicht gemischter) basischer Farbstoffe. Sind die vorgefärbten Leder bereits trocken, so kommt ein weiterer Vorteil der basischen Farbstoffe zustatten: die Spritlöslichkeit. Infolge dieser Eigenschaft kann man ziemlich starke wässerig-alkoholische Lösungen herstellen, die sich zur Spritzfärbung eignen. Bei dieser ist darauf zu sehen, daß nicht in zu starkem Strahl aufgespritzt wird, da sonst ebenso wie bei der Badfärbung eine unegale Färbung entstände. Diese würde bei Verwendung zu starker Lösungen zudem noch bronzieren. Die Eigenschaft des Bronzierens wird für gewisse Phantasiefärbungen, z. B. Goldkäferlack, verwertet, indem man mit gewissen basischen Farbstoffen, die besonders zum Bronzieren neigen, färbt. In Fällen, wo das Bronzieren unerwünscht auftritt, kann es durch Ausreiben mit Milch wieder behoben werden.

Die Lösung der basischen Farbstoffe erfolgt zweckmäßig durch Einrühren (nicht Kochen) in heißes Wasser. Wenn größere Mengen gelöst werden müssen, so teigt man den Farbstoff vor dem heißen

Lösen unter Zusatz einer geringen Menge Essigsäure mit kaltem Wasser an und rührt alsdann den Brei in das kochende Wasser ein.

Bekannte Typen basischer Farbstoffe sind in:

Gelb und Orange: Auramin, Akridingelb, Thioflavon, Phosphin, Neuphosphin, Diamantphosphin, Aurophosphin, Euchrysin, Xantin, Chrysoidin, Anilingelb, Ledergelb, Coriphosphin, Kanariengelb, Philadelphiagelb.

Braun: Lederbraun, Bismarckbraun, Manchesterbraun, Rheonin, Diamantphosphin, Phenylenbraun, Vesuvin, Canella, Tabakbraun, Nanking, Tanninbraun, Schokoladebraun.

Rot: Fuchsin, Diamantfuchsin, Brillantfuchsin, Rhodamin, Magenta, Juchtenrot, Cerise, Oxblood, Rubin, Lederrot, Kardinal, Grenadin, Neufuchsin, Safranin.

Blau: Methylenblau, Neumethylenblau, Baumwollblau, Neublau, Viktoriablau, Nilblau, Nachtblau.

Violett: Methylviolett, Kristallviolett, Arthylviolett, Tanninheliotrop.

Grün: Brillantgrün, Malachitgrün, Diamantgrün, Solidgrün, Methylgrün, Smaragdgrün.

Schwarz: Lederschwarz, Corvolin, Kohlschwarz, Tanninlederschwarz, Tiefschwarz, Velvetschwarz.

Bei den sauren Farbstoffen (Säurefarben) ist eine Farbsäure der in der Verbindung wirksame Bestandteil. Dieser muß zunächst durch eine stärkere Säure freigemacht werden, um sich alsdann mit der Haut, die in diesem Fall wie eine Base wirkt, zu vereinigen.

Die sauren Farbstoffe haben sehr große Vorzüge. Zunächst färben sie in gewissem Umfang fast sämtliche Lederarten auch ohne Säure an. Viele färben sehr gleichmäßig, andere eignen sich sehr zum Durchfärben, besonders wenn kalt gefärbt wird. Auch gibt es sehr lichtechte Farbstoffe in dieser Gruppe. Dabei sind die damit erzielten Farbtöne im allgemeinen ziemlich lebhaft, wenn auch nicht so weitgehend wie bei basischen Farbstoffen. Doch kommt es auch hier auf sinngemäßes Arbeiten an. Besonders wichtig ist die richtige Anwendung der Säure. Man verwandte dazu früher die Schwefelsäure. Diese hat man durch Ameisensäure ersetzt, da sie auf die Dauer das Leder vernichtet. Man verwendet von 50 %iger Ameisensäure bis zur Hälfte der verwendeten Farbstoffmenge. Dabei gibt man die Säure aber nicht in die Stammlösung und auch nicht sofort in die Färbflotte. Die Säure soll nur den Farbstoff zur vollen Wirkung bringen, und das kann am besten am Ende der Färbung geschehen. Man läßt den Farbstoff sich also erst gut auf dem Leder verteilen oder färbt erst durch, ehe man ihn durch den Säurezusatz fest an die Faser bindet. In vielen Fällen, z. B. bei Bürstfärbungen, kann man auch ohne Säurezusatz auskommen.

Bekannte Typen von Säurefarbstoffen sind:

Gelb und Orange: Säuregelb, Echtsäuregelb, Chinolingelb, Azoflavin, Indischgelb, Beizengelb, Anthrazengelb, Naphtholgelb, Orange, Säurephosphin, Tartrazin, Citronin, Amidogelb, Curcumin, Mandarin.

Braun: Echtbraun, Säurebraun, Havannabraun, Resorzinbraun, Grundierbraun, Säurelederbraun, Alphanolbraun, Naphthylaminbraun Radiobraun, Nußbraun, Hellnußbraun, Dunkelnußbraun, Azidoldunkelbraun, Säureanthrazenbraun, Walkbraun.

Rot: Echtrot, Ponceau, Crocein, Brillantcrocein, Roccellin, Lederrot, Säurefuchsin, Wollrot, Neurot, Lanafuchsin, Azowalkrot, Eosin, Rose bengale, Radiorot, Naphtholrot, Amarant, Bordeaux, Neubordeaux, Säureanthrazenrot, Scharlach, Lanazurin.

Blau: Patentblau, Echtblau, Chinablau, Wasserblau, Naphtholblau, Cyanol, Azowollblau, Reinblau, Lanacylblau, Alphanolblau, Opalblau, Tetracyanol.

Grün: Säuregrün, Lichtgrün, Echtgrün, Naphtholgrün, Neptungrün, Cyanolechtgrün, Agalmagrün.

Violett: Säureviolett, Indulin, Formylviolett, Lanacylviolett.

Schwarz: Diamantschwarz, Brillantschwarz, Naphtholschwarz, Naphtylaminschwarz, Neutralschwarz, Nigrosin, Nerazin, Säureschwarz, Alphanolschwarz, Kresolschwarz, Agalmaschwarz, Äthyllederschwarz.

Besonders echte Farbstoffe, die den Säurefarbstoffen nahe stehen, sind die Alizarinfarbstoffe. Diese müssen zur richtigen Entwicklung der Farbe, und um die Echtheitseigenschaften zu erzielen, mit einer Metallbeize kombiniert werden. Als solche kommt z. B. Kaliumbichromat oder Alaun in Frage. Die Chromgerbung dürfte aber auch schon in gewissem Umfang als Beize wirken.

Die substantiven, auch direktziehende Farbstoffe genannt, sind solche, die auf Baumwolle ohne jede Beize oder Säurezusatz ziehen. In gleicher Weise verhalten sie sich zum Chromleder und somit auch zu Leder, das chromiert wird. Es muß nur dafür Sorge getragen werden, daß das Leder neutralisiert wird. Die Farbstoffe sind nämlich gegen freie Säure empfindlich. Andererseits zeigen sie dafür im allgemeinen eine hohe Alkaliechtheit und vertragen also alkalische Fettlicker. Sie wirken sehr deckend, da sie nicht durchfärben und stark von den äußeren Schichten der Haut fixiert werden. In der Lebhaftigkeit des Tones stehen sie den sauren Farbstoffen nach. Um Deckung und Lebhaftigkeit gleichzeitig zu erzielen, kombiniert man daher gern substantive und saure Farbstoffe. Dies kann in gleichem Bade geschehen, sofern man den Zusatz von Säure unterläßt.

Die hauptsächlichsten Typen der substantiven Farbstoffe (Benzidinfarbstoffe) sind:

Gelb und Orange: Siriusgelb, Direktgelb, Diamingelb, Diaminechtgelb, Kolumbiagelb, Renolgelb, Chromgelb, Chromledergelb, Chromlederechtgelb, Diaminorange, Chromlederorange, Kongoorange, Spezialchromledergelb, Chrysophenin, Curcumin, Dianildirektgelb, Dianildirektorange.

Braun: Direktbraun, Diaminbraun, Diaminechtbraun, Benzobraun, Renolbraun, Kongobraun, Chromlederbraun, Chromlederechtbraun, Spezialchromlederbraun, Oxaminbraun, Triazolbraun, Kongobraun, Baumwollbraun, Benzochrombraun, Toluylenbraun.

Rot: Direktrot, Diaminrot, Diphenylrot, Erika, Chromlederechtrot, Diaminechtrot, Benzopurpurin, Diaminechtscharlach, Dianilechtrot, Renolbordeaux, Chromlederbordeaux.

Blau: Dianilblau, Dianilechtblau, Oxaminblau, Chromlederblau, Chromlederechtblau, Diaminblau, Diaminechtblau, Diaminreinblau, Triazolblau, Triazoldunkelblau, Kongoechtblau.

Grün: Benzogrün, Diamingrün, Diaminschwarzgrün, Dianilgrün, Oxamingrün, Renolgrün, Triazolgrün, Spezialchromledergrün, Chromledergrün, Chromlederoliv.

Violett: Dianilviolett, Diaminechtviolett, Renolviolett, Triazolviolett, Diphenylviolett, Oxaminviolett.

Schwarz: Direktschwarz, Direkttiefschwarz, Diaminschwarz, Diaminechtschwarz, Triazolschwarz, Renolschwarz, Chromlederschwarz, Chromlederechtschwarz, Chromledertiefschwarz, Chromlederkarbon, Spezialchromlederschwarz.

Für Sämisch- und Formaldehydleder besonders wichtig sind die Schwefelfarben. Da diese nur mit Hilfe von Schwefelnatrium löslich sind, so ergeben sie, wenn sie erst einmal gebunden sind, waschechte Färbungen. Die Fixierung erfolgt durch die Luft (Verhängen) und durch Nachbehandlung in Beizen, die leicht mit Essigsäure angesäuert werden. Durch letzteren Vorgang wird auch die Lichtechtheit erhöht. Da die Schwefelfarben keine lebhaften Töne ergeben, so werden sie oft noch übersetzt. Dies kann wegen des Schwefelnatriums und der notwendigen Bindung des Farbstoffes natürlich nicht im gleichen Bade geschehen. Erwähnt sei, daß in der Gruppe der Schwefelfarben ein ausgesprochenes Rot bis heute fehlt.

Die Lösung der Farbstoffe erfolgt in der Weise, daß man von konzentriertem Schwefelnatrium die halbe Gewichtsmenge, von kristallisiertem Schwefelnatrium die gleiche Gewichtsmenge, vom anzuwendenden Farbstoff gerechnet, in kochendem Wasser löst und in die Lösung den Farbstoff hineinrührt. Gewisse Farbstoffmarken erfordern noch mehr Schwefelnatrium. Die entstandene Lösung läßt man erkalten und färbt unter Zufügung eines Schutzmittels, wie z. B. Seifenlösungen oder Formaldehydlösung. Die gefärbten Leder werden abgequetscht und darauf einige Zeit aufgehängt. Alsdann wird das

Schwefelnatrium durch kräftiges Waschen entfernt, worauf gebeizt wird.

Die Schwefelfarbstoffe sind in den verschiedensten Farbtönen und Schwarz im Handel unter den Namen Immedial-, Kryogen-, Auronal-, Katigen-, Pyrogen-, Thion-, Thioxin-, Thiogen- und Thiophorfarben.

Außer den genannten Farbstoffgruppen gibt es noch fettlösliche und spritlösliche Farbstoffe, die zuweilen zu Appreturzwecken verwandt werden. Es sind Farbbasen, die mit Stearinsäure oder Oleïn verschmolzen sind oder werden müssen und die, wenn dies geschehen, in Wachsen oder Ölen löslich sind. Es gehören hierzu die Zeresin-, Zeres- und Typophorfarben.

Stearin ist gewöhnlich nicht reine Stearinsäure, sondern ein Gemisch derselben mit Palmitinsäure. Die reine Stearinsäure ist eine hochmolekular gesättigte Fettsäure der Formel $C_{17}H_{35}OOOH$, die in Form des Glyzerids neben den Glyzeriden der Palmitinsäure und Ölsäure in fast allen pflanzlichen und tierischen Fetten, am meisten in den festen, vorkommt. Stearin schlägt bei Temperaturschwankungen leicht aus, weshalb man beim Fetten von Leder solche Öle bevorzugt, welche frei von Stearin sind.

Zeresin ist ein dem Paraffin nahestehendes gereinigtes Mineralfett, welches aus dem in Galizien vorkommenden Erdwachs oder Ozokerit hergestellt wird. In der Lederherstellung wird es gewöhnlich zum Einbrennen der Riemenleder verwendet, um diesen ein möglichst hochschmelzendes Fett einzuverleiben.

Oleïn, Ölsäure oder Elaïnsäure, $C_{18}H_{34}O_2$, ist ein Bestandteil der tierischen und pflanzlichen Fette und Öle, die sie meistens in Form des Triglyzerids enthalten. Sie ist der Hauptbestandteil der nichttrocknenden Öle, kann mit Alkohol und Äther gemischt werden und wird durch Aufnahme von Sauerstoff aus der Luft leicht ranzig.

Talg oder Unschlitt. Man versteht darunter im besonderen den Rindstalg und Hammeltalg; der erstere ist gewöhnlich weicher als der letztere, der Schmelzpunkt des Rindstalges liegt zwischen 40—48° C, der des Hammeltalges zwischen 44—51° C. Der Talg ist um so härter, je mehr er Stearin- und Palmitinsäure und je weniger er Oleïn enthält. Die Zusammensetzung wechselt sehr, je nach der Herkunft. Der Preßtalg ist der höher schmelzende, kristallinisch ausgeschiedene und ausgepreßte Teil des Talges, dessen weicherer, schmelzartiger Anteil einen Rohstoff für die Margarine bildet.

Trane oder Fischöle sind Fette von Seetieren, welche in ihrem Aussehen und Eigenschaften sehr verschieden voneinander sein können. Man unterscheidet Fischtrane im engeren Sinne, welche aus dem ganzen Körper der Fische, Lebertrane, welche aus der Leber einiger Fischarten, und Specktrane, welche aus dem Speck der Seesäugetiere gewonnen werden. Man unterscheidet die Trane auch nach der Farbe in hellblanke, blanke, braunblanke, braune und dunkle Trane. Die beste Specktransorte, diejenige des Waltrans, ist fast farb- und geruchlos und nahezu neutral, die abfallenden Sorten zeigen mit steigendem Fettsäuregehalt stärkeren Geruch; die schlechteste Sorte hat bis zu 50 % freie Fettsäure. In die gleiche Klasse gehören auch die Robbentrane, welche als besonders wertvoll geschätzt werden. Sie besitzen eine gelbe bis rötliche Farbe, schwachen Geruch und enthalten wenig feste Glyzeride, so daß sie ziemlich kältebeständig sind. Von den Lebertransorten ist der Dorschtran zu nennen, der aus der Leber des Dorsches hergestellt wird, dessen Fleisch selber fast fettfrei ist. Die Leber kann bis zu 60 % Fett enthalten; die beste Sorte, welche natürlich, ohne Druck ausfließt, hat bis zu 10 % Fettsäure, die geringeren Sorten werden warm ausgezogen, ausgepreßt, sind dunkel und haben einen Fettsäuregehalt bis zu 50 %. Der Geruch dieser Lebertrane ist eigenartig, aber nicht unangenehm. Die Fischtrane werden durch Auspressen kleinerer Fische (Heringe, Sardinen) gewonnen, wobei auch diejenigen durch Auspressen wertvoller sind, als die durch Wärme Ausgezogenen. Der Geruch der Trane stammt von der Clupanodonsäure, mit deren Umwandlung in einen anderen Körper der Geruch verschwindet.

Für die Beurteilung des Tranes hinsichtlich seiner Eignung für die Gerberei ist zunächst die Jodzahl, dann Verunreinigungen durch Wasser und Schmutz zu beachten. Helle Transorten sollen nicht mehr als 1 %, dunkle Sorten nicht mehr als 5 % von diesen Bestandteilen enthalten. Die Jodzahl geringerer Transorten geht gewöhnlich nicht über 125 hinauf; helle Sorten zeigen Jodzahlen bis zu 150 und darüber. Als Durchschnitt nimmt man bei denselben eine Jodzahl von 140 an. Man kann im allgemeinen annehmen, daß die gerbende Wirkung des Tranes von seiner Oxydierbarkeit, also von seiner Jodzahl, abhängt. Je höher diese Zahl ist, um so besser ist die Eignung des Tranes für die Sämischgerbung; dazu zählen besonders die Dorschleber- und Robbentrane; auch der Sardinentran ist gut geeignet.

Eine Verfälschung des Tranes mit Mineralöl ist besonders nachteilig, da dieses bekanntlich keinerlei gerbende Wirkung ausübt.

Die Trane lassen sich auch sulfonieren, d. h. wasserlöslich machen, müssen aber hierfür, wie alle zu sulfonierenden Öle, vorher gereinigt werden.

Unter D e g r a s und M o e l l o n versteht man die oxydierten Trane, die entweder bei der Sämischgerbung als Nebenerzeugnisse abfallen, oder indem die Oxydation der Trane künstlich herbeigeführt wird. Man leitet zu diesem Zweck so lange Dampf in heißen Tran ein, bis der Tran zähflüssig geworden und in den sogenannten Moellon übergegangen ist.

Für den praktischen Gebrauch des Gerbers kommen nur wasserhaltige Moellonsorten in Betracht, die bis zu 25 % Wasser enthalten, neben etwas Talg, Wollfett und Mineralfett.

Auf die neuerdings aufgestellten Normen der deutschen Degras- und Lederölfabrikanten sei besonders verwiesen:

Normen für Degras- und Lederöle vom Verband der Fabrikanten vom 23. Februar 1926.

1. Normen für Degras.

	Gesamtfett	Flüchtige Bestandteile	Verseifbares	Unverseifbar	Oxyfettsäure	Asche
Moellon Marke M handelsüblich	80	20	70	10	6—8	Der Aschengehalt soll 1 % nicht überschreiten
Moellon-Degras Marke MD handelsüblich	78	22	63	15	5—7	
Degras Marke D handelsüblich	70	25	55	20	4—6	

Der Gehalt an Gesamtfett bzw. an Verseifbarem darf bis um 2 % von den obigen Normen abweichen; größere Schwankungen berechtigen den Abnehmer nicht, die Ware zur Verfügung zu stellen, werden aber pro rata verrechnet.

Eine Verwendung von Harz zur Herstellung von Degras, selbst der geringsten Sorte, ist grundsätzlich verboten; sobald in einem Degras Harz qualitativ festgestellt wird, ist das Produkt als den Verbandsvorschriften nicht entsprechend zu bezeichnen.

2. Normen für Lederöle.

1. Harzgehalt. Ein Harzgehalt in einem Lederöl kann nicht unbedingt und in allen Fällen als schädlich angesehen werden; für den Verbraucher ist es aber wichtig und notwendig, zu wissen, ob ein Lederöl einen Harzgehalt enthält oder nicht. Es wird deshalb bestimmt, daß, wenn ein Harzgehalt in einem Lederöl vorhanden ist, derselbe unbedingt angegeben werden muß.

2. Mineralölgehalt. Die Mineralöle haben sich für die Zwecke der Lederfettung in vielen Fällen als wichtig und zweckdienlich bzw. unerläßlich erwiesen. Zu leicht flüchtige Minelalöle, wie sie die billigen Putz- und Gasöle oder Mischungen derselben darstellen, sollten zur Herstellung von Lederölen nicht verwendet werden. Es dürfen nur solche Mineralöle verwendet werden, die folgende Kennzahlen als äußerste niedrigste Grenzzahlen aufweisen: Ein spez. Gew. nicht unter 0,875. Eine Viskosität nach Engler von 3—4 bei 20° C oder von 1—3 bei 50° C. Werden aus bestimmten Gründen leichter flüchtige Mineralöle zur

Herstellung von Lederölen verwendet, als diesen Grenzzahlen entsprechen, dann ist deren Verwendung besonders anzugeben.

3. Naphtensäuren und Sulfatharze. Naphtensäuren und Sulfatharze sind für die Zwecke der Lederfettung nicht in jedem Fall als schädlich zu bezeichnen. Sind sie in einem Lederöl enthalten, dann muß jedoch deren Gehalt angegeben werden.

Wird also ein Lederöl verkauft als den Normen des Verbandes der Degras- und Lederölfabrikanten entsprechend, dann kann der Käufer verlangen, daß dasselbe keinen Harzgehalt aufweist, frei ist von Naphtensäuren und Sulfatharzen, und daß das Unverseifbare, wenn solches vorhanden ist, aus Mineralöl besteht, das mindestens die oben angegebenen Kennzahlen aufweist.

Die Herstellung wasserlöslicher Öle.

Die zur Geschmeidigerhaltung des Leders verwendeten Fette und Öle werden zwar in einigen Fällen in ihrer ursprünglichen Form angewandt. Es hat sich aber gezeigt, daß es in den weitaus meisten Fällen besser ist, wenn diese Öle gewissermaßen verdünnt, in Form einer Emulsion zur Verwendung kamen, wodurch die Verteilung und Befestigung günstig beeinflußt wurden. Die Emulsion ist eine milchähnliche feine Verteilung von Fett- oder Ölstoffen in Wasser, wozu ein Emulgierungsmittel erforderlich ist, welches das „In-der-Schwebe-Halten" des Öles im Wasser besorgt. Natürliche Emulsionen sind die Milch und das Eigelb; bei der Milch wird das Butterfett durch das Kaseïn, beim Eigelb das Eieröl durch Eiweiß in der Schwebe gehalten.

Die anderen, von der Technik angewandten Emulgierungsmittel sind Alkalien und Säuren. Die Handhabung der ersteren ist im Abschnitt über Seifen näher behandelt, die Einwirkung von Säuren — vornehmlich Schwefelsäure — auf Öle nennt man sulfonieren oder sulfurieren. Man behandelt dabei, besonders bei der Herstellung der sogenannten Türkischrotöle, fette Öle, welche als neutrale Triglyzeride anzusprechen sind, derart mit konzentrierter Schwefelsäure, daß sie unter gewissen Bedingungen schon teilweise in Wasser, leicht und vollständig aber in verdünnten Alkalien löslich werden.

Die Ausführung erfolgt in mehreren Abschnitten. In allen Fällen ist die Behandlung des Öles mit Schwefelsäure der erste Vorgang, welcher kurzweg die Sulfurierung genannt wird. Das in dieser Weise vorbehandelte und beeinflußte Öl wird dann durch Waschen vom Überschuß an Schwefelsäure befreit, wozu auch Alkalien und Salze zu Hilfe genommen werden und wobei auch wasserlösliche Spaltungsprodukte, z. B. Glyzerin, beseitigt werden. Schließlich wird, nach Beseitigung des Waschwassers, mittels Alkalien neutralisiert.

Da zur Erzielung eines brauchbaren Ergebnisses passendes Rohmaterial, die entsprechende Einrichtung und Überwachung des Vorganges gehören, so ist es verständlich, daß sich die Selbstherstellung nur dort lohnt, wo große Mengen gebraucht werden. Den Bedarf kleinerer Mengen deckt man zweckmäßig mit käuflichen Ölen.

Die Einrichtung zur Erzeugung des sulfurierten Öles besteht aus dem Sulfuriergefäß, dem Wasch- und Neutralisierbottich. Da konzentrierte Schwefelsäure Holz und alle Metalle, mit Ausnahme von Blei, angreift, so können nur Gefäße Verwendung finden, welche säurebeständig sind, d. h. mit Blei ausgeschlagene oder emaillierte Metallgefäße, oder Töpfe aus säurebeständigem Steinzeug, wie es in chemischen Betrieben Verwendung findet. Es hat sich mit Rücksicht auf die Erhaltung einer gleichbleibenden Temperatur als vorteilhaft erwiesen, wenn man nur kleinere Mengen Öl behandelt, da das Öl ein schlechter Wärmeleiter ist und eine Kühlung bei dicken Schichten zu langsam wirkt. Man geht daher am besten nicht über Mengen von 50—100 kg hinaus und stellt bei größerem Bedarf lieber mehr Vorrichtungen auf.

Bei der Einwirkung der Schwefelsäure ist durch ununterbrochenes Durchrühren dafür zu sorgen, daß alle Teile des Öles stets gleichmäßig betroffen werden, da an jenen Stellen, an welchen die Säure im Überschuß und längere Zeit einwirken kann, eine zu weitgehende Einwirkung Bräunung und Oxydation, ja Verkohlung eintreten kann, während an anderen Stellen wegen Säuremangel unverändertes Öl bleibt und das Ganze minderwertig wird. Das richtigste Rührwerk ist mit schräg gestellten Schaufeln versehen, welche die Masse entweder nach oben oder nach unten treiben, und auch Boden und Seitenwände bearbeitet; natürlich auch aus Hartblei gearbeitet. Es genügt eine halbe Umdrehung in der Sekunde, außerdem sollte ein Thermometer angebracht sein, um die Temperatur prüfen zu können.

Öle, welche sulfuriert werden sollen, müssen frei von Substanzen sein, welche durch die Schwefelsäure verkohlt werden können und damit den ganzen Vorgang ungünstig beeinflussen. Dazu gehören besonders die sogenannten Schleimteile junger, noch nicht abgelagerter Öle, die man am besten vorher durch Behandlung des Öles mit Fullererde und Absitzenlassen bzw. Abfiltrieren beseitigt.

Die Temperatur spielt beim ganzen Vorgang eine wichtige Rolle; es empfiehlt sich, das zu behandelnde Öl zunächst auf Zimmerwärme zu bringen, was durch tagelanges Einlagern in den Raum, oder durch Anwärmen im Wasserbad erfolgen kann. Durch die Zugabe der Schwefelsäure zum Öl erhöht sich die Temperatur; es muß dabei aber darauf geachtet werden, daß sie wohl über 30° C, aber nicht über 40° C steigt. Man kann dies durch den stärkeren oder geringeren Zulauf der Säure regeln, eventuell auch durch Kühlen des Gefäßes. Am besten ist es, wenn man sie während des ganzen Vorganges gleichmäßig auf 35° C hält. Eine Überschreitung der Grenzen ergibt schlechte Öle. Nur, wenn man in der Schwefelsäuremenge über 30 % vom Ölgehalt geht, ist es gut, die Temperatur unter 30° C zu halten. Ist die ganze Säuremenge zugesetzt, so läßt man das Rührwerk noch mehrere Stunden laufen, worauf der Rührer zum Abtropfen emporgehoben wird und man das sulfurierte Öl bei möglichst gleichbleibender Temperatur noch weitere 24—48 Stunden stehen läßt. Die angewendete Menge konzentrierter Schwefelsäure liegt je nach der Art und Bestimmung des Öles zwischen $^1/_8$ und $^1/_3$ vom Öl und ist auch von Einfluß auf die Durchführung des ganzen Vorganges. Wenn das Öl richtig sulfuriert ist, bleibt es auch nach längerem Stehen einheitlich; wenn man zu schwach sulfuriert hat und noch unzersetztes Öl übrig ist, bildet sich beim längeren Stehen eine hellfarbige Ölschicht an der Oberfläche.

Die weitere Behandlung wechselt je nach der Höhe der Sulfurierung und der Bestimmung des Öles. Man verflüssigt zunächst die erstarrte Ölmasse durch Erwärmen und rührt sodann ungefähr die gleiche Gewichtsmenge 5 %iger Glaubersalzlösung ein, womit gut durchmischt wird. Dann läßt man dem Gemisch durch 24 Stunden Zeit, sich wieder zu trennen, wonach man das Salzwasser abzieht und den Vorgang durch Hinzurühren und Durchmischen mit einer frisch bereiteten Glaubersalzlösung wiederholt. Im allgemeinen genügt ein zweimaliges Aussetzen des Überschusses der Schwefelsäure, was aber, wenn erforderlich, auch noch ein drittes Mal geschehen kann, ehe man zum Neutralisieren mittels Alkalien schreitet. Kochsalz an Stelle von Glaubersalz zu verwenden, empfiehlt sich nicht; wenn möglich, verwendet man destilliertes oder Kondenswasser für die Salzlösung, um Komplikationen nach Möglichkeit auszuschalten. Glyzerin kann als Nebenprodukt gewonnen werden, wenn die Ausbeute hinreichend ist. Man neutralisiert gewöhnlich anfänglich mit Natronlauge und am Schluß mit Ammoniak. Die Verwendung des Ammoniaks gestattet eine weitergehende Neutralisation als Natronlauge, welche hierbei das Öl leicht unerwünscht zähflüssig und schlecht löslich macht. Da aber Lauge billiger ist, neutralisiert man vielfach $^3/_4$ mit Lauge und den Rest mit Ammoniak; selbst ein geringer Überschuß des letzteren ist gewöhnlich unschädlich. Man rechnet bei einem Ansatz von 100 kg Öl, das mit 20 kg Schwefelsäure 66° Bé sulfuriert wurde, nach dem vorgeschriebenen Waschen mit zirka 8 l Natronlauge 40° Bé und 14 l Ammoniak 24° Bé in 100 l Wasser zum Neutralisieren. Dasselbe erfolgt ebenfalls unter gutem Durchmischen und ergibt schließlich aus 100 kg Öl zirka 175 kg sulfuriertes Öl.

Das am meisten sulfurierte Öl ist Rizinusöl, doch lassen sich in gleicher Weise auch Klauenöl, Olivenöl, Rübenöl und Fischtrane sulfurieren, es empfiehlt sich aber nicht, Gemische dieser Öle untereinander oder mit Mineralölen zu sulfurieren.

Fettlicker aus sulfurierten Ölen werden meist in leicht alkalischer Reaktion angewandt (sie sollen rotes Lackmuspapier leicht bläuen). Die käuflichen Produkte sind vielfach leicht sauer und werden gewöhnlich durch Zusatz von Seife in den gewünschten Zustand gebracht. Für gutes Fettlickern ist die Verwendung weichen Wassers Vorbedingung.

Seife. Die Seifen werden gewöhnlich unterschieden als harte oder Natronseifen und Schmier- oder Kaliseifen. Letztere enthalten fast alle Verunreinigungen der Rohmaterialien, überschüssiges Alkali und Glyzerin, und werden daher nur dort gebraucht, wo diese Verunreinigungen nicht schädlich sind und namentlich der unangenehme Geruch, den die damit behandelte Ware zeigt, nicht in Betracht kommt.

Harte Seifen sind gereinigte, namentlich von überschüssigem Alkali und Glyzerin, aber oft nur unvollständig, befreite Seifen.

In vielen Fällen bedient man sich auch der aus Talg bereiteten harten Seifen und der Schmierseifen.

Vielfach bereitet man sich die Seifen selbst durch Verkochen von Oleïn (Elaïn, rohe Ölsäure) mit Natronlauge, z. B. nach folgendem Ansatz:

150 kg Oleïn
60 kg Natronlauge 40° Bé
800 l Wasser.

Die Lauge wird mit der Hälfte des Wassers aufgekocht und das Oleïn unter ständigem Rühren allmählich eingetragen. Wenn keine Seifenklumpen mehr vorhanden sind, wird der Rest des Wassers zugegeben und noch wenigstens 1 Stunde weitergerührt. Längeres Kochen ist erforderlich, damit Oleïn und Lauge sich vollständig miteinander verbinden.

Die Anforderungen an eine gute harte Seife sind: Hoher Gehalt an fettsaurem Natron und nicht zu hoher Gehalt oder Abwesenheit von unverseiftem Fett, freiem Alkali, Salz, Glyzerin und anderen Verunreinigungen wie Wasserglas, Stärke, Ton u. dgl. Über die Zusammensetzung der Seifen lassen sich keine bestimmten Angaben machen, da ihre Beschaffenheit zu sehr wechselt. Im allgemeinen dürften gute Seifen annähernd enthalten:

60—70 % Fettsäure
6—8 % Alkali, als Ätznatron berechnet
20—30 % Wasser.

Der Verband deutscher Seifenfabrikanten hat folgende Begriffsbestimmungen für „Kernseifen" und „weiche Seifen" aufgestellt:

Unter der Bezeichnung „Kernseife" dürfen nur in den Handel gebracht werden alle lediglich aus festen oder flüssigen Fetten oder Fettsäuren mit oder ohne Zusatz von Harz hergestellten technisch reinen Seifen, die im frischen Zustande einen Gehalt von wenigstens 60 % seifebildenden Fettsäuren, einschließlich Harzsäuren aufweisen. Zusätze von Salzen, Wasserglas, Mehl oder ähnlichen Füllmitteln sind nicht gestattet.

Seifen, welche der vorstehenden Kernseifendefinition nicht genügen, dürfen in ihrer Handelsbezeichnung das Wort „Kernseife" nicht enthalten.

Alle als „rein" bezeichneten harten Seifen müssen mindestens der vorstehenden Kernseifendefinition genügen.

Unter „reinen" Schmierseifen werden nur solche verstanden, welche mindestens 38 % Fettsäuren, einschließlich Harzsäuren, enthalten und technisch rein sind; insbesondere sind Zusätze von Wasserglas und Mehl unzulässig.

Als „gemahlene Kernseife" dürfen nur solche Seifen in den Handel gebracht werden, die durch Zerkleinern von Kernseifen, oder diesen gleich zu achtenden Seifen, ohne weiteren Zusatz, erhalten worden sind.

Soweit nicht Harzfreiheit einer Seife gewährleistet ist, wird bei Festsetzung des Fettsäuregehaltes Harzsäure als Fettsäure gerechnet. Eine Umrechnung in Fettsäureanhydride findet nicht statt.

Die genaue Bewertung der Seife kann nur durch eine chemische Analyse ausgeführt werden. Um die Menge des freien Alkalis annähernd zu bestimmen, löst man 10 g Seife in heißem, möglichst absolutem Alkohol, filtriert und versetzt mit Phenolphtaleïnlösung. Rotwerden zeigt freies Alkali an; jedoch erzeugen geringe Mengen von freiem Alkali noch keine Rötung. Die Lösung kann mit Normalsäure auf freies Alkali titriert werden. Auf dem Filter bleiben etwa vorhandene Soda und die meisten in Betracht kommenden Verfälschungen zurück.

Rizinusölseife. 10 kg Rizinusöl Ia (erster Pressung) mit $8^1/_2$ kg Natronlauge 22° Bé gut verrühren, 1 Stunde lang kochen. Nach zirka 5 Stunden, wenn die Seife etwas abgekühlt ist, fügt man 2,200 kg Salzsäure 20° Bé hinzu, kocht eine weitere halbe Stunde, läßt erkalten und gießt die Kochsalzlösung ab.

Eigelb. Dieses stellt eines der günstigsten Lederfettungsmittel dar und wird meist aus den Eiern von Hühnern, Enten und Gänsen gewonnen. Der wirksame Bestandteil ist das Eieröl, von welchem im Eidotter zirka 24—32 % enthalten ist. Es ist im Eigelb in der Form emulgiert, daß die mikroskopisch kleinen Tröpfchen von Eiweißhüllen umgeben sind und damit leicht eine Verbindung mit Wasser herstellen. Der Wassergehalt im Eigelb ist ziemlich hoch, zirka 40—50 %. Zur Haltbarmachung werden Kochsalz und Borsäure verwendet, von welchen zirka 12—15 % Kochsalz und zirka 1—2 % Borsäure in Betracht kommen. Gutes Faßeigelb, meist aus China, soll eine gleichmäßig orange-gelbe Farbe zeigen und angenehm riechen. Eine Verfälschung mit anderen, gewöhnlich geringwertigeren Ölen ist möglich und schwer nachweisbar. Der Fettgehalt des Eigelbs kann durch Verschimmeln um nahezu die Hälfte verringert werden. Es bilden sich drei verschiedene Pilze, welche durch Zusätze von Bor- oder Salizylsäure, wie auch Fluornatrium verhindert werden können, sich auszubreiten. Der Eiweißgehalt im Eigelb ist normalerweise zirka 13 %. Neben dem Gehalt an Eieröl, Kochsalz, Wasser, Borsäure und Eiweiß ist bei der Beurteilung des Eigelbs von großer Bedeutung, in welchem Umfange das Eigelb freie Fettsäuren enthält. Frisches Eigelb enthält fast keine Fettsäuren. Neben der chemischen Untersuchung ist dann noch das Aussehen und das Verhalten beim Auflösen zu beachten, denn das Eiweiß (Vitellin), welches die Emulgierung bewirkt, kann ebenfalls leicht nachteilig verändert sein, ohne daß dies aus dem Analysenresultat zu erkennen wäre. In Amerika wird das Faßeigelb mit Eiweiß verfälscht, so daß die Mischung das ganze Ei in verrührtem Zustand enthält.

Was das Verhältnis von Eigelb zu Eidotter anbelangt, so rechnet man 1 l oder 1 kg gleich 50—60 Eidotter.

Eigelb emulgiert sich nicht nur selbst leicht in Wasser, sondern es läßt sich auch zum Emulgieren der verschiedensten Öle heranziehen.

Klauenöl. Das Rinderklauenöl wird nicht aus den Klauen, sondern aus den Fußknochen der Rinder gewonnen, welche ausgekocht werden. Es bildet im reinen, geklärten Zustand ein hellgelbes bis farbloses, nicht unangenehm riechendes und ziemlich dünnflüssiges Öl, welches nur schwer ranzig wird. Wird es längere Zeit tiefen Temperaturen ausgesetzt (— 10 bis — 20° C), so scheiden sich die im Öl enthaltenen festen Glyzeride aus und der von diesen abfiltrierte Teil bildet das sogenannte kältebeständige Klauenöl, welches nunmehr kältebeständig genannt wird. Von diesem Öl nimmt man an, daß die damit gefetteten Leder nicht ausschlagen.

Das kältebeständige Klauenöl besteht der Hauptsache nach aus Ölsäureglyzerid; seine Verseifungszahl liegt bei etwa 195—198, die Jodzahl schwankt je nach dem Gehalte an festen Glyzeriden von etwa 65—90.

Klauenöl kann in ähnlicher Weise wie Rizinusöl durch Sulfurieren mit konzentrierter Schwefelsäure wasserlöslich gemacht werden; es empfiehlt sich besonders, dafür kältebeständiges, von festen Glyzeriden befreites Öl zu verwenden.

Knochenöl. Dieses wird durch Auskochen der übrigen Knochen gewonnen, zunächst in Form des schmalzartigen Knochenfettes, aus dem in ähnlicher Weise wie beim Klauenöl durch Auspressen im stark gekühlten Zustand das klare Knochenöl gewonnen wird, das dem Klauenöl ähnlich, und wie dieses angewandt wird.

Olivenöl. Dieses rechnet, ähnlich wie Raps- oder Rüböl, zu den nichttrocknenden Pflanzenölen und wird aus der Frucht des gemeinen Ölbaumes gewonnen. Die Frucht des Ölbaumes ist eine eirunde, schwärzlichrote oder violette, beerenartige, 1—3 cm lange Steinfrucht, welche im Oktober bis Dezember zur Reife kommt und das Öl sowohl im Fleisch, wie auch im Kern enthält (zirka 40—60 %). Die zunächst getrockneten Früchte werden auf Mühlen zerkleinert und zerquetscht und alsdann ausgepreßt. Dieses wird öfter und unter verschiedenen Bedingungen wiederholt und schließlich das erhaltene Öl durch Lagern geklärt.

Man rechnet mit fünf und mehr Qualitäten des Öles, welche je nach der Pressung verschieden bezeichnet und bewertet werden. Das Öl, welches durch die gelindeste Pressung aus dem Fruchtfleisch gewonnen wurde, gilt als das wertvollste.

Im Fruchtfleisch der Oliven ist ein Enzym, Olease, enthalten, welches die Gärung der zerquetschten Oliven und im Olivenöle die Entfärbung unter Ausscheidung gefärbter Massen bewirkt.

Das Olivenöl besteht zu 72 % aus flüssigen Triglyzeriden und zu 28 % aus festen Glyzeriden. Gewöhnliche Öle haben oft 3—20 %, weniger oft 20—25 % und sehr selten über 25 % Säuregehalt.

Die zweite und dritte Pressung des Olivenöles dient zur Bereitung der Marseiller- oder spanischen Seife.

Rizinusöl. Das Öl entstammt aus dem enthülsten Samen der Rizinusstaude (Wunderbaum), die in den Mittelmeerländern, Ostindien und Amerika angepflanzt wird. Das Öl gehört zu den nicht trocknenden Ölen, ist farblos bis grünlichgelb, sehr dickflüssig, besonders, wenn es dem Einfluß der Luft ausgesetzt ist, und ziemlich kältebeständig. Bei —4° C scheidet es schon geringe Mengen eines stearinartigen Fettes aus. Die Verseifungszahl liegt bei etwa 180—183, die Jodzahl bei etwa 82—84.

Mit Schwefelsäure entsprechend behandelt, ergibt es das sogenannte Türkischrotöl, welches wasserlöslich ist und zum Fetten von Leder vielfache Verwendung findet.

Gummi Tragant. Der erhärtete Schleimsaft verschiedener Arten orientalischer Sträucher kommt gewöhnlich in flachen, schwach durchscheinenden, blattartigen Stücken von hornartiger Beschaffenheit in den Handel und kann als Pflanzengummi bezeichnet werden. Er ist in Wasser nicht ohne weiteres löslich, quillt aber, in Wasser eingelegt, nach einiger Zeit zu einer trüben, gallertartigen Masse auf, die zu Schaum geschlagen werden kann. Tragant ist ein sehr elastisches Appreturmittel von mildem Glanze, das besonders bei gefetteten Ledern viel verwandt wird.

Die besten Sorten kommen von Smyrna, der syrische und persische Landtragant ist viel verunreinigt und schlechter löslich und deshalb weniger geschätzt.

Charragheenmoos, auch irländisches Moos bezeichnet, besteht ähnlich, wie das isländische Moos, aus Algen und Moosen der nördlichen Meere, welche bis zu 60 % Schleimsubstanz enthalten, die, ausgekocht, sehr geschmeidige Lederappreturen geben. Das getrocknete Moos ist hornartig aufgetrocknet, von gelblichgrüner Farbe. Durch die Behandlung des Mooses mit Alkalien tritt eine Veränderung der Schleimsubstanz ein und man gewinnt eine Lösung, die Pflanzenschleim, Dextrin und Natriumalginat enthält. Letzteres wird auch besonders gewonnen und als Ersatz des Charragheenmooses unter dem Namen Algin in den Handel gebracht.

Hausenblasen stellt getrocknete Schwimmblasen verschiedener Fischarten dar, die getrocknet im Handel sind. Man läßt sie in Essigsäure zu einer Gallerte aufquellen und verwendet sie, mit Wasser weiter verdünnt, als Appretur, die sehr wasserbeständig und geschmeidig ist.

Leinsamen. Der Samen des Flachses, welcher bekanntlich auch das für die Lackherstellung wertvolle Leinöl enthält, gibt beim Kochen mit Wasser eine schleimige Substanz ab, die als Lederappretur vielfache Verwendung findet. Man kocht 200—300 g Leinsaat in 10 l Wasser und seiht noch im heißen Zustande durch; die erkaltete Gallerte ist gebrauchsfertig, kann aber auch mit Säurefarbstoffen beliebig angefärbt werden. Leinsamenschleim dient auch als Zusatz beim Färben, wenn aus bestimmten Gründen eine Verzögerung der Farbstoffaufnahme herbeigeführt werden soll.

Weizenmehl. Dasselbe findet sowohl bei der Gare der Glacéleder, wie auch in der Appretur vielfach Verwendung. Die Farbe guten Weizenmehles muß rein weiß sein; mattweißes, trübes, rötliches Mehl ist verdorben und macht es verdächtig, mit fremdem Mehl verunreinigt zu sein. Es muß einen lebhaften Glanz haben; der Griff und die Feinheit dürfen kein staubartiges, sondern ein körnig-feinpulveriges Produkt erkennen lassen. Der Geruch darf nicht dumpf und muffig sein. Gutes Mehl schmeckt nach frischem Kleister. Die chemische Kennzeichnung des Mehles bezieht sich auf die Ermittlung des Wassergehaltes, der Menge der stickstoffhaltigen und -freien Substanzen, der Roh-(Holz-)Faser und insbesondere auf die Menge der Aschenbestandteile. Der Wassergehalt soll 18 % nicht überschreiten, bei 20 % ballt sich das Mehl, zwischen den Händen gedrückt, zusammen. Feinstes Weizenmehl hat (nach König) 10 Kleber, 69,4 Stärke, 0,3 Rohfaser, 13 Wasser und 0,48 Asche. Je feiner das Mehl, desto geringer ist der Fett-, Rohfaser- und Aschengehalt, aber desto mehr enthält es Stärke. Ferner wird mit dem Mikroskop Identität, Reinheit und Qualität des Mehles geprüft.

Kaseïn. Dieses aus der Magermilch bereitete, sehr brauchbare Appreturmittel ist im Wasser nur bei Zusatz von Alkalien löslich. Man verrührt das Kaseïn zunächst mit wenig lauwarmem Wasser zu einem dünnen Brei und fügt sodann den zehnten Teil der Kaseïnmenge an Borax oder Ammoniak zu. Im gleichen Maße, wie die Aufquellung fortschreitet, fügt man Wasser hinzu, damit der Brei nicht zu dick wird. Zum Schluß wird aufgekocht.

Kaseïnlösungen können mit Säurefarbstoffen angefärbt werden; durch Nachbehandlung mit Formaldehyd werden die Appreturen wasserbeständiger.

Wasserlösliche Kaseïne enthalten gewöhnlich Borax beigemischt.

Ei- und Blutalbumin. Albumin ist der Hauptbestandteil des Eiweißes und des Blutes. Die gelblich gefärbten Blättchen des bei mäßiger Wärme getrockneten Hühnereiweißes, wie die dunklen Blättchen des Blutalbumins werden in lauwarmem Wasser eingeweicht und über Nacht zum Quellen gestellt. Bei unsachgemäßer, zu heißer Trocknung ist das Lösungsvermögen derselben geringer, als bei richtig getrocknetem. In vielen Fällen ist der Zusatz von etwas Ammoniak förderlich. Die Albumine sind als natürlichen Glanz gebende Appreturmittel sehr geschätzt; je dünner und gleichmäßiger ihr Auftrag erfolgt, um so schöner und haltbarer ist der damit erzeugte Glanz. Die vielfach gegebenen Zusätze sind, abgesehen von geringen Mengen passender Farbstoffe, meistens zwecklos, oft sogar nachteilig und nur in der Phantasie der betreffenden Rezeptbesitzer wirksam. Je mehr Zusätze zur Albuminlösung gegeben werden, um so mehr wird das Bindevermögen mit der Lederfaser herabgesetzt, so daß die Leder nach der Fertigstellung abrußen und grau und unschön werden.

Schellack, aus dem Gummilack bereitet, welcher ein wachshaltiges Harz ist, entsteht durch einen Stich der Lackschildlaus auf mehreren ostindischen Bäumen. Die Tierchen sitzen massenhaft an den Zweigen und werden selbst von dem ausfließenden Safte eingeschlossen; jedes einzelne schwillt zu einer mit roter Flüssigkeit angefüllten Blase auf und stirbt ab, worauf sich aus den Eiern 20—30 Larven entwickeln, die sich verpuppen, in Schildläuse verwandeln und aus den vom erhärteten Saft entstandenen Krusten in Durchbohrungen ausbrechen. Der Gummilack wird als Stangen- oder Stocklack, Körnerlack, Klumpen- und Schellack gehandelt. Der Schellack oder Tafellack besteht aus dünnen, orangefarbenen Blättchen, oder dunkleren Platten, auch Rubinschellack genannt. Der mit Chlor gebleichte Schellack kommt in schraubig gewundenen, seidig glänzenden Stangen von weißer Farbe in den Handel. Schellack wird in Alkohol durch Erwärmen auf dem Wasserbade oder in Wasser durch Zusatz von Ammoniak oder Borax und Aufkochen gelöst. Man rechnet zum Lösen von 100 g Schellack ungefähr 25 g Borax oder 15—20 ccm Ammoniak, kann aber auch eine Mischung beider verwenden.

Zaponlacke sind alkoholische, ätherische, Azeton- oder Amylazetatlösungen von Schießbaumwolle oder Zelluloid, welche nicht beeinflußbare, luftschützende Überzüge bilden und nach Verdunstung des Lösungsmittels aus Zelluloid bestehen. Sie erhalten zur Erhöhung des Glanzes Zusätze von natürlichem oder künstlichem Kampfer, und von Rizinusöl oder Elaol zur Verbesserung der Geschmeidigkeit. Die Art und Güte der verwendeten Schießbaumwolle, bzw. deren Nitrierung ist ausschlaggebend für die Brauchbarkeit des Lackes. Die Anfärbung kann mit alkohollöslichen Farbstoffen, wie auch mit geeigneten Pigmenten erfolgen.

IX.

Maschinen und Apparate.

In früher erschienenen Fachbüchern wurde vielfach die Maschine noch unter dem Gesichtspunkt behandelt, den Leser überhaupt erst dafür zu gewinnen und ihm darzutun, wie notwendig sie sei. Inzwischen stehen wir mitten im Zeitalter der Maschine, sie hat sich gebieterisch durchgesetzt.

Es soll daher von ihr jetzt mehr in dem Sinne geschrieben werden, das Beachtliche an ihr näher darzustellen und zuweilen da und dort Anregungen zu geben, um ihre Verwendung sinngemäßer zu gestalten. Der Schreiber dieses muß dabei um Nachsicht bitten, daß er zumeist nur von Maschinenfabriken zur Verfügung gestellte Abbildungen zum Abdruck bringen kann, weil eine umfangreichere Darstellung den Rahmen des Buches sprengen würde. Ein eingehenderes Werk über die Gerbereimaschinen, welches frei von Sonderinteressen auch Entwürfe und besondere Konstruktionen bringen könnte, wäre eine dankbare Aufgabe für einen Maschineningenieur.

Die in den nachstehenden Abbildungen gezeigten Maschinen stellen in der Hauptsache Typen von Maschinen dar, wie sie zur Zeit als die brauchbarsten bekannt sind. Es bedarf wohl kaum des Hinweises, daß die Maschinen auch von anderen Maschinenfabriken hergestellt werden, als derjenigen, von welcher die jeweilige Abbildung stammt.

Apparate und Maschinen für die Wasserwerkstatt.

Walkfässer. Bei der so vielseitigen Verwendung des Walkfasses in der Lederindustrie ist es kein Zufall, es an erster Stelle zu beschreiben. Leider muß gesagt werden, daß die Auswahl der Walkfässer noch viel zu wenig im Hinblick auf den Verwendungszweck getroffen wird. Gar oft wird ein an seiner bisherigen Stelle nicht mehr gebrauchtes Walkfaß einfach da aufgestellt, wo es eine ganz andere Arbeit zu leisten hat. Unterschiede, die etwa zwischen verschiedenen Stollmaschinen bestehen, erkennt man an, aber beim Walkfaß hält man sie für nicht wichtig.

Gerade in der Wasserwerkstatt kommt es aber sehr viel auf das geeignete Walkfaß an. Es kann hier ebenso von größtem Nutzen sein, wie nicht wieder gut zu machenden Schaden anrichten.

Infolge der Schwere der Felle müssen hier die Walkfässer natürlich von besonders starker Bauart sein. Vor allem müssen sie aber so konstruiert sein, daß das Hautmaterial soviel wie nur irgend möglich geschont wird. In dem Zustand, in dem sich Haut in der Wasserwerkstatt befindet, angefangen bei der trockenen Haut, die erst geweicht werden muß, über die stark geschwellte Haut bis zur weichen, weißen Blöße, ist sie soviel gefährdet, daß sie gar nicht vorsichtig genug behandelt werden kann.

Es gilt hierbei die Substanz der Haut, die so leicht zur Auflösung gebracht werden kann, zu erhalten, schwache Stellen, wie besonders die Flämen, schonend zu behandeln, und den Narben, von dem die schützende Haar- und Epidermisschicht während des Arbeitsvorganges entfernt wird, vor Schädigung wie Wetzen und Verkratzen zu bewahren.

Um dies zu erreichen, muß ein zu starkes Schlagen, Fallen, Kneten, Knicken und Reiben vermieden werden. Das wird ermöglicht durch ein entsprechendes Ausmaß des Walkfasses, wobei dieses mehr in die Breite als in die Höhe zu gehen hat, durch langsame Umdrehung und durch Anbringung von Quer- und Schrägleisten im Innern des Fasses.

Schmale, schnellaufende Walkfässer mit Pflöcken im Innern, wie man sie vielfach in Wasserwerkstätten sieht, z. B. zum Walken trockener Häute, richten viel Unheil an. Das, was man mit ihnen durch kräftiges Walken zu erreichen hofft, kann durch Hinzunahme chemischer Hilfsmittel leichter und ohne Schädigung der Hautsubstanz erreicht werden, z. B. das Weichen durch Zusätze von Alkalien, das Waschen und Entkälken durch Verwendung von Säuren. Wenn diese langsam und vorsichtig angewendet werden, wenn die Temperatur der Bäder zweckmäßig eingestellt und niemals schroff gewechselt wird, wenn endlich das Wasser weich und in genügender Menge vorhanden ist, so daß die Felle möglichst schwimmen können, so fallen die Gefahren der zu starken mechanischen Behandlung weg.

Mehr von betriebstechnischer als von gerberischer Bedeutung ist, daß die Walkfässer des leichten Antriebs wegen möglichst große Zahnradkränze, und der leichten Öffnung wegen einen praktischen Deckelverschluß haben sollen. Als ein solcher hat sich besonders eine als Exzenter ausgebildete Eisenwelle bewährt, die ohne Schrauben u. dgl. ein schnelles Öffnen und Schließen des Walkfasses erlaubt.

Weich- und Auswaschfaß

Weich- und Auswaschfässer.

Ein besonderer Vorzug dieser Fässer ist die große seitliche Öffnung derselben, welche leichtes Füllen und Entleeren gestattet. Die Ausstattung mit Schräg- bzw. Querleisten im Innern statt Pflöcken, sowie Einrichtung zu geringen Umdrehungszahlen müssen besonders verlangt werden, da sie für diese Zwecke noch nicht allgemein üblich sind. Der in untenstehender Abbildung gezeigte Deckelverschluß ist nicht der empfohlene Exzenterverschluß.

Weich- und Auswaschfaß

Äscherfässer.

Das Äschern im Walkfaß erfolgt gleichmäßiger und schneller als nach den älteren Verfahren, ist übersichtlicher und kann leichter organisiert werden. Man erreicht in Stunden die Wirkung, die man nach den älteren Verfahren in Tagen erreicht, kann bei entsprechen-

Äscherfaß

der Vorsorge die Nacht hindurch äschern und am Morgen gleich weiterarbeiten. Man kann von Stunde zu Stunde den Fortschritt der Äscherung nachprüfen und dadurch leicht verhindern, daß Felle zu stark geäschert werden. Auch Veränderungen in der Zusammensetzung der Äscherflüssigkeit kommen schneller zur Wirkung. Der äußerst wichtigen Frage der Temperatur kann leicht die gebührende Beachtung geschenkt werden. Die Äscherfässer sind gewöhnlich zirka 3 m hoch und 3 m breit und haben Vor- und Rückwärtsgang bei 1—2 Umdrehungen in der Minute. Es ist in vielen Fällen vorteilhaft,

Äscherfaß

das Faß nicht ununterbrochen laufen zu lassen. Auch bei den Äscherfässern ist es von Vorteil, wenn sie innen statt mit Pflöcken mit Quer- oder Schrägleisten ausgestattet sind. Im Anschluß an das Äschern kann durch Zu- und Ableitung reichlicher Wassermengen im gleichen Faß enthaart werden, wobei auf eine Umdrehungsgeschwindigkeit von 4 bis 6 pro Minute umgeschaltet wird.

Lattentrommel.

Dem gleichen Zweck, wie die Walkfässer, dienen die langsam laufenden Lattentrommeln, welche, da die Felle in der Flüssigkeit schwimmen, sehr schonend wirken. Aus diesem besonderen Grund wird ihre Arbeit derjenigen des Walkfasses vielfach vorgezogen.

Derartige Trommeln werden in verschiedenen Größen ausgeführt; sie werden mittels Zahnrädervorgelege sowie fester und loser Riemenscheibe angetrieben.

Der Mantel besteht aus einer Anzahl Holzleisten, die in Zwischenräumen nebeneinander sitzen, so daß die Flüssigkeit in das Trommelinnere ungehindert ein- und austreten kann. Diese Trommeln werden in der Regel aus starkem Kiefernholz angefertigt. Zum Ein- und Herausbringen

Lattentrommel

des Häutematerials sowie zum Zwecke einer bequemen Reinigung ist die Trommel durch eine Tür zugänglich, die mit einem praktischen und bequem zu handhabenden Verschluß ausgestattet ist. Gewöhnlich baut man die Trommel in eine Grube ein, die aus Beton oder Mauerwerk hergestellt ist und die leicht entleerbar sein soll. Dadurch daß die Trommel in der Flüssigkeit läuft, wird sie weniger stark beansprucht und kann deshalb wesentlich schwächer gebaut sein, als ein Walkfaß.

Rühräscher

Rühräscher, eventuell mit Pumpen.

Das Äscherrührwerk dient zum Aufrühren der Kalklösung in der Grube, damit eine gleichmäßige Wirkung der Äscherbrühe auf die ganze Haarseite erzielt wird.

Das Äschern mit diesem Rührwerk hat gegenüber dem gewöhnlichen Äscherverfahren den Vorzug der Beschleunigung und der Reinlichkeit. Die Dauer der Äscherung richtet sich nach dem zu äschernden Material, sowie danach, ob die Äscherung mit reiner Kalkmilch oder mit Zusatz von Schwefelnatrium geschieht.

Die Häute bleiben in den Äschern so lange hängen, bis sie haarlässig sind, hierdurch fällt das Aufschlagen der Häute und die schädliche Einwirkung der Luft auf die Äscherbrühe und Häute fast vollständig weg.

An Stelle der Propellerflügel zum Aufrühren kommen bei einem anderen System flache Haspelräder zur Verwendung, welche ebenfalls unter dem doppelten Boden angebracht sind. – Die mechanischen Rührwerke werden durch die Evolventenpumpe des Gerbereifachmannes Gustav Feith in Wien ersetzt, welche in Verbindung mit geeigneter Bauart der Äschergefäße und entsprechenden Rohrleitungen ein gutes Durchmischen der Äscherbrühen in Rühräschern ermöglicht.

Äscherrührwerke mit Luftdruckapparaten, die in einzelnen Fällen gute Dienste leisten, kommen im allgemeinen nicht in Betracht, da bei zu langem Einleiten von Luft der wirksame Ätzkalk in kohlensauren Kalk überführt und unwirksam gemacht wird.

Haspeln.

Die Haspel wird zwar vielfach zum Äschern von Kleintierfellen verwendet und tut gute Dienste, wenn ein mäßiger Gebrauch von ihr gemacht wird. Da bei ihr eine Umdrehungszahl von 12 bis 15 in der Minute bedingt ist, anders die Felle nicht sicher bewegt werden, so sagt dies, daß ein länger anhaltendes Haspeln nicht in Frage kommen kann. Wenn die Felle auch schwimmen, so ist ihre Beanspruchung durch das Wenden, Biegen und Kneten, besonders wenn die Haspel bis zur Grenze der Leistungsfähigkeit gefüllt ist, zu stark. Die in der Schwellung befindliche Hautsubstanz wird durch diese mechanische Beeinflussung stark beeinträchtigt und geht leicht verloren. Man kann mit geschwollenen Füßen keinen Dauerlauf durchführen. Kurzes Haspeln zur Veränderung der Lage der Felle und zum Aufrühren und gleichmäßigen Verteilen der Äscherbrühe ist hingegen vorteilhaft. Im allgemeinen kann aber gesagt werden, daß Walkfaß und Lattentrommel wegen der Möglichkeit ganz geringer Umdrehungszahlen den Vorzug verdienen.

Ein besonders guter Verwendungszweck der Haspel ist beim Waschen, bzw. Entkälken vor der Beize, wenn sie, wie in beifolgender Zeichnung dargestellt, in richtiger Weise mit Zu- und Abfluß von Wasser versehen ist und dadurch in kürzester Zeit den erwünschten Zweck — das Auswaschen und Beseitigen des Kalkes — herbeiführt, um die Felle verfallen zu machen, ehe sie gestrichen und dann gebeizt werden.

Der Unterschied gegenüber den üblichen Arten von Zu- und Ablauf von Wasser besteht lediglich darin, daß der Ablauf nicht oben, als Überlauf, vorgesehen ist, sondern mit Hilfe einer von unten nach oben geführten, sogenannten kommunizierenden Röhre erfolgt. Durch diese, welche leicht außerhalb der Haspel, und zwar auf beiden Seiten angebracht werden kann, wird erreicht, daß das zulaufende frische Wasser nicht ungenutzt durch den Überlauf abläuft. Wird der Ablauf der kommunizierenden Röhre in der Höhe der inneren Oberfläche des Wassers vorgesehen, so ist ein Verstopfen durch laufende Felle nicht zu befürchten. Zum Entleeren der Haspelflüssigkeit werden die Rohre abgeschraubt oder umgelegt.

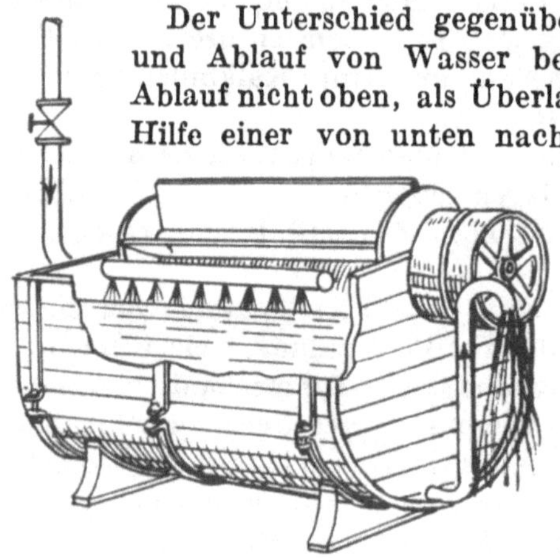

Haspel

Maschinen zum Enthaaren, Entwollen und Entfleischen.

Die Arbeitswalze ist bei allen Maschinen gleichartig, der Unterschied liegt, abgesehen von verschiedener Größe und Umdrehungszahl, hauptsächlich in der Unterlage für die Felle.

Neben den vielfach gebrauchten Trommelmaschinen (Abb. 1), welchen eine rotierende trommelförmig gespannte Unterlage aus Gummi bzw. Leder den Charakter gibt, kommen auch die Ein- oder Serientischmaschinen vom sogenannten Tabulatyp zur Verwendung, wie er in Abb. 2

Enthaarmaschine

Enthaarmaschine

dargestellt ist. Die meisten Maschinen dieser Art können auch für andere Zwecke, z. B. zum Streichen und Glätten, sowie zum Entfleischen verwendet werden, wozu nur die Arbeitswalzen ausgewechselt werden.

Die kleinen und zarten Felle, wie z. B. Kanin-, Lamm- und Zickelfelle dürfen zweckmäßig nur auf empfindlichen Spezialmaschinen bearbeitet werden. Als eine solche kann man umstehendes Modell bezeichnen, welches sich auch in der Praxis bewährt hat. Die große Menge der Leistung und die gleichbleibend gute Arbeit der Maschine macht die Anschaffung rasch bezahlt.

An Stelle der Trommel- und Tischmaschinen treten neuerdings immer mehr die Walzenmaschinen, welche als Unterlage für das Fell eine Gummiwalze haben, die mittels Schlitten vor- und rückwärts geschoben werden kann. Die Felle werden gewöhnlich durch eine Gegendruckwalze festgehalten.

Entfleischmaschine

Entfleischmaschine

Die verschiedenen Systeme unterscheiden sich hauptsächlich in der Federung der Messer- bzw. Druckwalzen und in der Art des Festhaltens der Felle beim Arbeitsvorgang. Durch den Antrieb mittels direkt gekuppelten Motors wird die Umdrehungszahl auch beim bremsend wirkenden Arbeitsvorgang konstant erhalten, wie aus nachstehender Abbildung ersichtlich ist. Die Maschine findet hauptsächlich beim Entfleischen Verwendung.

Die nachstehend abgebildete Maschine erlaubt gleichzeitig mit dem Entwollen ein Sortieren der anfallenden Wolle.

Bezüglich des Entfleischens der Haarfelle wäre zu bemerken, daß ein sehr beachtenswerter Vorschlag dahin geht, dies vor der Äscherung der Felle vorzunehmen. Die Felle sind im gewässerten, noch nicht geäscherten Zustand in der gleichen Festigkeit und Zähigkeit wie am lebenden Tier und halten so die mechanische Beanspruchung durch die Maschine weit besser, als im geschwellten Zustand aus. Außerdem tritt hinzu, daß die dem Entfleischen folgende Äscherung gleichmäßiger erfolgt, als auf den mit Fett-, Fleisch- und Hautresten bedeckten Fellen.

Die Haardecke ist keinesfalls hinderlich; Köpfe, Ohren, Klauen und Schwänze müssen natürlich, wie auch etwa noch anhaftender Mist, vorher entfernt werden.

Spaltmaschinen.

An Stelle der Maschinen mit feststehendem oder oszillierendem (hin und her bewegtem) Messer ist fast allgemein die Bandmesserspaltmaschine getreten, welche in verschiedenen Ausführungsformen und Größen geliefert wird.

Merkwürdig ist bei dieser Maschine die Beobachtung, daß sie in Amerika fast gar nicht zum Spalten „aus dem Kalk" gebraucht wird. Die Amerikaner behaupten, daß das Spalten im halbgaren (auch halbchromgar) oder garen Zustand der Leder viel zuverlässiger ist und vielfach ein Nachfalzen der gespaltenen Leder (wie es in Europa üblich ist), sich erübrigt. Die Richtigkeit dieser Annahme kann nicht von der Hand gewiesen werden, da das Gefüge der geäscherten, im Quellungszustande sich befindlichen Haut ungleichmäßig ist und durch Ziehen und Druck leicht beeinflußt werden kann.

Wenn ein Spalten im halbgaren oder garen Zustand der Leder nicht angängig ist, so würde eine Entwässerung der Blößen durch Salzen gute Dienste tun (D. R. P. Nr. 308506, Carl Freudenberg, Verfahren zum Falzen und Spalten von Häuten). Außerdem käme Entwässerung mittels gesättigter Pottaschelösung in Betracht.

Wenn dem Spalten die gebührende Aufmerksamkeit geschenkt wird, macht sich dies im gesteigerten Wert der Leder selbst und der Spalte gut bemerkbar.

Die Gummiwalze ist nach einer neueren, patentierten Konstruktion als Stahlkern mit einzeln aufgezogenen und auswechselbaren Gummiringen ausgebildet. Man erreicht hierdurch, daß die einzelnen Ringe der Gliederwalze, welche sich auf die Gummiwalze stützt, in ihrer Bewegung vollständig unabhängig voneinander werden, wodurch ein vollkommener Ausgleich der Dicke des zu spaltenden Leders erzielt wird. Da ferner die einzelnen Ringe der Gummiwalze mit geringen Zwischenräumen voneinander angeordnet sind, finden die kleinen Spaltteilchen und Fasern einen Ausweg, durch welchen sie fortgespült werden können, während sie sich bei der massiven Gummiwalze leicht zwischen dieser und der Gliederwalze festsetzen und dadurch Spaltfehler verursachen. Man kann ferner die am meisten beanspruchten mittleren Partien der Gummiwalze von Zeit zu Zeit gegen die Endringe umtauschen, so daß die Gummiwalze sich gleichmäßig abnutzt. Die massive Gummiwalze dagegen wird im Laufe der Zeit in der Mitte dünn, was naturgemäß die Genauigkeit der Spaltarbeit nachteilig beeinflußt. Bei Beschädigung der Gummiwalze brauchen nur die entsprechenden Ringe ausgetauscht zu werden, es ist nicht nötig, den ganzen Gummimantel zu erneuern.

Die Messerführungsschienen sind aus Stahl und werden gehärtet und geschliffen, so daß dieser wichtige Teil der Maschine keinem Verschleiß ausgesetzt ist, welcher die Genauigkeit des Spaltens beeinträchtigt. Die Lagerung der oberen Transportwalze ist so ausgebildet, daß das höchste Maß an Betriebssicherheit und einfacher Bedienung erreicht ist. Sämtliche Zahnräder bestehen aus Stahl und sind aus dem Vollen gefräst. Schnellaufende Räder sowie die Kegelräder zum Messerscheibenantrieb sind mit Spiralverzahnung versehen, um vollständig geräuschlosen Gang zu erzielen.

Entwollmaschine

Das Zahnradvorgelege zum Transportwalzenantrieb hat zwei Geschwindigkeiten, was für viele Fälle von besonderem Vorteil ist. Außerdem ist eine Vorrichtung eingebaut, um erforderlichenfalls den Spaltvorschub sofort stillsetzen zu können.

Die Schmirgelscheiben des Schleifapparats sowie das Antriebsvorgelege laufen in Kugellagern. Gekreuzte Riemen sind vollständig vermieden. Die Führungen des Schleifschlittens haben eine gewisse

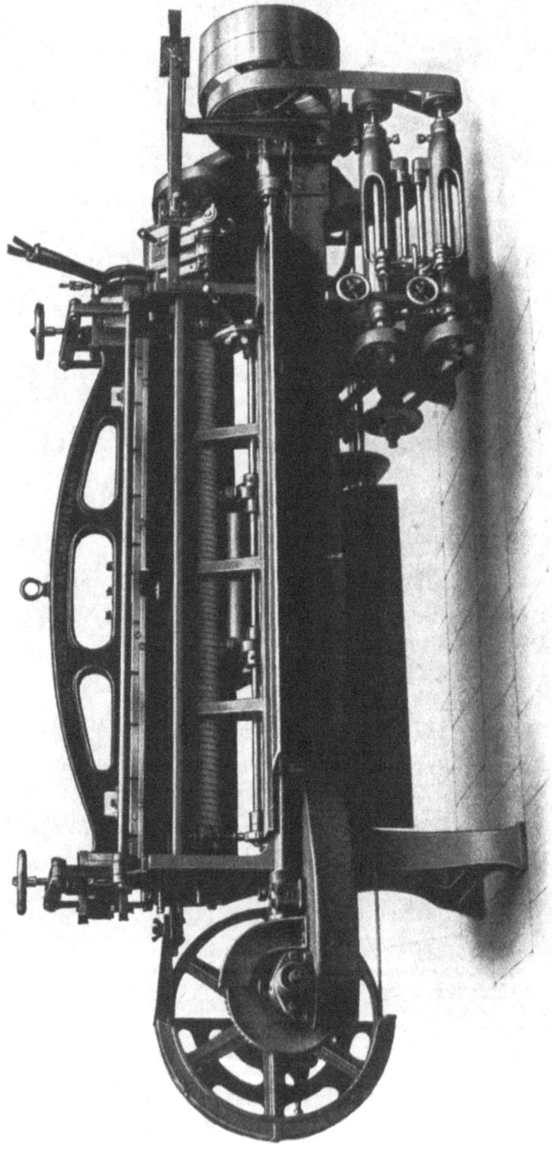

Bandmesserspaltmaschine

Spiralzahnräder an der Bandmesserspaltmaschine

Schrägstellung, so daß beim Nachstellen durch Betätigung nur eines Handrades stets der vorgeschriebene Schliff auch bei stark abgenutzten Schmirgelscheiben erzielt wird. Die Bedienung des Schleifapparats ist hierdurch ganz außerordentlich bequem und einfach geworden.

Wenn dicke Köpfe von Kalbfellen oder Rindhäuten ausgespaltet werden sollen, wird die Maschine zweckmäßig mit einer Vorrichtung zum Heben des Oberteils ausgerüstet. Der Kopfteil der Haut kann dann für sich ausgespalten werden, ohne daß die ganze Haut die Maschine zu passieren braucht.

Haarwaschmaschine.

Die als wichtiges Nebenprodukt anfallenden Haare bzw. die Wolle werden zweckmäßig so bald wie irgend möglich gewaschen. Die oben abgebildete Vorrichtung ermöglicht, wie ähnlich gebaute Maschinen anderer Werke, dies dadurch, daß das Waschgut bei ununterbrochenem Zu- und Abfluß von Wasser in dauernder Bewegung gehalten wird. Alle Schmutzteile, Kalk u. dgl. fließen durch den Siebboden und Überlaufabfluß ab. Nach beendetem Waschen werden die Haare durch die Aushebe- und Transportvorrichtung aus dem Waschtrog entfernt und können zum Zentrifugieren und Trocknen gebracht werden.

Die Maschinen werden in verschiedenen Größen gebaut.

Haarwaschmaschine

Stempelmaschinen.

Die Stempelmaschinen dienen dazu, rohe Felle und Häute vor der Weitergabe an die Fabrikation in geeigneter Weise zu kennzeichnen. Außer einem eventuellen Eigentumsvermerk gibt man den Fellen einen laufenden oder Partiestempel, bei Häuten ist es auch vielfach üblich, ihr Gewicht einzustempeln, so daß man später jederzeit, auch

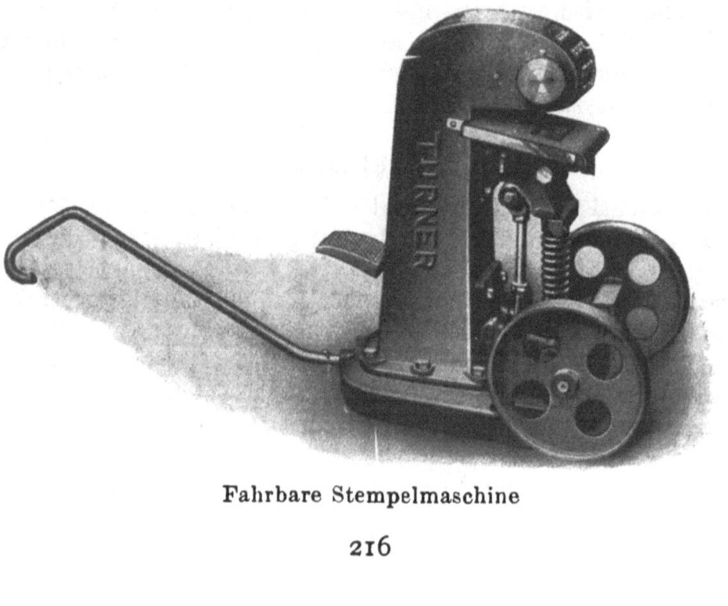

Fahrbare Stempelmaschine

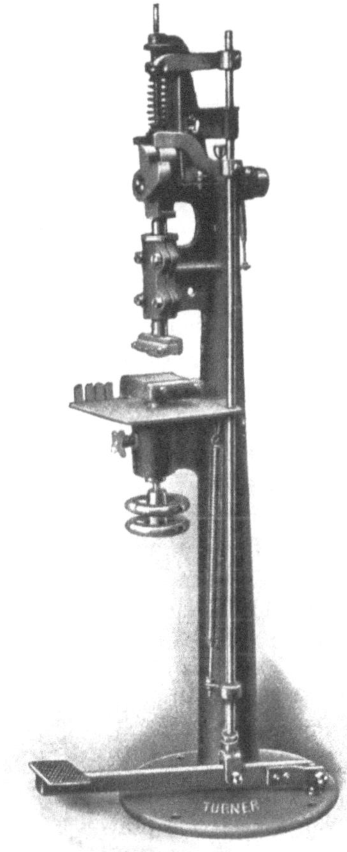

Stempelmaschine mit Fußantrieb

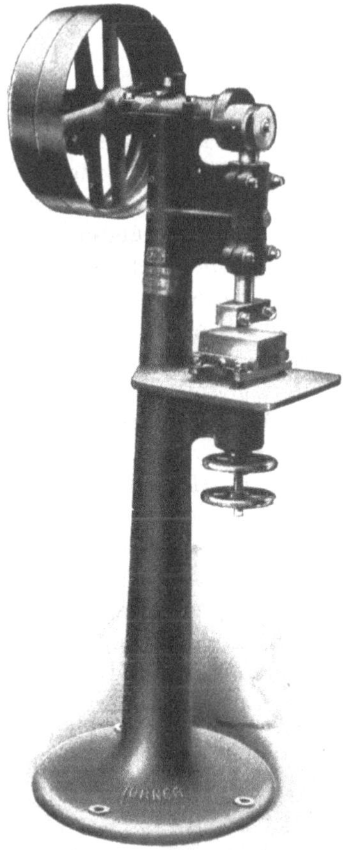

Stempelmaschine mit Kraftantrieb

ohne Zuhilfenahme der Bücher, eine Kostenberechnung aufstellen kann. Das Stempeln mit Maschinen ist wegen seiner größeren Zuverlässigkeit dem Stempeln von Hand vorzuziehen.

Gerberei und Zurichterei.

Für die Gerberei kommen als maschinelle Hilfsmittel nur Walkfässer in Betracht, bezüglich deren Bau im folgenden Abschnitt das Erforderliche gesagt wird. Weiter kommen für die Sämischgerberei die Stock- oder Hammerwalken zur Verwendung.

In der Zurichterei kann ein großer Teil der Maschinen, welche für die Bearbeitung von Chromledern Verwendung findet, gebraucht werden.

Gerb-, Färbe- und Schmierfässer.

Der Bauart des Walkfasses wird, wie bereits bei den Walkfässern für die Wasserwerkstatt erwähnt, von seiten des Gerbers in den meisten Fällen viel zu wenig Aufmerksamkeit geschenkt. Wenn Verbesserungen an demselben vorgenommen wurden, geschahen sie gewöhnlich aus Gründen der Betriebssicherheit, weniger um den Walkvorgang und seine Wirkung zu verbessern.

Die vorhandenen runden, würfelförmigen und sechseckig-keilförmigen Formen sind seit langem bekannt. Zum Äschern und Gerben werden mehr lange, dafür weniger hohe Fässer bevorzugt, zum Waschen und Färben mehr schmale und dafür höhere Formen. Mit Hilfe doppelter Riemen, Schneckengewinde und Gewichtshebel werden die Fässer in kurzen Zeitabständen zum Vor- und Rückwärtslaufen gebracht. Die Innenausstattung besteht entweder in Pflöcken allein, oder solchen und Querleisten. Der Verschluß der Türe des Walkfasses läßt in vielen Fällen zu wünschen übrig, was besonders beim Färben oft sehr störend ist. Auch hier ist der sehr einfache — mit einer einzigen Umdrehung wirkende — Verschluß einer an den beiden Enden exzentrisch abgedrehten Welle, wie aus der Abbildung ersichtlich, sehr vorteilhaft.

Der Bohrungsweite der Achse wird vielfach ungenügende Aufmerksamkeit gewidmet; sie kann kaum zu groß gewählt werden, wenn man im Zulauf der notwendigen Wassermengen oder sonst erforderlichen Flüssigkeiten unbeschränkt sein will. Es wäre oft von besonderem Vorteil, wenn man 2—3 Rohre durch die hohle Achse führen könnte, um bestimmte Flüssigkeiten immer durch das gleiche Rohr zuführen zu können. Auch wäre in vielen Fällen die Umkleidung der Zulaufrohre durch einen Mantel vorteilhaft, der die Mitwirkung von Druckluft zur Zerstäubung des Zulaufes erlaubt. Alles dies scheitert meistens an zu enger Bohrung der Achse.

Vielfach sieht man als „besonderen Fortschritt" Wasser- und Dampfrohre in einem vereinigt durch die Hohlachse münden. Da Wasser- wie auch Dampfdruck begreiflicherweise sehr schwankend sein können, sei vor ihrer Verwendung gewarnt. Es kann sich leicht ereignen, daß sich die zunächst geprüfte und richtig befundene Temperatur des zulaufenden Wassers unbeachtet stark erhöht, wenn sich die Druckverhältnisse ändern, wodurch die Felle, welche gewalkt werden, leicht beschädigt werden können. Bekanntlich hat die Temperatur des Wassers in vielen Vorgängen eine größere Bedeutung, als vielfach angenommen wird und sollte deshalb nicht solch unsicheren Einrichtungen überlassen bleiben.

Die runden Formen der Walkfässer wurden bereits im Abschnitt der Maschinen für die Wasserwerkstatt abgebildet und es sei deshalb, mit Ausnahme des Schmierwalkfasses, auf diese verwiesen.

Das nachstehende sechs- bis achteckige Walkfaß wird besonders in jenen Fällen vorgezogen, wo auch bei Bearbeitung kleinerer Mengen die verwendete Flottenmenge nicht sehr groß sein soll und doch stets die Leder umspült. Dies wird durch die von der Achse zum Umfang keilförmige Form erreicht. Die Leder werden auf diese Weise sehr intensiv durchgeknetet und sind stets von der Flüssigkeit umspült. Die Form dieses Fasses ist die gegebene für kleine Versuchszwecke, besonders in der Färberei, kann aber natürlich in allen Größen Verwendung finden dürfte die beste Färbearbeit leisten.

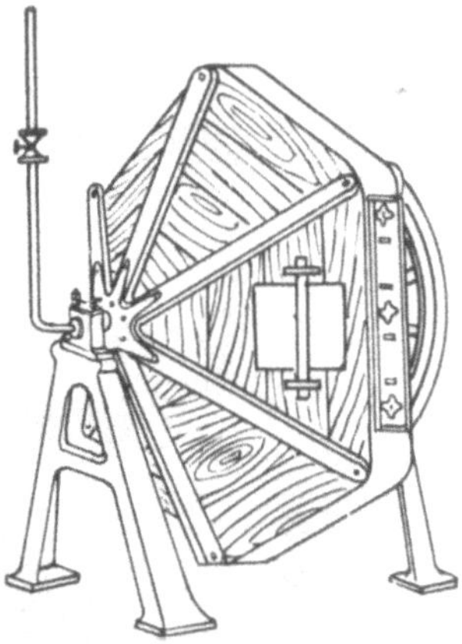

Färbefaß

Von ähnlicher Wirkung wie das keilförmige Walkfaß ist dasjenige in Würfelform, welches besonders in der Glacéledergerberei noch vielfach angewandt wird. Sein Bau ist aus beifolgender Abbildung ersichtlich.

Der vorstehend abgebildete Exzenterverschluß drückt auf eine gerade Metallunterlage des Deckels und wird durch eine einzige Umdrehung geöffnet bzw. geschlossen. Er ist infolge seiner einfachen Handhabung den sonst üblichen Schraubenverschlüssen weit überlegen.

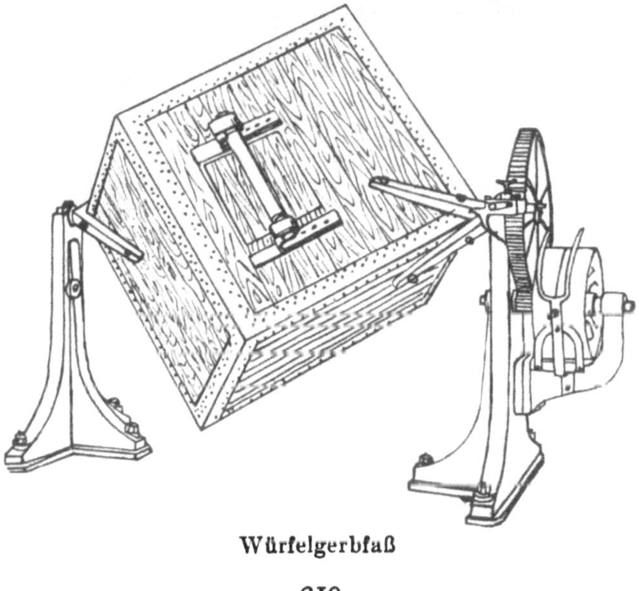

Würfelgerbfaß

Schmierfaß.

Die Schmierwalkfässer dürfen nicht in einer allgemeinen schablonenmäßigen Ausführung, sondern nur in bezug auf ihre Ausführung dem jeweiligen Verwendungszweck und den örtlichen Verhältnissen an-

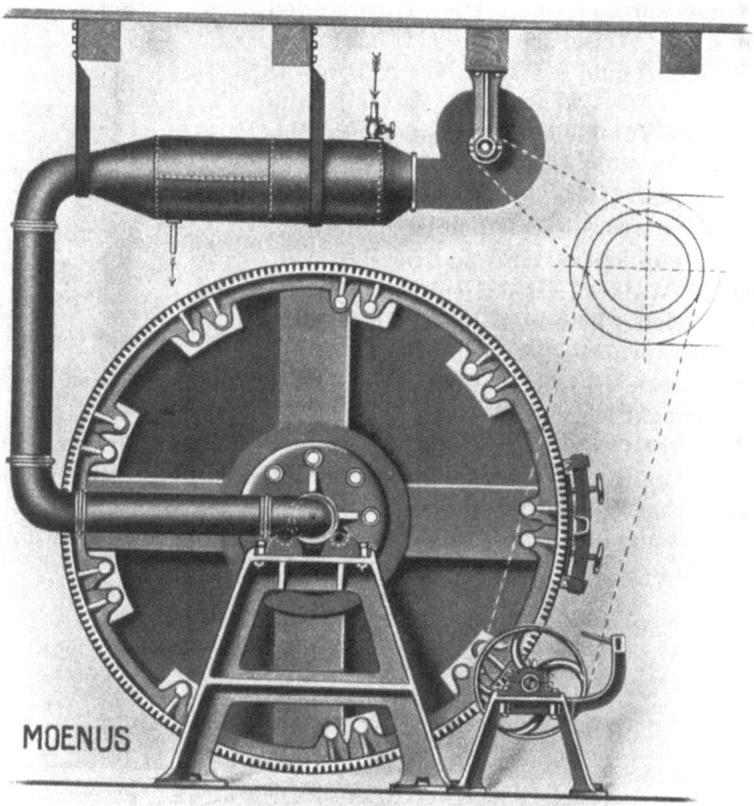

Schmierfaß

gepaßt, geliefert werden, wodurch ein sicherer Schmiererfolg gewährleistet wird. Je nach dem Verwendungszweck des Fasses und dem zur Verfügung stehenden Dampf wird ein entsprechender Lufterhitzer verwendet. Der Betrieb eines solchen Fasses ist reinlich, die Fettung eine gleichmäßige und das Leder vollständig durchdringend. Der Antrieb des Fasses erfolgt durch einen Zahnsegmentkranz. Der größere durchbohrte Lagerzapfen mit 300 mm Loch dient zum Einlassen der heißen Luft. Er wird mit einem Ventilator verbunden, der die erwärmte Luft in das Faß befördert. Die Abmessungen des Lufterhitzers sind derart, daß der Schmiererfolg in kalter Jahreszeit der gleiche ist wie in warmer.

Hammerwalke.

Sie dient besonders zum Walken von Sämischleder.

Ihre Wirkungsweise ist durch den freien Fall der Hämmer eine sehr energische, doch sind, infolge der soliden Ausführung, Fehler am Leder ausgeschlossen.

Hammerwalke

Die Bauart der vorstehend abgebildeten Walke berücksichtigt sowohl Schonung der zu bearbeitenden Ware, wie auch Bequemlichkeit in der Handhabung, Dauerhaftigkeit der arbeitenden Teile, als auch geringen Raumbedarf der Maschine weitgehendst.

Das Gestelle ist aus Schmiedeeisen hergestellt, Hämmer und Kufen aus bestem Hartholz, die Hämmer mit schweren Gußschuhen belegt.

Kurbelwalke.

Die abgebildete Walke wird namentlich in der Weißgerberei als Tret- und Knetmaschine bei der Handschuhlederfabrikation zum Erweichen der angefeuchteten Felle vor dem Stollen sehr viel benutzt und bewährt sich allgemein infolge großer Leistungsfähigkeit und gleichmäßiger Arbeit; die Felle werden mit dieser Maschine mehr geschont, als bei jeder anderen Bearbeitungsweise.

Falzmaschinen.

Die abgebildeten Falzmaschinen sind das Ergebnis langjähriger Erfahrung im Bau dieser Sonderherstellung. Sie entsprechen den weitgehendsten Anforderungen in bezug auf Güte und Menge der Leistung sowohl, als auch hinsichtlich Bauart und Ausführung. Reparaturen sind so gut wie ausgeschlossen. — Besondere Vorteile bringt die Mitverwendung des Falzapparates, der sich innerhalb weniger Jahre so gut und allgemein eingeführt hat, daß er heute geradezu als unentbehrlich angesehen wird. — Wie umstehende Abbildung 1 zeigt, dient bei diesem Apparat als Unterlage für das Arbeitsgut eine Andruck-

Kurbelwalke

Kurbelwalke

walze von verhältnismäßig sehr kleinem Durchmesser; ihr ist eine große Zuführungswalze vorgelagert. Hierdurch wird einerseits die Schnittfläche auf das kleinste Maß herabgesetzt, während andererseits die Fläche, mit der das Leder an dem Umfang der Walze anliegt, groß genug ist, um eine sichere und stetige Zuführung zu gewähr leisten und den Arbeiter ganz der Mühe zu entheben, das Leder mit den Händen zurückzuhalten. Er arbeitet somit viel leichter und ohne die bisherige große Anstrengung der Armmuskeln. Seine ganze Aufmerksamkeit kann auf die zweckmäßigste Einführung des Leders verwendet und die Leistung der Menge nach demgemäß bedeutend gesteigert werden.

Außerdem wird durch den geringen Durchmesser der Andruckwalze ein schärferes Schneiden bzw. ein schönerer, gleichmäßigerer Schnitt, also auch ein besseres Aussehen des Leders erzielt.

Schließlich kann man in gegebenen Fällen mit diesem Apparat auf einen Schnitt einen sehr starken Span herunterfalzen, ohne besonderen Druck oder große Spannung auf das Leder auszuüben.

Abb. 1

Wenn je durch eine Fahrlässigkeit des Falzers ein Fellzipfel von den Messern erfaßt und das Leder in die Maschine hineingerissen werden sollte, so dient schließlich die große Zuführungswalze als Schutzwall, denn sie liegt zwischen der Schnittstelle und den Händen des Arbeiters, so daß letztere nicht mit den Messern in Berührung kommen können. Die Fingerverletzungen der Falzer, wie solche früher sehr oft vorkamen, werden hierdurch vermieden und die Berufsgenossenschaft der Lederindustrie schreibt aus diesem Grunde auch den Falzapparat als Schutzmaßnahme gegen solche Unfälle vor. Die Abb. 2 zeigt die Hantierungen beim Falzen auf Maschinen mit [illegible] großem Durchmesser und die erwähnte Gefahr, daß das Leder und die Hände des Arbeiters plötzlich hineingezogen und beschädigt werden können.

Abb. 3 dagegen führt die gänzlich ungefährliche Bedienung der Maschine mit dem Falzapparat vor.

Die Bedienung einer Maschine mit diesem Falzapparat kann viel leichter und schneller erlernt werden, und es ist keineswegs mehr wie früher eine langjährige Übung zur Erzielung voller und guter

Abb. 2

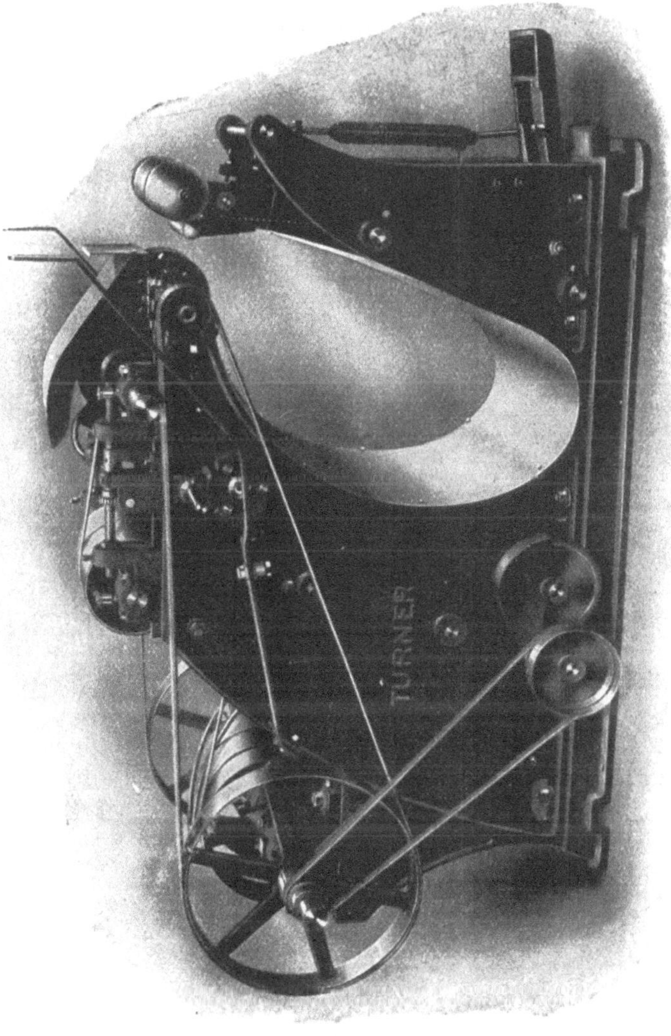

Falzmaschine

Abb. 3

Falzmaschine

Leistungen erforderlich. Auch genügt in den meisten Fällen — selbst bei großen Vachetten, die trocken gefalzt werden sollen — ein Mann.

Ein wichtiger, vielfach außer acht gelassener Punkt, ist die Umdrehungszahl der Messerwalzen. Sie wird durch entsprechende Übersetzung der Antriebsräder möglichst hoch gehalten, um einen glatten Schnitt zu erzielen.

Es ist nun leicht verständlich, daß die Geschwindigkeit zurückgeht, sobald mit der Druckwalze ein zu falzendes dickes Fell gegen die

Falzmaschine mit Spannrolle

Messerwalze gedrückt und diese dadurch gebremst wird. Bei der verminderten Geschwindigkeit gibt die Messerwalze nicht den erwünschten glatten Schnitt, es entstehen sogenannte Treppen, die sich später, besonders beim Glanzstoßen, mehr oder minder unliebsam bemerkbar machen.

Wenn man nicht durch unmittelbare Verbindung — Zahnradantrieb — mit einem Elektromotor die gleichmäßige Umdrehungszahl sicherstellen kann, so empfiehlt es sich, am Hauptantriebsriemen eine Spannrolle zu verwenden. Man erreicht durch ihreVerwendung, daß die Umdrehungsgeschwindigkeit ununterbrochen die gleiche bleibt, ob die Druckwalze angedruckt wird oder nicht, und erhält auf diese

Weise auch die stets gleiche Arbeitswirkung, einen glatten Schnitt. Es wirkt sich dies auch auf die bessere Erhaltung der Schärfe der Messer aus.

Des weiteren wäre zu bemerken, daß es von Vorteil ist, wenn mehrere Maschinen vorhanden sind, die Arbeit zu teilen, so daß jeder Falzer nur einen bestimmten Teil des Felles falzt, also z. B. nur den Kern, Hals oder Klauen, ferner, daß es zweckmäßig ist, den Kern nicht in der Richtung vom Kopf zum Schwanz oder umgekehrt, sondern in der Richtung der Mast- oder Nackenfalten — nach den Seiten zu — zu falzen, wodurch ein besonderes Ausfalzen derselben und späteres Hervortreten mehr vermieden wird.

Das gleiche gilt für den Antrieb der Messerwalzen von Entfleischmaschinen.

(Weitere Einzelheiten über die Verwendung der Spannrollen sind in einem weiteren Abschnitt enthalten.)

Bimsmaschine

Bims- und Dolliermaschinen.

Diese dienen zum Abschleifen der Fleischseite bzw. zum Bimsen weiß-, glacé- und sämischgarer Leder und bestehen entweder aus Kunststein, welcher in verschiedener Körnung geliefert wird und sich beim Schleifen nicht erhitzt, oder aus beliebiger Schleifmasse, welche öfter ersetzt werden kann und auch in den verschiedensten Körnungen geliefert wird.

Glänzmaschine

Die Maschinen werden auch mit umschließenden Holzkasten geliefert, welche es ermöglichen, daß der Schleifstaub durch Exhaustoren entfernt wird. Die gleichen Maschinen

Bimsmaschine mit Holzkasten

dienen, mit Plüsch bezogen, zum Mattglänzen verschiedener Ledersorten, besonders von Glacé- und Nappaleder.

Ausreck- und Abwelkmaschinen.

Die nebenstehend abgebildete Maschine mit Arbeitswalzen ist mit einer Momentregulierung und Feineinstellung versehen, welche ein bequemes Bearbeiten ungleichmäßiger Fellteile (Falten) erlaubt.

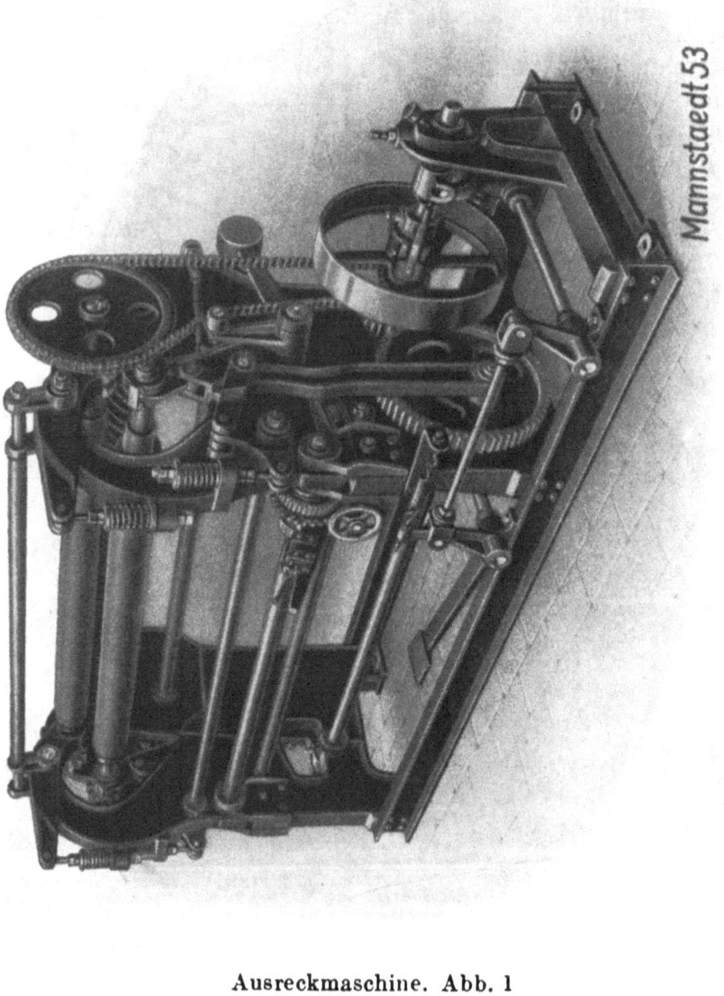

Ausreckmaschine. Abb. 1

Das Fell wird von Hand auf eine Gegendruckwalze aufgelegt, im Schlitten laufend, gegen welche eine zweite, mit Filz bezogene Walze drückt und das Fell beim Arbeitsvorgang festhält.

Die weiteren Abbildungen zeigen eine ähnliche Konstruktion, wie in Abb. 1, und es wäre zu bemerken, daß diese den Tischmaschinen im allgemeinen vorgezogen werden.

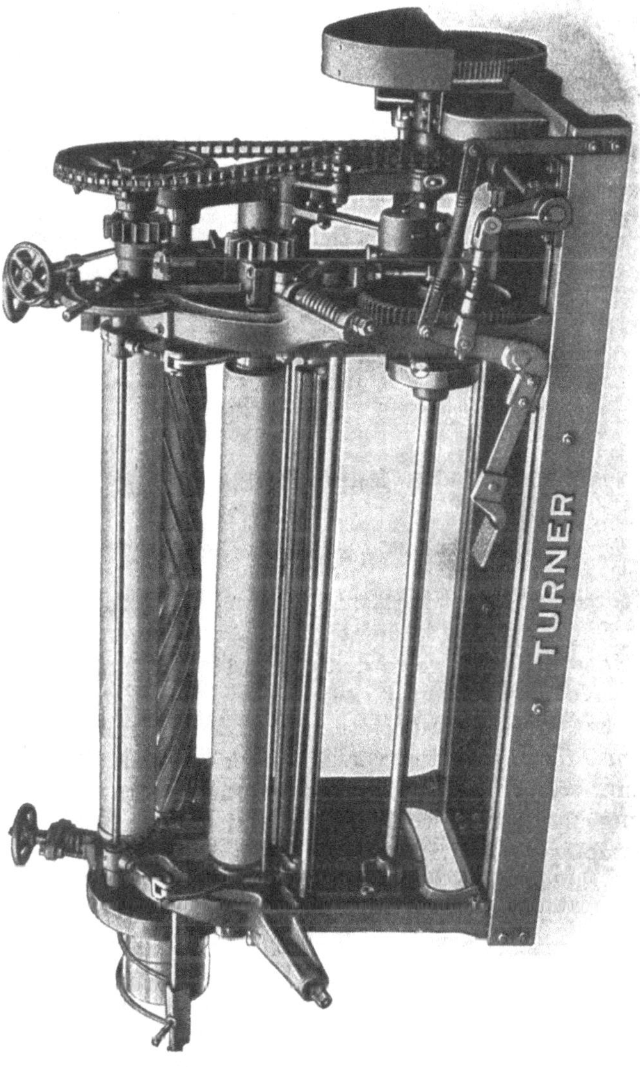

Ausreckmaschine, Vorderansicht. Abb. 2

Ausreckmaschine (Luzzatto), Rückansicht. Abb. 3

Ledertrocknungsanlagen.

Wirtschaftliche und leistungsfähige Qualitätstrocknung mit Hilfe neuzeitlicher Einrichtungen ist heute auch für die Lederindustrie eine unbedingte Notwendigkeit geworden, wenn sie den sich immer mehr zuspitzenden Konkurrenzkampf am Weltmarkt bestehen will. In Deutschland hat man der neuzeitlichen Ledertrocknung leider erst in den letzten Jahren Eingang verschaffen können, während z. B. in Amerika schon seit Jahrzehnten die modernsten Trockenkanäle für die Trocknung aller Arten von Häuten und Ledern eingeführt sind und bedeutende Spezialfabriken sich mit der Herstellung solcher Anlagen befassen. Aber auch in Deutschland haben wir sehr leistungsfähige Spezialfabriken, die derartige Anlagen in trockentechnisch höchster Vollendung bei bester mechanischer Durchbildung herstellen und die den in Amerika gebauten nicht nur gleichkommen, sondern diese in vieler Hinsicht, vor allem was Leistungsfähigkeit und qualitativen Ausfall der getrockneten Ware anbetrifft, sogar erheblich übertreffen. Die bedeutenderen Lederfabriken Deutschlands haben in den letzten Jahren wohl durchweg moderne Trockenanlagen mit

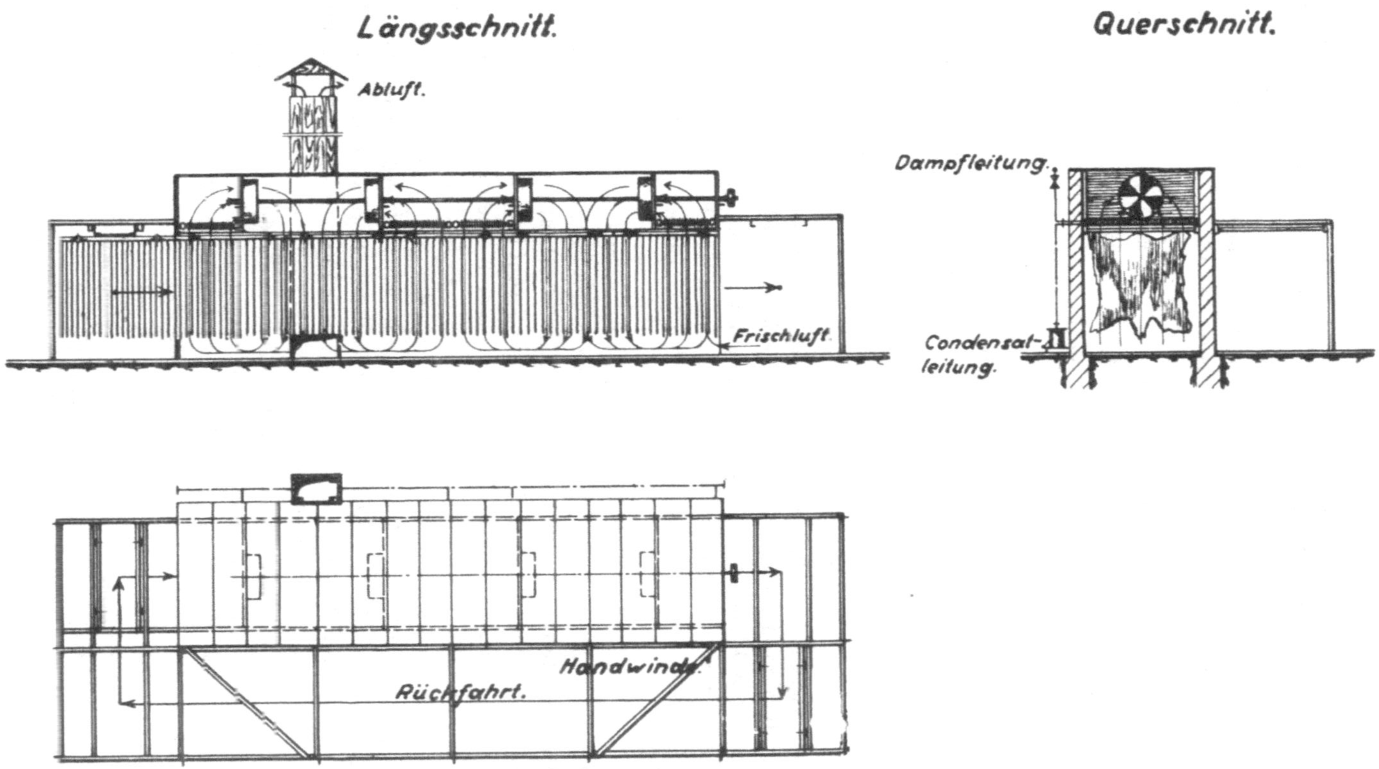

Ledertrocknungsanlagen

bestem Erfolg aufgestellt. Es ist aber notwendig, daß auch die mittleren und kleinen Betriebe sich dieser unbedingten Notwendigkeit nicht mehr verschließen. Es ist ein Irrtum, wenn die Kosten einer solchen Anlage ohne nähere Prüfung als unerschwinglich angesehen werden. Man kann sich eine solche Anlage sehr wohl preiswert gestalten, wenn man sich an eine erfahrene Spezialfirma wendet und von dieser lediglich die Belüftungs- und Heizungseinrichtung bezieht, während der Kanal und eventuell auch die Transportmittel selbst gestellt werden.

Die Skizze zeigt einen derartigen Kanal, der z. B. für die Trocknung von Sämischleder geeignet ist, nach einem im In- und Ausland patentierten Belüftungsverfahren einer bekannten deutschen Spezialfabrik für Trockenanlagen.

Die Anlage besteht aus einem an beiden Enden offenen Trockenkanal aus leichtem Mauerwerk. In etwa 1,8 m Höhe sind Führungsschienen angeordnet, in denen Rahmen auf Rollen laufen, an welchen die zu trocknenden Felle aufgehängt und so durch den Trockenkanal geführt werden. An dem einen Ende des Trockenkanals werden in kurzen Abständen die nassen Felle eingefahren und im gleichen Tempo am anderen Ende jedesmal ein Rahmenwagen mit getrockneten Fellen herausgezogen. Die Durch- und Umfahrt der Wagenrahmen geschieht bei Großanlagen mechanisch, bei mittleren und kleinen Anlagen aber bequem von Hand mittels eines seitlichen Rücklaufgeleises, welches gleichzeitig zum Abnehmen und Aufhängen der Felle benutzt wird.

Das in dieser Anlage angewendete Trockenverfahren ist unter dem Namen

„Umluftstufentrocknung"

bereits bestens bekannt und hat sich infolge seiner vielseitigen Vorzüge ausgezeichnet bewährt. Dieses „Umluftstufentrockenverfahren" arbeitet mit einer ganzen Anzahl Ventilatorengruppen, die Kreisluftströme erzeugen, die sich wie die Ringe einer Kette aneinanderreihen. In jedem der einzelnen Kreisluftströme sind in bestimmter Abstufung dampfbeheizte Rippenrohrheizflächen eingebaut, die die Temperatur der umgewälzten Luftströme bestimmen bzw. einregulieren lassen. Infolge der dauernden Umwälzung der Trockenluftströme durch die den Kanal durchwandernden Fellreihen, sowie infolge der dauernden Wiederaufwärmung dieser Kreisluftströme stellt sich eine sehr hohe Luftsättigung ein, die jedoch infolge der an beiden Kanalenden zutretenden Frischluft und der in etwa Kanalmitte austretenden Abluft über ein gewisses, beliebig einzustellendes Taupunktniveau, welches durch Psychrometer zu beobachten ist, nicht hinausgehen kann. Die hohe Luftsättigung ist eine sehr wichtige Eigenschaft dieser Trocknungsmethode, weil die naß einfahrenden Felle, die nur langsam in höhere Temperaturzonen gelangen, infolgedessen niemals zu scharf durch die Trocknung angefaßt werden können; sie werden im Gegen-

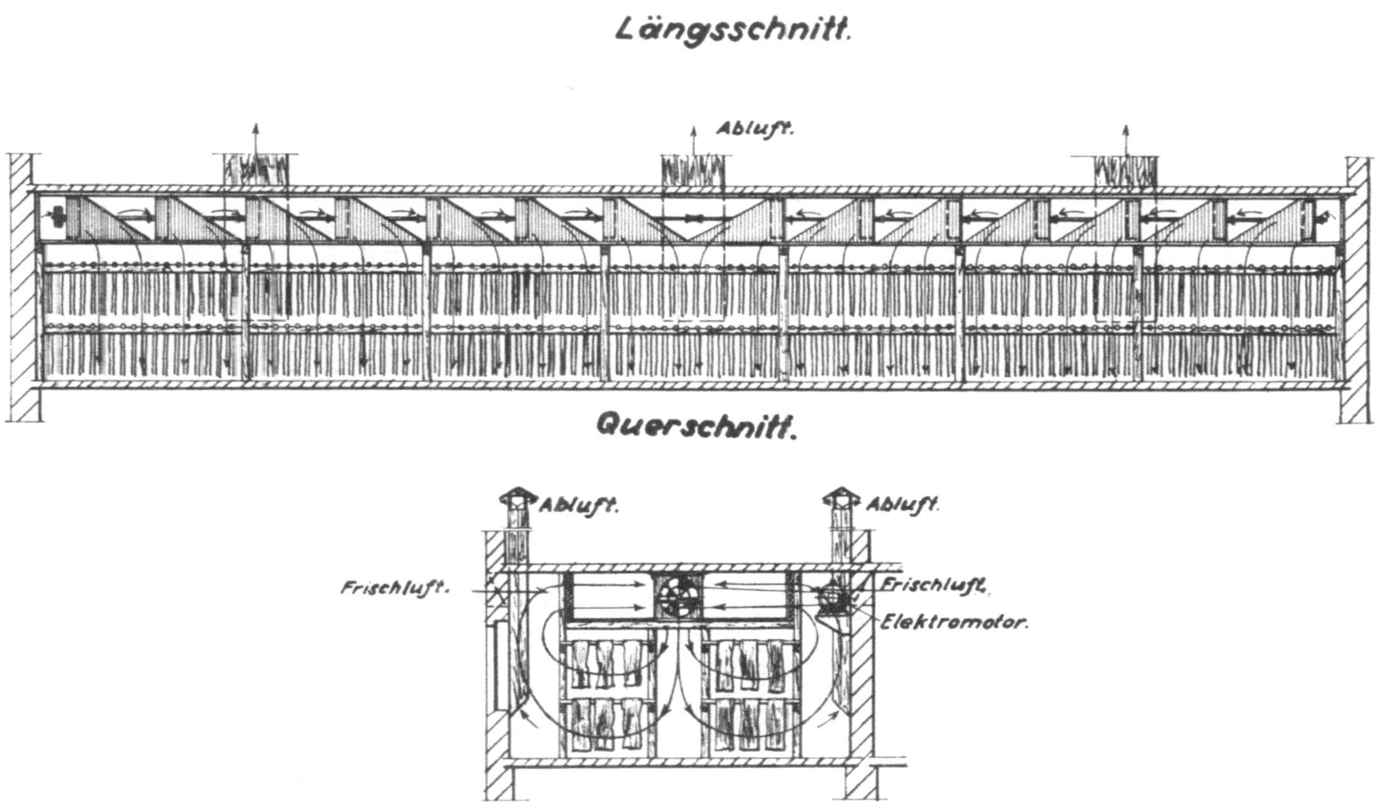

Ledertrocknungsanlagen

teil anfänglich von der feuchtwarmen Luft nur erwärmt und erst dann beginnt langsam die eigentliche Antrocknung. Aber auch die Fertigtrocknung soll nicht mit zu trockener Luft erfolgen und deshalb ist auch an der Trockenausfahrt die etwas angesättigte Luft bei gleichzeitigem Wiederabstieg der Temperaturen nur von Vorteil.

Die Betriebskosten einer derartigen Anlage sind infolge des ganz außerordentlich sparsamen Dampf- und Kraftverbrauches und nicht zuletzt durch die viel übersichtlichere Wartung und bequemere Bedienung der Anlage so gering, daß schon allein deshalb die Einführung neuzeitlicher Trocknung zu empfehlen ist.

Es ist eine unableugbare Tatsache, daß Trockenanlagen dieser Art sich den schwierigsten Anforderungen der Lederindustrie und ihren verschiedenen Gerbmethoden in einfachster und zweckentsprechendster Weise anzupassen in der Lage sind. Es ist z. B. ebenso möglich, dieses Trockenverfahren auf die Kammertrocknung oder die Großraumtrocknung, ja sogar für die Freilufttrocknung anzuwenden. Die weiteren Skizzen zeigen z. B. eine Kammertrockenanlage für weißgegerbte Glacéleder, die eine Leistung von 1000 Stück pro 9 Stunden erbringt. Die Belüftung des Raumes geschieht nach dem gleichen Umwälzungsprinzip mit gleichzeitig stufenweise einregulierbarem Auf- und Abstieg der Trockentemperaturen. Die Wirkung wird erzielt durch ein unter dem Namen

„Umluftzellengebläse“

bekannt gewordenes und ebenfalls patentiertes Belüftungsaggregat, das die gesamte Raumluft auf ganzer Breite, Höhe und Tiefe des Raumes zylindrisch geschlossen auf langer Linie in Umwälzung versetzt. Diese Luftumwälzung kann nach Bedarf bzw. Eigenart der zu trocknenden Leder von einem leichten Fächeln bis zur sturmartigen Stärke gesteigert werden. Der Erfolg dieser Raumbelüftungsmethode ist, daß eine sehr gleichmäßige Luft- und Temperaturverteilung im ganzen Trockenraum und deshalb eine gleichmäßige Trocknung an allen Stellen des Raumes erzielt wird. Daraus folgt von selbst die hohe Leistungsfähigkeit, und da sich durch die dauernde Umwälzung der Raumluft gleichzeitig eine starke Sättigung besonders im ersten Stadium der Trocknung automatisch einstellt, ist auch der qualitative Ausfall ein ganz vorzüglicher.

Auf jeden Fall sind die Vorteile und Erfolge neuzeitlicher Trocknung so gewichtig, daß es nicht länger mehr berechtigt ist, auch auf dem Gebiete der Weiß- und Sämischgerberei diesen Einrichtungen noch länger ablehnend und skeptisch gegenüberzustehen, wie es leider aus Konservatismus und zum Schaden der Gerbereien in vielen Fällen noch geschieht.

Glacélederfärbemaschine.

Das Färben von Handschuhledern durch Maschinen ist seit Jahrzehnten vergeblich probiert worden. Man konnte weder die Gleichmäßigkeit noch die satte Färbung erzielen. Mit der abgebildeten Maschine wird nun beides erreicht.

Die an der Maschine befindlichen Farbbehälter fassen soviel Farbe als für ein Fell erfahrungsgemäß notwendig ist, können aber natürlich durch größere Behälter ersetzt werden, wenn dies erforderlich erscheint. Sobald dieser Behälter ausgelaufen ist, kann das Fell als vollständig fertig gefärbt von der Maschine entfernt werden. Das Aufspritzen der Farbe auf das Fell erfolgt durch Luftdruck, und zwar staubförmig unter zweifacher Bewegung, d. h. die Farbdüsen machen eine hin und her gehende und der Färbetisch mit dem Fell eine wagerecht, kreisende Bewegung. Es entsteht dadurch eine ganz gleichmäßige, satte Färbung ohne jede Schattierung, und der Narben der Felle leidet nicht, wie dies durch das lange Reiben mit der Bürste beim Handfärben nicht selten der Fall ist.

Glacélederfärbemaschine

Krispelmaschine

Krispelmaschine.

Nachdem die abgebildete Krispelmaschine durch ganz wesentliche Vervollkommnung dahin gebracht wurde, daß ihre Leistung die Arbeit des Handkrisplers übertrifft, sollte keine einschlägige Lederfabrik ohne diese vorteilhafte Hilfsmaschine sein.

Das Leder wird nicht mehr wie bei früheren und sonstigen Maschinen dieser Art um eine Tischkante gezogen, sondern in derselben

Stollmaschine „Biber“

Stollmaschine „Ratte“

Weise wie beim Handkrispeln — Leder auf Leder — bearbeitet. Die Narbenbildung wird hierdurch voller und schöner, sowie gleichmäßiger als von Hand. Die Krispelmaschine findet beste Verwendung beim Krispeln und Untersichziehen oder Weichmachen von Ledern aller Art.

Stollmaschine „Igel“

Im Bedarfsfalle kann die Werkzeugwirkung während der Arbeit geändert werden; ebenso kann die obere Walze leicht und schnell abgehoben werden.

Der Zuführungstisch ist sehr leicht beweglich, wodurch die Bedienung außerordentlich erleichtert wird.

Die Krispelwalzen werden mit einem Belag aus Holz und Korklinoleum oder aus Stahlblech und Gummi geliefert.

Stollmaschine

Stollmaschinen.

Das Hand- und Kniestollen in der Weißgerberei — Glacé-, Wild- und Sämischleder sowie Pelzwerk eingeschlossen —, welches äußerst mühsam war und besondere Übung erforderte, wird durch umstehend abgebildete Maschinen ersetzt.

Durch diese neue Maschinen wird das Aufbrechen, Debordieren, Stollen und Überlassen bei den vorstehend genannten Ledersorten, in Spezialfällen auch bei chromgegerbten Fellen, in vortrefflicher Weise auch von ungelernten Leuten bewerkstelligt. In kürzester Zeit können Männer und Frauen diese Maschine bedienen und erzielen größere und bessere Leistungen, als von geübten Hand- oder Kniestollern erreicht werden konnten.

Die schmalen Maschinen werden zweckmäßig für das Vorstollen, die breiteren für das Fertigstollen verwendet. Bei einer neueren Konstruktion wird durch einen Exzenter ein leichtes Heben und Senken der Stollmesser erzielt, so daß eine der menschlichen Arbeit mehr ähnliche Wirkung erreicht wird als beim Kreisen der Messer allein.

Stollmaschine

Bei den Schutzvorrichtungen dieser Maschinen ist zu beachten, daß sie rückwärts angebracht, leicht zu Unfällen führen, wenn diese zu eng vorgesehen werden.

Wie aus den Abbildungen hervorgeht, ist es in vielen Fällen sehr zweckdienlich, sie mit Absaugevorrichtung für den anfallenden Staub usw. auszustatten.

Weitere Typen der Stollmaschinen, die für schwerere Leder mehr angewandt werden, sind die auf Seite 240 und Seite 241 abgebildeten Maschinen. Bei der nebenstehenden Maschine wird das zu stollende Fell in einen Rahmen eingeklemmt und so durch zwei Walzen mit entsprechenden Stollklingen hochgezogen. Durch die elastische Unterlage wird das Fell sehr schonend behandelt.

Die andere Art von Maschinen, welche besonders für Chromleder verwendet wird, kommt auch ohne die abgebildete automatische Festhaltevorrichtung in den Handel und wird von den verschiedenen Maschinenfabriken in Einzelheiten voneinander abweichend hergestellt.

Diese Art von Maschinen eignet sich mehr für schwerere, weniger für leichtere Leder. Der obere und untere Greifarm tragen die Stollwerkzeuge. Durch die Bewegung der Greifarme wird das vom Arbeiter festgehaltene Fell durchgezogen und gestollt.

Krispel-, Levantier- und Pantoffelmaschine „Fortuna“

Die nebenstehend abgebildete Maschine stellt einen Versuch dar, die Handarbeit naturgetreu nachzuahmen und erfüllt die gestellten Erwartungen in den meisten Fällen. Das hängende Fell wird mittels einer Blechzunge durch ein System zusammenarbeitender Korkplatten hindurchgeführt, wobei die kräftigeren Kernteile stärker als die schwächeren Flankenteile berücksichtigt werden können. Die Maschine ist für große Häute wie kleine Felle gleich gut geeignet und dürfte unter allen bekannten Maschinen die entsprechende Handarbeit am besten ersetzen.

Schleif- bzw. Bürstmaschine.

Diese Konstruktion findet hauptsächlich bei der Fabrikation von fein zugerichteten Fellen aller Art Verwendung. Man benutzt sie zum Schleifen der Aas- sowohl als auch der Narbenseite und erzielt damit überraschend schöne Erfolge.

Das Auswecheln des Schleifmittels soll nur geringen Aufwand an Zeit und Mühe erfordern, worauf bei der Konstruktion des Schleifkopfes besonders Rücksicht zu nehmen ist. Durch die vollständig geschlossene Form des Ständers, in dessen Innerem der Exhaustor angeordnet ist, wird ein fast staubfreies Arbeiten erreicht.

Bei Verwendung einer Bürstwalze eignet sich die Maschine auch sehr gut zum Abbürsten der Aas- oder Narbenseite, sowie zum Glanzbürsten von farbigem Leder.

Für besonders feinen Schliff empfiehlt sich die Spezialkonstruktion, bei welcher der Schleifkopf eine rotierende und oszillierende Bewegung erhält.

Bei diesen Maschinen sitzt im Gegensatz zu den älteren Schleifrädern die Schleifwalze oben. Das zu schleifende Fell wird durch eine

Krispelmaschine „Fortuna“

Druckwalze dagegen gedrückt, so daß die Schleifarbeit, ähnlich wie das Falzen, stets dem Auge des Arbeiters offen liegt, und das Fell nicht, wie beim älteren Schleifrad, gewendet werden muß, um den Fortschritt des Schleifens zu erkennen.

Die Maschine kommt in der Hauptsache nur für trockene oder leicht angefeuchtete Leder in Betracht. Zum Naßschleifen (von Chairleder) kommen die Schleifräder aus Natur- oder Kunststein zur Verwendung.

Bügelmaschine.

Die von Jahr zu Jahr zunehmende Veredlung des Leders durch das Bügeln ließ den Bau einer Maschine zweckmäßig erscheinen, die das unzulängliche Bügeln von Hand durch eine gleichmäßigere und bessere Maschinenarbeit ersetzt. Die abgebildete Bügelmaschine ist für diesen Zweck besonders geeignet. Sie ist ähnlich wie die Glanzstoßmaschine

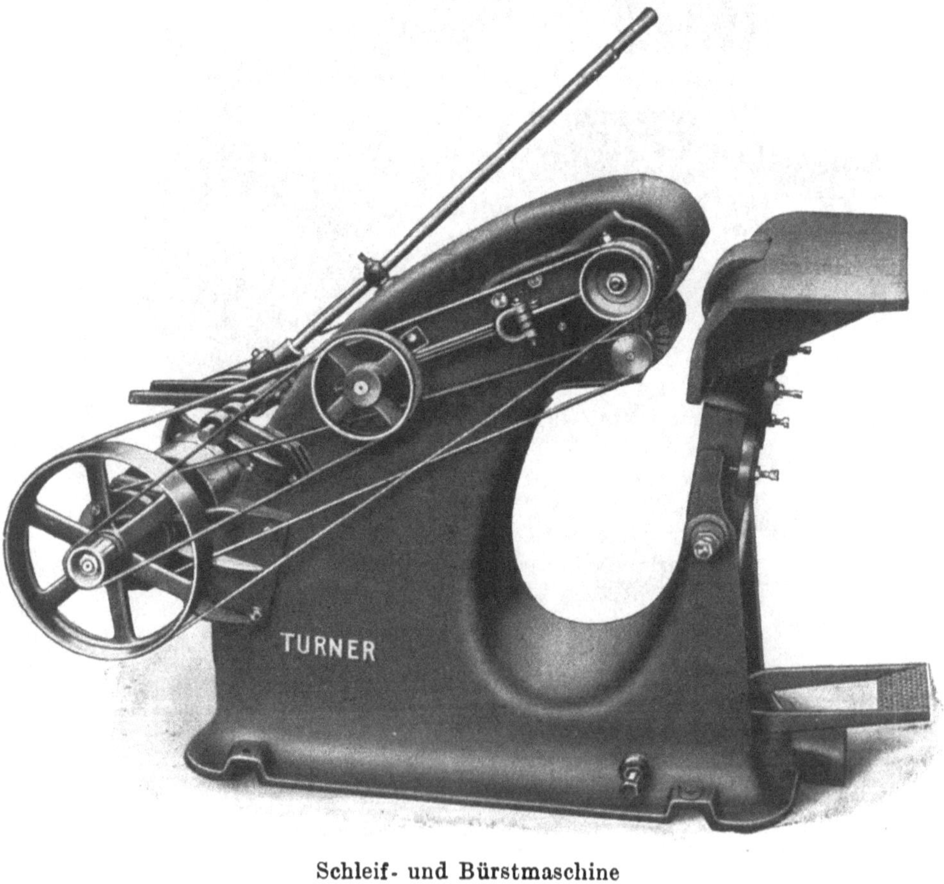

Schleif- und Bürstmaschine

gebaut: Auf einer wagrechten, federnden Arbeitsbahn wird ein elektrisch geheiztes Bügeleisen durch einen Kurbeltrieb so bewegt, daß es auf dem Weg von vorn nach hinten auf dem Leder gleitet, während es auf dem Rückweg abgehoben ist. Die Arbeitsbahn oder Fellauflage kann in ihrer Höhe und Federung leicht eingestellt werden. Ein doppelter Fußtritt ermöglicht, die Bügelbahn in die Arbeitsstellung anzuheben und nach vollendeter Bügelarbeit wieder zu senken. Die Wärme des Bügeleisens kann je nach der Lederart verändert werden.

Bügelmaschine

Narbenpreß-, Satinier- und Bügelmaschine.

Die abgebildete Maschine stellt einen bekannten Typ dieser von fast allen Maschinenfabriken hergestellten Narbenpreßmaschinen dar.

Die Konstruktion des Wagens, insbesondere die Lagerung der Druckwalze, die Druckregulierungseinrichtung und die 6 Druckfedern sind so stark, daß der höchste Druck eingestellt werden kann, um tiefste und vollkommenste Ausprägung auch bei harten und starken Ledersorten zu erreichen. Die Druckfedern sind von außen sichtbar und ohne Abnahme des Wagens schnell herauszunehmen. Durch Verwen-

Narbenpreßmaschine

dung von 6 starken Federn wird ein möglichst gleichmäßiger Druck erzielt. Federbrüche sind, da die einzelne Feder weniger stark beansprucht wird fast ausgeschlossen. Am Wagen ist eine vom Arbeitsstand aus sichtbare Druckanzeigevorrichtung angebracht, die möglicht, daß der Arbeiter ein und dieselbe Lederart stets mit demselben Druck pressen kann, ohne erst den erforderlichen Druck ausprobieren zu müssen.

Die Leistungsfähigkeit der Maschine ist durch den selbsttätig heb- und senkbaren Tisch und den feststehenden Kopf die größte, die von Chagriniermaschinen erreicht wird.

Die Narbung geschieht ohne Falten in höchster Vollkommenheit und viel schneller als durch Kniehebel- oder Pendelchagriniermaschinen, weshalb sich die Maschine für die Bearbeitung der feinsten Ledersorten jeder Gerbart eignet.

Oberhalb der Narben- bzw. Satinierplatten ist ein Heizkasten vorgesehen, der normal als Dampfheizung für Dampf bis zu 2 Atm. Druck ausgeführt ist. Die Heizung für Gas oder Elektrizität kann gleichfalls angebracht werden.

Hydraulische Narbenpresse bzw. Bügelmaschine.

Im Gegensatz zu den allgemein bekannten Maschinen dieser Art, bei welchen das Narbenpressen oder Bügeln unter Anwendung von Rollendruck geschieht, kommt bei der abgebildeten Maschine der Plattendruck in Betracht. Dieser wird jedoch nicht mittels Schraubenspindel oder Kniehebel, sondern in einer äußerst feinfühligen und sich selbst regulierenden Art auf hydraulischem Wege erzeugt.

Hydraulische Narbenpresse

Infolge dieser Druckregulierung spielen Stärkeunterschiede des Leders keine Rolle, und es werden z. B. halbe Häute an den dickeren Rückenpartien mit dem gleichen Druck bearbeitet, wie an den schwächeren Seiten. Ebenso ist es gleichgültig, ob nacheinander dicke oder dünne Leder zur Behandlung gelangen; der einmal eingestellte oder gewünschte Höchstdruck bleibt bei jedem einzelnen Stück immer derselbe. Ohne jede Gefahr für die Maschine kann man den gewünschten Höchstdruck beliebig lange auf dem Leder wirken lassen, da eine sinnreiche Vorrichtung jede weitere Drucksteigerung automatisch verhindert.

Ein bequem angeordneter Meßapparat zeigt während der Arbeit den vorhandenen Druck an, und man kann diesen in jeder gewünschten Höhe wirken lassen, unterbrechen oder bis zu 300000 kg steigern. Der jeweilige Grad der Erwärmung der Narbenpräge- oder Bügelplatte ist von einem an der Maschine befindlichen Thermometer abzulesen. Die Erwärmung kann in einfacher Weise reguliert werden.

Die mit der Maschine erzielten Resultate sind von höchster Bedeutung für Aussehen und Güte des behandelten Leders. Während selbst das schwierigste Narbenbild — bei sehr hohen Kunstprägungen können Matrize und Patrize verwendet werden — in vollendetster Weise zum Ausdruck kommt, zeigen die gebügelten Leder eine schöne Gleichmäßigkeit des Narbens und im Glanz und erhalten einen überraschend vollen und milden Griff.

Lederzeichenmaschine.

Um für gewisse Zwecke Leder besonders kenntlich zu machen, z. B. auch mit der Fabrikmarke zu zeichnen u. dgl., wird obenstehende Maschine angewandt. Sie versieht die Rückseite — in besonderen Fällen auch die Vorderseite — mittels Stempelfarbe mit den gleichmäßig immer wiederkehrenden Zeichen und wird deshalb auch zur Erzeugung gewisser Phantasie-Effekte benutzt.

Lederflächenmeßmaschine.

Bei den Maschinen älteren Systems, wie sie auch heute noch vielfach in Gebrauch sind, kommt das sogenannte Sawyer-System zur Anwendung, nach welchem das Messen des Leders durch Heben der sogenannten Tastrollen eingeleitet bzw. veranlaßt wird. Die Abb. 1 zeigt den hierbei in Betracht kommenden Teil dieses Systems, und es ist daraus auch ohne weiteres ersichtlich, daß eine genaue Einstellung der Tastrollen zu der Zuführungswalze für das zu messende Leder erforderlich ist. Wenn nämlich die Entfernung zwischen den Tastrollen und der Zuführungswalze zu gering ist, so kann es leicht vorkommen, daß einzelne Segmente leer mitlaufen und hierdurch eine unrichtige Maßangabe entsteht. Wenn man nun andererseits bei zu

Lederzeichenmaschine

weiter Stellung dünne Leder oder solche mit sogenannten flachen Stellen messen wollte, so würden einzelne Tastrollen nicht gehoben werden, und ein Mindermaß wäre die Folge. Diese geschilderten Möglichkeiten und Fehlerquellen bzw. die zur Vermeidung derselben erforderlichen jeweiligen Umstellungen der nach dem Sawyer-System gebauten Maschinen kommen bei der Präzisionsmaschine „Primesma" nicht in Betracht. Ein Einstellen des Meßapparates für dünne und dicke, kleine und große Leder ist nicht erforderlich, und die verschiedensten Ledersorten — auch die dünnsten Schaffellnarbenspalte — die durch die Maschine geführt werden, werden korrekt gemessen. Es sind eben nicht mehr die Tastrollen, welche durch das Leder gehoben werden müssen, sobald ein Messen stattfinden soll, sondern leicht bewegliche, praktisch gewichtslose, rotierende Stahlstifte, die diese Funktion übernehmen. Es kommt also hierbei gar nicht in Betracht, wie dick oder wie dünn das Meßmaterial ist; die Wirkung der Stifte auf den Registrierapparat bleibt stets die gleiche. Aus der Abb. 2 ist dieser Vorgang leicht ersichtlich.

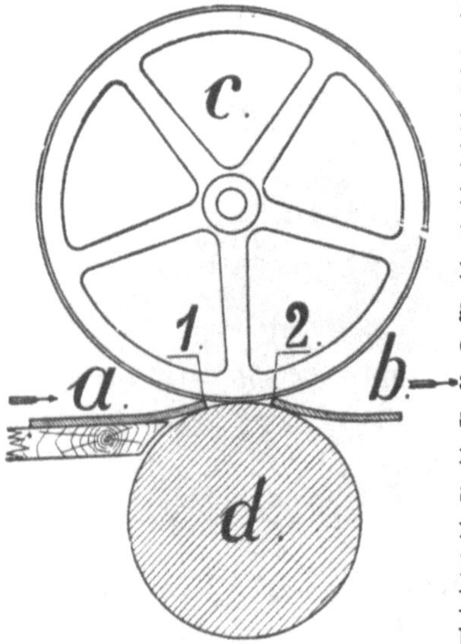

Abb. 1

Abb. 2

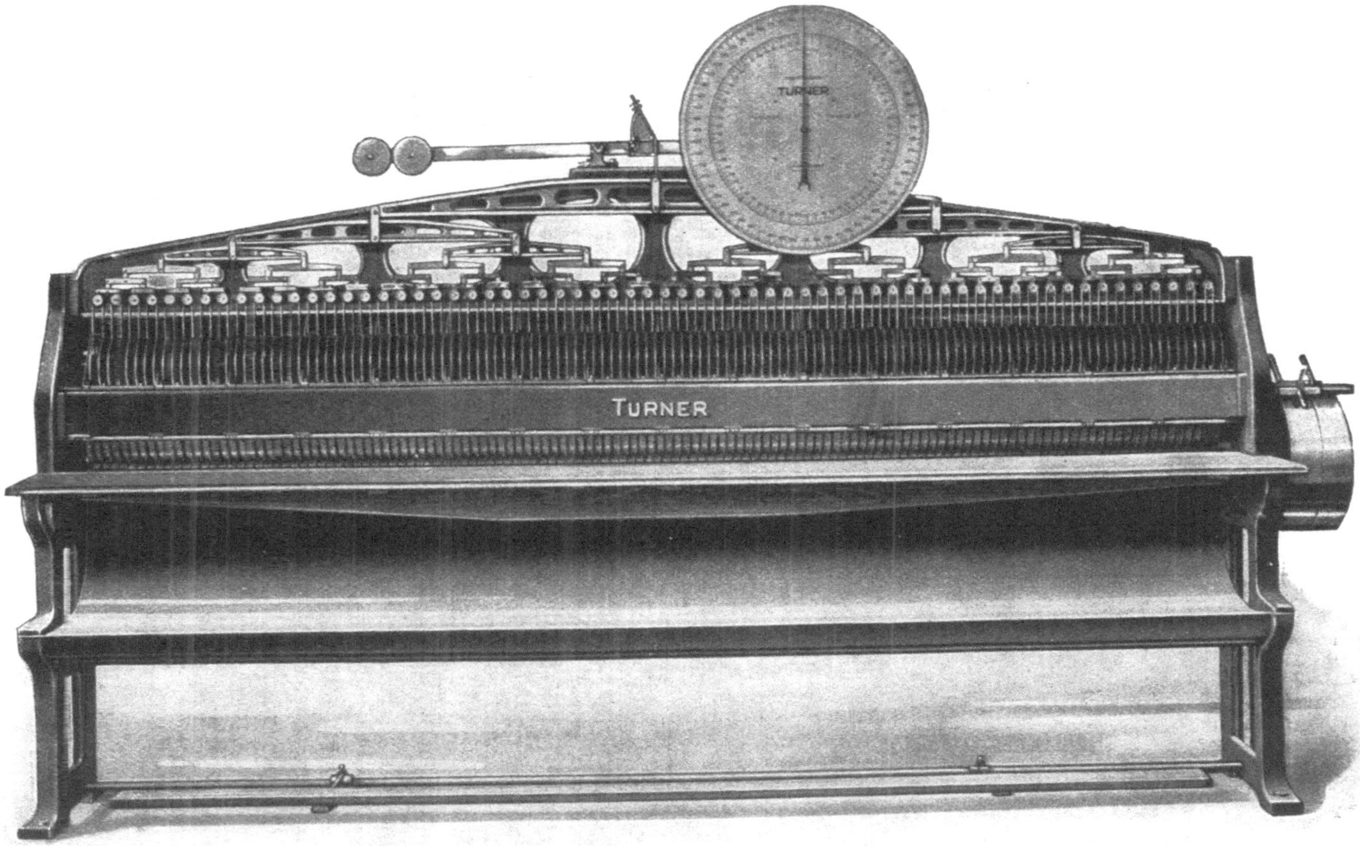

Meßmaschine

Meßmaschine

Um das sehr genaue Meßresultat auch bequem und unzweifelhaft erkennen zu können, ist das Zifferblatt besonders groß und deutlich mit einem Durchmesser von 500 bis 700 mm ausgeführt. Der äußere Teilkreis ist in Quadratdezimeter, der innere in englische Quadratfuß eingeteilt. Die ganze Maschine ist so konstruiert und gebaut, daß ein mathematisch genaues Messen erzielt wird. Die Reichsanstalt für Maß und Gewicht hat eine solche „Primesma"-Maschine während zweier Jahre im praktischen Betrieb beobachtet und hierbei die größte Zuverlässigkeit und Genauigkeit feststellen können. Alle in Betracht kommenden Teile waren während dieser Probezeit seitens des Amtes plombiert, so daß von unberufener Hand keine Änderung stattfinden konnte. Auf Grund der vorausgegangenen theoretischen Prüfung der Konstruktion und nach der praktischen Bewährung während der zweijährigen Betriebsdauer hat dann die Reichsanstalt für Maß und Gewicht die Meßmaschine „Primesma" als eichfähig erklärt.

Die Maschinen werden in verschiedenen Arbeitsbreiten von zirka 1,50 bis 3 m hergestellt. Die Zahnsegmente des Zählwerkes sind vor Verstaubung zu schützen.

Anlagen zur Lederentfettung.

Da gewisse Sorten Felle einen Gehalt von überschüssigem Fett besitzen, welcher entweder bei der Verarbeitung eingetragen wird, oder von Natur in den Fellen bleibt, erschwert dies die Fabrikation

Entfettungsgroßanlage

oft sehr empfindlich, weil das Fett bei Herstellung lackierter Leder farbiger oder heller Leder entfernt werden muß. Bei der Herstellung von Glacé- und Nappaledern ist die Entfettung fast unerläßlich. Wohl konnten die betreffenden Felle in Lohnanstalten entfettet werden, was sich jedoch für einen rationellen Betrieb zu umständlich und vor allem auch zu teuer stellte, sodann ist ein Lohnbetrieb nicht in der Lage, die Entfettung der einzelnen Sorten so zu überwachen, wie dies im eigenen Betriebe nach in kurzer Zeit gesammelter Erfahrung geschieht.

Die früher übliche Art der Entfettung mit Benzin in offenen Behältern war umständlich, gesundheitsschädlich, feuergefährlich und infolge der großen Benzinverluste und vielen Arbeitslöhne auch sehr teuer.

Mit den abgebildeten Einrichtungen ist die Entfettung dagegen bei sachgemäßer Bedienung vollständig gefahrlos, dabei sind die Arbeitslöhne minimal, die Benzinverluste außerordentlich gering und die Leder fallen vollständig gleichmäßig entfettet aus.

Je nach der verlangten Tagesleistung und der Größe der Felle wird die Form bzw. Größe der Extraktoren gewählt. Die Abbildung stellt eine Einrichtung mit mittlerer Größe der Extraktoren und mittleren Tagesleistung dar. Bei der Anlage kann sowohl ein stehender Extraktor verwendet werden, in welchen die Felle von oben eingehängt werden, wie auch in Extraktoren, die liegend angeordnet sind. Letztere Anwendung ist die Regel, denn sie erleichtert die Bedienung sehr. Die Felle werden auf Wagen gehängt und in die liegenden Extraktoren eingefahren und während die Entfettung dieser Leder im Apparat erfolgt, kann bereits wieder ein Wagen mit Fellen behangen werden, so daß nach beendeter Entfettung einer Charge und Entleerung des Extraktors sofort wieder ein Wagen mit Häuten eingefahren werden und der Betrieb aufs neue beginnen kann.

Da die ganze Apparatur geschlossen ist und das Lösemittel — Benzin usw. — sich immer im Kreislauf befindet, ist der Benzinverbrauch minimal. Das in den Ledern enthaltene Fett wird von dem Benzin aufgenommen und von demselben durch Destillation wieder abgeschieden. Dieses als Nebenprodukt gewonnene Fett läßt sich immer gut verwerten und deckt zum Teil die Entfettungskosten.

Entfettungszylinder.

Der Zylinder eignet sich besonders zum Entfetten der Schaffelle in kleineren Mengen, von denen er ungefähr 48 Stück aufnehmen kann. — Die Entfettung geschieht mit Benzin, es sind für eine Füllung ungefähr 6 l erforderlich. Die Bedienung ist einfach: die Schaffelle werden zusammen mit dem mit heißem Wasser verdünnten Benzin in den Behälter getan und dieser wird in langsame Drehung versetzt. Nach ungefähr 2 Stunden ist die Entfettung beendet. Man läßt das Benzin ab und Wasser in den Behälter einströmen, mit dem die Felle ausgewaschen werden.

Destillierapparat

Entfettungszylinder

Entfettungszylinder

Das Benzin kann nach seiner Verwendung für die Entfettung durch einen Destillierapparat wieder verwendet werden.

Spannrollengetriebe.

Die Verwendung von Spannrollen bringt wirtschaftliche und technische Vorteile. Zu den ersteren zählen die Möglichkeit kleineren Wellenabstandes und damit verbunden kürzere und schmalere Riemen; es ist ferner kein Vor- und Nachspannen der Riemen erforderlich, wie beim offenen Antrieb, Lager, Wellen und Riemen werden geringer belastet und Öl dadurch erspart.

In technischer Hinsicht bringt ihre Verwendung die Möglichkeit der Erzielung gleichmäßiger Umdrehungszahl, was z. B. bei Falzmaschinen und anderen Schneidemaschinen von besonderer Wichtigkeit ist, da bekanntlich das Zurückgehen der Umdrehungszahl beim Arbeitsvorgang die Ursache der sogenannten „Treppen" ist. Die Spannrolle gleicht bei starker, plötzlicher Inanspruchnahme beim Andrücken der Druck- an die Messerwalze automatisch aus, wodurch die Verringerung der Umdrehungszahl vermieden wird.

Auch für andere Gerbereimaschinen mit abwechselnder Beanspruchung, Entfleisch-, Spalt-, Ausreck-, Stoll- und Schleifmaschinen, ferner auch für die Walkfässer bedeutet ihre Anwendung eine Verbesserung in der Gleichmäßigkeit des Arbeitsvorganges und eine Schonung von Riemen und Transmissionen.

X.

Tabellen.

Vergleich der Grade Baumé mit den spezifischen Gewichten und den Graden Twaddle für Flüssigkeiten, die schwerer als Wasser sind.

Grad Baumé	Spez. Gewicht	Grad Twaddle	Grad Baumé	Spez. Gewicht	Grad Twaddle	Grad Baumé	Spez. Gewicht	Grad Twaddle
1	1,007	1,4	23	1,190	38,0	45	1,453	90,6
2	1,014	2,8	24	1,200	40,0	46	1,468	93,6
3	1,021	4,2	25	1,210	42,0	47	1,483	96,6
4	1,029	5,8	26	1,220	44,0	48	1,498	99,6
5	1,036	7,2	27	1,230	46,0	49	1,514	102,8
6	1,043	8,6	28	1,241	48,2	50	1,530	106,0
7	1,051	10,2	29	1,251	50,2	51	1,547	109,4
8	1,059	11,8	30	1,262	52,4	52	1,563	112,6
9	1,066	13,2	31	1,274	54,8	53	1,580	116,0
10	1,074	14,8	32	1,285	57,0	54	1,598	119,6
11	1,082	16,4	33	1,296	59,2	55	1,616	123,2
12	1,091	18,2	34	1,308	61,6	56	1,634	126,8
13	1,099	19,8	35	1,320	64,0	57	1,653	130,6
14	1,107	21,4	36	1,332	66,4	58	1,672	134,4
15	1,116	23,2	37	1,345	69,0	59	1,692	138,4
16	1,125	25,0	38	1,357	71,4	60	1,712	142,4
17	1,133	26,6	39	1,370	74,0	61	1,732	146,4
18	1,142	28,4	40	1,384	76,8	62	1,753	150,6
19	1,152	30,4	41	1,397	79,4	63	1,775	155,0
20	1,161	32,2	42	1,411	82,2	64	1,797	159,4
21	1,170	34,0	43	1,424	84,8	65	1,820	164,0
22	1,180	36,0	44	1,439	87,8	66	1,842	168,4

Anmerkung: Die Grade Twaddle stehen in sehr einfacher Beziehung zu den spezifischen Gewichten und sind daraus leicht nach folgender Formel zu berechnen, in welcher d das spezifische Gewicht und n die Zahl der Grade Twaddle ist: $n = \frac{1000\,d - 1000}{5}$. Umgekehrt ergibt die Formel $d = \frac{5\,n + 1000}{1000}$ das spezifische Gewicht aus den Graden Twaddle. Bei Werten unter 2,0 erhält man die Grade Twaddle auch aus dem spezifischen Gewicht, indem man

Kohl, Sämischgerbung 17

das Komma im Wert des spezifischen Gewichts 2 Stellen nach rechts rückt, die erste Ziffer streicht und das Übrigbleibende mit 2 multipliziert, z. B.

Spezifisches Gewicht 1,133:

113,3:

113,3×2:

26,6° Twaddle.

Vergleich der Thermometerskalen nach Celsius, Réaumur und Fahrenheit

Grad			Grad			Grad		
Celsius	Réaumur	Fahrenheit	Celsius	Réaumur	Fahrenheit	Celsius	Réaumur	Fahrenheit
0	0,0	32,0	34	27,2	93,2	68	54,4	154,4
1	0,8	33,8	35	28,0	95,0	69	55,2	156,2
2	1,6	35,6	36	28,8	96,8	70	56,0	158,0
3	2,4	37,4	37	29,6	98,6	71	56,8	159,8
4	3,2	39,2	38	30,4	100,4	72	57,6	161,6
5	4,0	41,0	39	31,2	102,2	73	58,4	163,4
6	4,8	42,8	40	32,0	104,0	74	59,2	165,2
7	5,6	44,6	41	32,8	105,8	75	60,0	167,0
8	6,4	46,4	42	33,6	107,6	76	60,8	168,8
9	7,2	48,2	43	34,4	109,4	77	61,6	170,6
10	8,0	50,0	44	35,2	111,2	78	62,4	172,4
11	8,8	51,8	45	36,0	113,0	79	63,2	174,2
12	9,6	53,6	46	36,8	114,8	80	64,0	176,0
13	10,4	55,4	47	37,6	116,6	81	64,8	177,8
14	11,2	57,2	48	38,4	118,4	82	65,6	179,6
15	12,0	59,0	49	39,2	120,2	83	66,4	181,4
16	12,8	60,8	50	40,0	122,0	84	67,2	183,2
17	13,6	62,6	51	40,8	123,8	85	68,0	185,0
18	14,4	64,4	52	41,6	125,6	86	68,8	186,8
19	15,2	66,2	53	42,4	127,4	87	69,6	188,6
20	16,0	68,0	54	43,2	129,2	88	70,4	190,4
21	16,8	69,8	55	44,0	131,0	89	71,2	192,2
22	17,6	71,6	56	44,8	132,8	90	72,0	194,0
23	18,4	73,4	57	45,6	134,6	91	72,8	195,8
24	19,2	75,2	58	46,4	136,4	92	73,6	197,6
25	20,0	77,0	59	47,2	138,2	93	74,4	199,4
26	20,8	78,8	60	48,0	140,0	94	75,2	201,2
27	21,6	80,6	61	48,8	141,8	95	76,0	203,0
28	22,4	82,4	62	49,6	143,6	96	76,8	204,8
29	23,2	84,2	63	50,4	145,4	97	77,6	205,6
30	24,0	86,0	64	51,2	147,2	98	78,4	208,4
31	24,8	87,8	65	52,0	149,0	99	79,2	210,2
32	25,6	89,6	66	52,8	150,8	100	80,0	212,0
33	26,4	91,4	67	53,6	152,6			

Vergleich der Grade Baumé mit den spezifischen Gewichten für Flüssigkeiten, die leichter als Wasser sind.

Grad Baumé	Spez. Gewicht	Grad Baumé	Spez. Gewicht	Grad Baumé	Spez. Gewicht	Grad Baumé	Spez. Gewicht
11	0,993	16	0,960	21	0,930	26	0,901
12	0,987	17	0,954	22	0,924	27	0,896
13	0,980	18	0,948	23	0,918	28	0,890
14	0,973	19	0,942	24	0,913	29	0,885
15	0,967	20	0,936	25	0,907	30	0,880

Maße und Gewichte.

I. Metrisches System.

1 Meter (m) = 10 Dezimeter (dm) = 100 Zentimeter (cm) = 1000 Millimeter (mm).
1 Liter (l) = 1000 Kubikzentimeter (ccm). 1 Kubikmeter (cbm) = 1000 Liter.
1 Gramm (g oder gr) = 10 Dezigramm (dg) = 100 Zentigramm (cg) = 1000 Milligramm (mg).
1 Kilogramm (kg oder Kilo) = 1000 Gramm.
1000 Kilogramm = 1 Tonne (t).
100 Kilogramm = 1 Meter- oder Doppel-Zentner oder Quintal.
50 Kilogramm = 1 Zentner.
10 Gramm = 1 Dekagramm (Deka oder Dg).
100 Gramm = 1 Hektogramm (hg).

Das Gramm ist die Gewichtseinheit des metrischen Systems und gleich dem Gewicht eines Kubikzentimeters reinen Wassers (im Zustande größter Dichte unter 45° Breite, im luftleeren Raum auf der Höhe der Meeresfläche gemessen). Daraus ergeben sich folgende Maß- und Gewichtsbeziehungen:

1 Kubikzentimeter Wasser = 1 Gramm.
1 Liter Wasser = 1 Kilogramm.
1 Kubikmeter Wasser = 1 Tonne.

II. Englische Maße und Gewichte.

1 Yard (yd) = 3 Fuß (feet). 1 Fuß (foot [']) = 12 Zoll (inch ["]) = 12 Linien (lines [''']).
1 Yard = 91,44 cm. 1 Fuß = 30,48 cm. 1 Zoll = 2,54 cm.
1 Meter = 1,094 Yard = 3,281 Fuß = 39,371 Zoll (englisch).
1 Imperial gallon (gall.) = 4 Quarts (qts) = 8 Pints (pts) = 32 Gills.
1 Imperial gallon = 4,544 Liter. 1 Liter = 0,220 Imperial gallon.
1 Pint = 0,568 Liter. 1 Liter = 1,761 Pints.

In England versteht man unter Gallone (gallon, gall.) die Imperial gallon, in den Vereinigten Staaten von Amerika dagegen die bedeutend kleinere Wine gallon. In England ist ferner nur die Ton (Gross ton) zu 2240 lbs in Gebrauch; in den Vereinigten Staaten rechnet man nebeneinander mit dieser und mit der Ton (Short ton) zu 2000 lbs.

1 Wine gallon = 4 Quarts = 8 Pints.
1 Wine gallon = 3,785 Liter. 1 Liter = 0,264 Wine gallon.
1 Pint (amer.) = 0,473 Liter. 1 Liter = 2,114 Pints (amer.).
1 Imperial gallon = 1,2 Wine gallon. 1 Wine gallon = 0,835 Imperial gallon.
1 Pfund avoirdupois (lb) = 16 Unzen (oz) = 256 Drachmen (drm).
1 Pfund avoirdupois = 7000 Troygrains (gr.).
1 Ton = 20 Hundredweight (cwt) = 2240 lbs.
1 Hundredweight = 4 Quarters (à 28 lbs) = 112 lbs.
1 Ton = 1016 kg. 1 Pfund avoirdupois = 453,593 Gramm.
1 Unze = 28,349 Gramm. 1 Troygrain = 0,065 Gramm.
1 Kilogramm = 2,205 Pfund avoirdupois. 1 Gramm = 15,434 Troygrains.
1 Imperial gallon faßt 10 Pfund avoirdupois oder 70000 Grains Wasser (bei 62° F unter einem Luftdruck von 30 Zoll engl. gemessen).
1 Wine gallon faßt nur 8,35 Pfund avoirdupois Wasser.

III. Russische Maße und Gewichte.

1 Sagèn (Faden) = 3 Arschin = 7 Fuß.
1 Fuß = 12 Zoll. 1 Arschin = 16 Werschock.
1 Fuß = 30,48 cm. 1 Zoll = 2,54 cm.
1 Arschin = 71,12 cm. 1 Werschock = 4,55 cm.
1 Meter = 3,28 Fuß = 39,37 Zoll = 1,41 Arschin = 22,50 Werschock.
1 Wedro = 8 Stof = 12 Quart = 30 Kruschki.
1 Wedro = 12,30 Liter. 1 Stof = 1,54 Liter. 1 Quart = 1,02 Liter.
1 Liter = 0,0813 Wedro = 0,9756 Quart.
1 Pud = 40 Pfund. 1 Pfund = 32 Lot = 96 Solotnik.
1 Pud = 16,38 kg. 1 Kilogramm = 0,06 Pud.
1 Pfund = 409,51 Gramm. 1 Lot = 12,48 Gramm. 1 Solotnik = 4,16 Gramm.
1 Kilogramm = 2,44 Pfund.

In Polen sind noch folgende Maße und Gewichte im Gebrauch:

1 Elle = 2 Fuß = 0,81 Arschin = 12,96 Werschock.
1 Fuß = 12 Zoll = 0,945 russ. Fuß = 11,34 russ. Zoll.
1 Elle = 57,6 cm. 1 Fuß = 28,8 cm.
1 Pfund = 32 Lot = 0,99 russ. Pfund = 405,50 Gramm.
1 Zentner = 4 Stein = 100 Pfund = 2,476 Pud.

Maße.

Zur Umrechnung vom Fußmaß auf das metrische Maß dienen folgende Zahlen:

1	Quadratfuß	rheinisch	= 0,0985	qm	oder	985 qcm
1	„	österr.	= 0,0999	„	„	999 „
1	„	württ.	= 0,0821	„	„	821 „
1	„	englisch	= 0,0929	„	„	929 „
1¼	„	„	= 0,1161	„	„	1161 „
1½	„	„	= 0,1393	„	„	1393 „
1¾	„	„	= 0,1625	„	„	1625 „
2	„	„	= 0,1858	„	„	1858 „
2¼	„	„	= 0,2090	„	„	2090 „
2½	„	„	= 0,2322	„	„	2322 „
2¾	„	„	= 0,2554	„	„	2554 „
3	„	„	= 0,2787	„	„	2787 „
3¼	„	„	= 0,3019	„	„	3019 „
3½	„	„	= 0,3251	„	„	3251 „
3¾	„	„	= 0,3483	„	„	3483 „
4	„	„	= 0,3716	„	„	3716 „
4¼	„	„	= 0,3948	„	„	3948 „
4½	„	„	= 0,4180	„	„	4180 „
4¾	„	„	= 0,4412	„	„	4412 „
5	„	„	= 0,4645	„	„	4645 „
5¼	„	„	= 0,4877	„	„	4877 „
5½	„	„	= 0,5109	„	„	5109 „
5¾	„	„	= 0,5341	„	„	5341 „
6	„	„	= 0,5574	„	„	5574 „
6¼	„	„	= 0,5806	„	„	5806 „
6½	„	„	= 0,6038	„	„	6038 „
6¾	„	„	= 0,6270	„	„	6270 „
7	„	„	= 0,6503	„	„	6503 „
7¼	„	„	= 0,6735	„	„	6735 „
7½	„	„	= 0,6967	„	„	6967 „
7¾	„	„	= 0,7199	„	„	7199 „
8	„	„	= 0,7432	„	„	7432 „
8¼	„	„	= 0,7664	„	„	7664 „
8½	„	„	= 0,7896	„	„	7896 „
8¾	„	„	= 0,8128	„	„	8128 „
9	„	„	= 0,8361	„	„	8301 „
9¼	„	„	= 0,8593	„	„	8593 „
9½	„	„	= 0,8825	„	„	8825 „
9¾	„	„	= 0,9057	„	„	9057 „
10	„	„	= 0,9290	„	„	9290 „

Wenn 1 Quadratfuß kostet:	kostet 1 Quadratmeter:	Wenn 1 Quadratfuß kostet:	kostet 1 Quadratmeter:
Mark 0.50	Mark 5.38	Mark 1.25	Mark 13.46
„ 0.60	„ 6.46	„ 1.26	„ 13.56
„ 0.65	„ 7.00	„ 1.27	„ 13.67
„ 0.70	„ 7.53	„ 1.28	„ 13.78
„ 0.71	„ 7.64	„ 1.29	„ 13.89
„ 0.72	„ 7.75	„ 1.30	„ 13.99
„ 0.73	„ 7.86	„ 1.31	„ 14.10
„ 0.74	„ 7.97	„ 1.32	„ 14.21
„ 0.75	„ 8.07	„ 1.33	„ 14.32
„ 0.76	„ 8.18	„ 1.34	, 14.42
„ 0.77	„ 8.29	„ 1.35	„ 14.53
„ 0.78	„ 8.40	„ 1.36	„ 14.64
„ 0.79	„ 8.50	„ 1.37	„ 14.75
„ 0.80	„ 8.61	„ 1.38	„ 14.85
„ 0 81	„ 8 72	„ 1.39	„ 14.96
„ 0.82	„ 8.83	„ 1.40	„ 15.07
„ 0.83	„ 8.93	„ 1.41	„ 15.18
„ 0.84	„ 9.04	„ 1.42	„ 15.29
„ 0.94	„ 10.12	„ 1.43	„ 15.39
„ 0.99	„ 10.66	„ 1.44	„ 15.50
„ 1.04	„ 11.19	„ 1.45	„ 15.61
„ 1.05	„ 11.30	„ 1.46	„ 15.72
„ 1.06	„ 11.41	„ 1.47	„ 15.82
„ 1.07	„ 11.52	„ 1.48	„ 15.93
„ 1.08	„ 11.63	„ 1.49	„ 16.04
„ 1.09	„ 11.73	„ 1.50	„ 16.15
„ 1 10	„ 11,84	„ 1.51	„ 16.25
„ 1.11	„ 11.95	„ 1.52	„ 16.36
„ 1.12	„ 12.06	„ 1.53	„ 16.47
„ 1.13	„ 12.16	„ 1.54	„ 16.58
„ 1.14	„ 12.27	„ 1.55	„ 16.68
„ 1.15	„ 12.38	„ 1.56	„ 16.79
„ 1.16	„ 12.49	„ 1.57	„ 16.90
„ 1.17	„ 12.59	„ 1.58	„ 17.01
„ 1.18	„ 12.70	„ 1.59	„ 17.12
„ 1.19	„ 12.81	„ 1.60	„ 17.22
„ 1.20	„ 12.92	„ 1.61	„ 17.33
„ 1.21	„ 13.02	„ 1.62	„ 17.44
„ 1.22	„ 13.13	„ 1.63	„ 17.55
„ 1.23	„ 13.24	„ 1.64	„ 17.65
„ 1.24	„ 13.35	„ 1.65	„ 17.76

XI.

Literatur.

Quellenverzeichnis.

Lalande, Die Kunst des Weißgerbers. 1767.

S. F. Hermbstädt, Chemisch-technologische Grundsätze der gesammten Ledergerberei 1805.

Vallet d'Artois, Handbuch der Handschuhfabrikation. Weimar 1836.

A. Brügemann, Handbuch der Weißgerberei. Quedlinburg 1857.

L. F. Knapp, Natur und Wesen der Gerberei und des Leders. München 1858.

L. F. Knapp, Gerbung mit Metallsalzen. Braunschweig 1892.

L. F. Knapp, Die wissenschaftlichen Anschauungen über die Gerbprozesse in ihrer Entwicklung. Braunschweig 1897.

W. F. Gintl, Handbuch der Weißgerberei. 2. Aufl. Weimar 1873.

F. A. Günther, Lehrbuch der Glacéhandschuhleder-Fabrikation. Berlin 1875.

J. C. H. Litzmann, Die Herstellung der Leder in ihren chemischen und physikalischen Vorgängen. 3. Aufl. Leipzig 1881.

G. Heinzerling, Grundzüge der Lederbereitung. Braunschweig 1882.

N. Beller, Glacélederfärberei. Leipzig 1886.

F. Wiener, Die Weißgerberei. 2. Aufl. Leipzig 1904.

F. Wiener, Die Lederfärberei. 2. Aufl. Leipzig.

E. Stiasny, Fortschritte auf dem Gebiete der Lederindustrie. Cöthen 1908.

G. Ebert, Die Entwicklung der Weißgerberei. Leipzig 1913.

J. Jettmar, Die Lederhandschuhfabrikation. Leipzig 1915.

Fr. Schanz, Die Lichtreaktion der Eiweißkörper. Bonn 1916.

Dr. W. Fahrion, Neuere Gerbmethoden und Gerbtheorien. Braunschweig 1915.

Dr. W. Fahrion, Die Härtung der Fette. Braunschweig.

Dr. W. Fahrion, Die Fettstoffe des Gerbers. Prag 1918.

J. W. Wood, Das Entkälken und Beizen der Felle und Häute. London 1912.

Dr. G. Grasser, Handbuch für gerberei-chemische Laboratorien. 2. Aufl. Leipzig 1922.

Dr. G. Grasser, Die Rohmaterialien des Gerbers. Leipzig 1923.

Dr. A. Ganßer, Taschenbuch des Gerbers. 2. Aufl. Leipzig 1920.

A. Wagner und Dr. J. Paeßler, Handbuch für die gesamte Gerberei und Lederindustrie. 2 Bände. Leipzig 1925.

Dr. H. Gnamm, Die Gerbstoffe und Gerbmittel. Stuttgart 1925.

Dr. H. Gnamm, Die Fettstoffe in der Lederindustrie. Stuttgart 1925.

Dr. A. Küntzel, Die Histologie der tierischen Haut. Dresden 1925.

J. A. Wilson, Die moderne Chemie in der Lederfabrikation. Deutsch von Dr. H. Loewe. Leipzig 1925.

Dr. H. Seeligmann und F. Zieke, Handbuch der Lack- und Firnis-Industrie. 3. Aufl. Berlin 1923.

F. Erban, Anwendung von Fettstoffen in der Textil Industrie. Halle 1911.

Erdmann-Königs Warenkunde. 17.—19. Aufl. Leipzig 1925.

Dr. L. Mendlowicz, Berlin, „Ultraviolette Strahlen", Frankfurter Zeitung, 247/1926, Nr. 543.

Quarzlampen Gesellschaft m. b. H., Hanau a. M., Sollux-Verlag, Hanau a. M., Postfach 144. Literatur über die Anwendung und Wirkung ultravioletter Strahlen.

A. Wagner, Gerbereitechnisches Taschenbuch. Leipzig 1925.

Zeitschriften.

„Collegium". Oberrammstadt b. Darmstadt.

„Der Gerber." Teplitz-Schönau C. R. C.

„Berliner Berichte." Berlin C 2.

„Ledertechnische Rundschau." Berlin SW 11.

„Die Lederindustrie." Berlin SW 11.

„Der Ledermarkt." Frankfurt a. M.

„Häute und Leder." Berlin.

FSC
www.fsc.org
MIX
Papier | Fördert
gute Waldnutzung
FSC® C083411

Zeitfracht Medien GmbH
Ferdinand-Jühlke-Straße 7
99095 Erfurt, Deutschland
produktsicherheit@kolibri360.de